中·等·职·业·教·育·教·材

化工环境保护概论

第四版

杨永杰　涂郑禹　主编
邱泽勤　主审

化学工业出版社
·北京·

内容简介

本书从环境的基本概念入手，论述了化工生产与环境保护的重要关系以及环境污染对生态平衡的影响。系统介绍了大气污染防治与化工废气治理、水污染防治与化工废水处理、固体废物与化工废渣处理，通过典型案例介绍了化工清洁生产技术与循环经济，通过环境保护系列措施，阐述了可持续发展的经济发展思路和双碳背景下的化工行业绿色低碳转型之路。教材充分体现了党的二十大精神进教材，贯彻生态文明思想，践行绿水青山就是金山银山的理念。推动绿色发展，促进人与自然和谐共生。

本书为中等职业学校非环境保护类专业的教材，亦可作为化工企业工程技术人员的参考书。

图书在版编目（CIP）数据

化工环境保护概论/杨永杰，涂郑禹主编. —4版
. —北京：化学工业出版社，2023.9
中等职业教育教材
ISBN 978-7-122-43852-2

Ⅰ.①化…　Ⅱ.①杨…　②涂…　Ⅲ.①化学工业-环境保护-中等专业学校-教材　Ⅳ.①X78

中国国家版本馆CIP数据核字（2023）第136955号

责任编辑：王文峡　　　　　　　　　　　文字编辑：刘　莎　师明远
责任校对：刘　一　　　　　　　　　　　装帧设计：王晓宇

出版发行：化学工业出版社（北京市东城区青年湖南街13号　邮政编码100011）
印　　刷：北京云浩印刷有限责任公司
装　　订：三河市振勇印装有限公司
787mm×1092mm　1/16　印张17¾　字数334千字　2023年11月北京第4版第1次印刷

购书咨询：010-64518888　　　　　　　　售后服务：010-64518899
网　　址：http://www.cip.com.cn
凡购买本书，如有缺损质量问题，本社销售中心负责调换。

定　　价：49.00元　　　　　　　　　　　　版权所有　违者必究

2021年1月15日，中国石油和化学工业联合会发布《中国石油和化学工业碳达峰与碳中和宣言》，中国将提高国家自主贡献力度，采取更加有力的政策和措施，二氧化碳排放力争于2030年前达到峰值，努力争取2060年前实现碳中和。

石化行业作为碳排放较高的行业，"十四五"期间围绕绿色低碳在以下几个方面开展工作：一是推进能源结构清洁低碳化，大力发展低碳天然气产业，实现从传统油气能源向洁净综合能源的融合发展；二是大力提高能效，加强全过程节能管理，淘汰落后产能，大幅降低资源能源消耗强度，全面提高综合利用效率，有效控制化石能源消耗总量；三是提升高端石化产品供给水平，积极开发优质耐用可循环的绿色石化产品，开展生态产品设计，提高低碳化原料比例，减少产品全生命周期碳足迹，带动上下游产业链碳减排；四是加快部署二氧化碳捕集驱油和封存项目、二氧化碳用作原料生产化工产品项目，积极开发碳汇项目；五是加大科技研发力度，瞄准新一代清洁高效可循环生产工艺、节能减碳及二氧化碳循环利用技术、化石能源清洁开发转化与利用技术等，增加科技创新投入，着力突破一批核心和关键技术，提高绿色低碳标准；六是大幅增加绿色低碳投资强度，加快清洁能源基础设施建设，加强碳资产管理，积极参与碳排放权交易市场建设，主动参与和引领行业应对气候变化国际合作。

石化行业绿色低碳发展任重道远。新的形势下，对培养化工技术技能人才的职业院校提出了更高的要求。教材充分体现了党的二十大精神进教材，贯彻生态文明思想，践行绿水青山就是金山银山的理念。推动绿色发展，促进人与自然和谐共生。本教材是在第三版的基础上，征询了使用院校教师意见，对第三版教材中陈旧的资料、数据和内容进行了更新，结合绿水青山就是金山银山的理念，融入构建生态共同体相关内容，同时增补了典型化工废气治理技术、化工行业循环经济、绿色制造和化工行业绿色低碳转型之路等内容。

教材在保持原有结构框架的基础上，每章最后增加了实践活动项目，为学生开展环保实践活动提供主题素材。在融媒体方面，新增了二维码扫描素材，方便读者直观学习化工环保典型设备的结构与工作原理以及相关环保拓展知识。

本次修订由天津渤海职业技术学院杨永杰、涂郑禹共同完成。国务院特殊政府津贴专家、天津渤天化工有限责任公司教授级工程师邱泽勤给予技术审定。

本书的修订编写过程中参考了有关著作与文献，在此向有关作者致以崇高的敬意和深深的感谢。

由于编者水平有限，不妥之处敬请读者给予批评指正。

编者
2023年3月

第一版前言

　　当前，全球性环境污染是人类面临的最大威胁之一。加强环境科学知识教育，普及环境保护知识，增强全民环境保护意识是环境保护工作的一项重要内容。在中等职业学校非环境专业开设概论性环境保护课是环境教育的重要组成部分。本教材就是依据全国石油与化工中专教学指导委员会1996年5月颁布的全日制化工普通中专《化工环境保护概论教学大纲》编写的。

　　化工生产的产品多样化、原料线路多样化、生产方法多样化是其显著的特点，许多污染事件都是由化工生产和化学物质所造成的，因而，化学工业成为环境污染的主要部门之一。本教材结合化工的特点，论述了化工环境保护的基本概念、基础理论和废物的基本处理方法。全书共分八章，重点介绍了废气、废水、废渣的污染控制和资源化处理，并介绍了化工清洁生产、环境保护与可持续发展的最新内容。

　　本教材紧密结合职业教育的特点，通过实训内容强化能力培养，转变教育观念，突出案例教学，注重新知识的引用，显现出实用性、可读性、前瞻性的特征。

　　2000年8月在内蒙古石油化工学校召开了《化工环境保护概论》教材编写提纲审定会，十余所化工中专学校代表进行充分讨论，认为该课程作为化学工艺专业的一门必修课，所选内容力求概括、精练。全书可以根据不同地区和不同专业来选择教学内容，以30学时左右为宜，根据教学大纲要求，第六章、第七章可作为选学内容。本书适用于中专、技校、职业高中等中等职业学校的化工、医药、造纸、食品、材料、冶金及其他专业的教学，也可作为高等职业技术学院相关专业的教学参考。

　　本书由天津渤海职业技术学院杨永杰编写第一章、第二章、第三章、第六章、第七章、第八章，山西太原化工学校张苏琳编写第四章、第五章。全书由杨永杰统稿主编，山东省泰安化工学校许宁主审。

　　本教材的编写得到了编者所在单位和领导的大力支持，同时得到了全国石油与化工专业教学指导委员会委员黄震、于兰平的大力帮助。在2000年12月的审稿会上，广西南宁、常州、山东泰安、太原、新疆、徐州、兰州等化工学校教师都提出了宝贵意见，在此一并表示感谢。

　　因学术水平有限，不当之处在所难免，真诚期待广大读者批评指正。

编者

2001年5月

第二版
前言

经济发展与环境保护越来越受到当前人们的重视，而化学工业在国民经济发展中占有较大的比重。随着资源、能源的日益枯竭，生态环境的恶化，对于能源和资源的合理有效地利用，并使其发挥极大的价值，是今后化学工业亟待解决的问题。近年来，以石油化工、煤化工、海洋化工等大型项目的建设，进一步说明了资源的可持续利用与环境保护和社会经济的协调发展。

由此可见，在石油、煤炭等资源的深加工方面，必须建立可持续发展的理念。既要加快发展经济，为当代人类造福，还要为子孙后代留下发展的资源。

作为培养化工类技术人才的职业学校在培养学生的职业技能的同时，更要培养学生的环境保护意识，这既是经济发展的需要，也是当前培养化工类技能型人才的需要。

本教材自2001年5月由化学工业出版社出版发行。经过几年来各职业学校的专业教师的教学实践，针对教材中存在的不足提出了很好的建议。结合当前化工企业对技能人才规格的需求，结合国家劳动部门化工工种职业资格标准中提出的环境保护知识的要求，对第一版进行修订。

本书第二版主要更加贴切化工生产与环境保护之间的关系，在第三章、第四章、第五章中分别调整了化工废气治理、化工废水处理和化工废渣处置的内容。增加了"化工清洁生产技术"一章，并将原"环境监测与质量评价"并入"环境保护措施与可持续发展"中。在第七章"噪声控制及其他化工污染防治"中增加了"煤化工污染及其防治"的内容。

全书从环境保护基本概念和生态平衡、化工生产与污染控制、化工废气、废水、废渣的治理技术、化工清洁生产技术的主线，展望环境保护与可持续发展的经济战略。

本书由杨永杰编写第一章、第二章、第三章、第六章、第七章、第八章，张苏琳编写第四章、第五章。全书由杨永杰统稿主编，许宁主审。

本书编写中得到了编者所在单位领导和同事的支持与帮助。编写过程中参考了大量的有关专著与文献（见参考文献），在此向其作者表示感谢。

由于水平所限，不妥之处，敬请读者给予批评指正。

编者
2006年5月

第三版
前言

2011年11月28日至12月9日《联合国气候变化框架公约》第17次缔约方会议在南非东部海滨城市德班举行。会议焦点集中在《京都议定书》第一承诺期于2012年到期后，其第二承诺期的温室气体减排安排问题。

1997年12月签订的《京都议定书》规定：在2008～2012年间，发达国家温室气体排放量要在1990年的基础上总体减少5.2%。从2009年的哥本哈根会议到2010年的坎昆会议，《京都议定书》的实际内容已被改变。在气候谈判过程中，一些主要发达国家一方面反对《京都议定书》的第二期承诺，另一方面又要求发展中国家作出相应的约束性减排承诺。作为长期的温室气体排放全球第一大国美国已经单方面退出了《京都议定书》。而日本、俄罗斯、加拿大等国也表态拒绝任何形式的《京都议定书》第二期承诺法律文本。

中国政府2009年11月26日自主宣布了温室气体减排的约束量化目标，到2020年，单位GDP二氧化碳排放量比2005年下降40%～45%。另外，中国政府决定，今后五年单位GDP二氧化碳排放将减少17%。

综上所述，随着经济的发展，其对环境以及气候的影响将不断加大，一些国家为了维护自己的利益到了不择手段的地步。因此作为经济发展支柱的石油和化工产业将肩负着重大的责任。一些有识之士提出了化工行业对社会发展承担的责任，在对人类社会做出巨大贡献的同时，必须对环境的保护作出自己的承诺。

本教材是在第二版的基础上，征询了新疆化工学校、陕西石油化工学校等单位教师的意见，主要对过时的数据和内容进行了修订，补充了当前我国面临的机动车污染排放问题。依据第二版整体框架，将第一章总论改为"化工生产与环境保护"，补充了化工生产对人类的贡献，引入了化工责任关怀的新理念，进一步明确了化工生产与环境保护的重要关系。在第三章、第四章、第五章中，不仅修改了一些数据和知识，也对"三废"的处理处置技术方法进行了大篇幅的补充和更新。

天津渤海职业技术学院崔迎修订了第一章（部分）、第三章、第四章、第五章；杨永杰修订了第一章（部分）、第二章、第六章、第七章、第八章，并负责全书的统稿。修订过程中邱泽勤、吴国旭、于淑萍、李文彬、孙皓、伍丽娜、王婷、许宁等都提出了宝贵的意见，同时参阅了大量的文献和资料，在此向各位教师和文献作者一并表示感谢。本教材配套的教学课件由涂郑禹、柳琦制作，详细信息登录化学工业出版社教学资源网（http：//www.cipedu.com.cn）查看。

由于编者的水平有限，在材料的选取和数据的引用上存在一定的不足，欢迎广大读者批评指正。

编者
2012年3月

CONTENTS
目 录

第六章
化工清洁生产技术与循环经济 　　　　194

第七章
环境保护措施与可持续发展 　　　　221

二维码一览表

序号	二维码名称	类型	页码
1	生态环境保护50个小常识	PDF	047
2	除尘原理	动画	079
3	重力沉降室	动画	080
4	碰撞式惯性除尘器	动画	080
5	普通旋风除尘器	视频	080
6	板式电除尘器	动画	080
7	电除尘器除尘过程	动画	081
8	气环反吹清灰袋式除尘器	动画	081
9	逆气流吹风清灰袋式除尘器	动画	081
10	折流式调节池	动画	104
11	平流式沉淀池	动画	105
12	格栅除污机	动画	105
13	臭氧发生器	视频	113
14	生物滤池	动画	127
15	氧化沟	视频	134
16	回转炉	视频	178
17	转鼓式真空过滤机	动画	185
18	离心脱水机	视频	185
19	回转焚烧炉	动画	186
20	流化床焚烧炉	动画	187

第一章　化工生产与环境保护

学习目标

知识目标

了解人类与环境的辩证统一关系；

了解环境科学的基本任务；

了解化工污染的来源及特点。

能力目标

能判断选择化工污染的防治途径；

能理解复述化工行业责任关怀的核心内涵。

素质目标

树立责任关怀意识，贯彻生态文明思想，节能减排从自身做起。

导读导学

石化行业绿色发展水平进一步提升。重质劣质油催化加氢、精细化工微反应等一系列清洁环保先进技术取得突破和提升，行业绿色制造体系进一步完善，从产品设计、制造到废弃物处理全生命周期的绿色标准体系初步建立。挥发性有机物（VOCs）治理成效明显，高盐废水治理难的突出问题逐步解决并向资源化利用迈进。以《责任关怀实施准则》和6项准则实施细则为纲领的"1+6+X"的责任关怀标准体系编制工作、责任关怀线上教育培训平台等基础工作稳步推进；责任关怀工作专家队伍不断壮大；责任关怀在全行业广泛传播，认知度得到进一步提高。

如何看待化工产业发展与环境污染的关系？化工行业发展前景是什么？什么是责任关怀？责任关怀实施准则是什么？

第一节　环境

一、环境的概念

环境是以人类社会为主体、以人类生存及活动为中心事物的外部世界的总体，主要指人类已经认识到的直接或间接影响人类生存和社会发展的周围世界。

环境可分为自然环境和人工环境两种。

自然环境是指直接或间接影响到人类的一切自然形成的物质、能量和自然现象的总体，是人类出现之前就存在的。自然环境是人类目前赖以生存、生活和生产所必需的自然条件和资源的总称，即阳光、温度、气候、地磁、空气、水、岩石、土壤、动植物、微生物以及地壳的稳定性等自然因素的总和。

人工环境指由于人类活动而形成的环境要素，包括人工形成的物质、能量和精神产品，以及人类活动中所形成的人与人之间的关系或称上层建筑。人工环境由综合生产力（包括人）、技术进步、人工构筑物、人工产品和能量、政治体制、社会行为、宗教信仰、文化与地方因素等组成。

自然环境对人的影响是根本性的。人类要改善环境，必须以自然环境为大前提，否则必然会遭到大自然的报复。人工环境的好坏对人的工作与生活、对社会的进步更是影响极大。

人类生存的环境可由小到大、由近及远地分为聚落环境、地理环境、地质环境和宇宙环境，从而形成了一个庞大的系统。

1. 聚落环境

聚落环境是人类有计划、有目的地利用和改造自然环境而创造出来的生存环境，是与人类工作和生活关系最密切、最直接的环境。聚落环境的发展，为人类提供了愈来愈方便而舒适的工作和生活环境；但与此同时也往往因为聚落环境中人口密集、活动频繁而造成环境的污染。

2. 地理环境

地理环境是自然地理环境和人文地理环境两个部分的统一体。自然地理环境是由岩石、土壤、水、大气、生物等自然要素有机结合而成的综合体；人文地理环境是人类的社会、文化和生产活动的地域组合，包括人口、民族、政治、社团、经济、交通、军事、社会行为等许多成分，它们在地球表面构成的圈层称为人文圈。

3. 地质环境

地质环境为人类提供了大量的生产资料，如丰富的矿产资源等难以再生的资源。随着生产的发展，大量矿产资源引入地理环境，在环境保护中是一个不容忽视的方面。地质环境与地理环境是有区别的，地质环境是指地表以下的地壳层，可延伸到地核内部，而地理环境主要指对人类影响较大的地表环境。

4. 宇宙环境

宇宙环境是由广漠的空间和存在于其中的各种天体以及弥漫物质组成，几近真空；环境科学中是指地球大气圈以外的环境，也称为空间环境。迄今为止人类对宇宙环境这一广阔领域的认识还很不足，有待于进一步开发和利用。

二、环境问题

环境问题主要是由于人类活动作用于周围环境所产生的环境质量变化以及这种变化对人类的生产、生活和健康产生影响的问题。环境问题可分为两类：一是不合理开发利用自然资源，超出环境承载力，使生态环境质量恶化和自然资源枯竭的现象；二是人口激增、城市化和工农业高速发展引起的环境污染和破坏。总之是人类经济社会发展与环境的关系不协调所引起的问题。

（一）环境问题的发展

从人类诞生开始就存在着人与环境的对立统一关系。人类在改造自然环境的过程中，由于认识能力和科学水平的限制，往往会产生意料不到的后果，造成对环境的污染与破坏。

1. 工业革命以前阶段

在远古时期，由于人类的生活活动如制取火种、乱采乱捕、滥用资源等造成生活资料缺乏。随着刀耕火种、砍伐森林、盲目开荒、破坏草原、农牧业的发展，引起一系列水土流失、水旱灾害和沙漠化等环境问题。

2. 环境的恶化阶段

工业革命至20世纪50年代前，是环境问题恶化阶段。在这一阶段，生产力的迅速发展、机器的广泛使用，大幅度提高了劳动生产率，增强了人类利用和改造环境的能力，大规模地改变了环境的组成和结构，也改变了生态中的物质循环系统，扩大了人类活动领域。同时也带来了新的环境问题，大量废弃物污染环境，如从1873年至1892年，伦敦多次发生有毒烟雾事件。另外大量矿物资源的开采利用，加大了"三废"的排放，造成环境问题的逐步恶化。

3. 环境问题的第一次爆发

进入20世纪，特别是40年代以后，科学技术、工业生产、交通运输都发生了迅猛发展，尤其是石油工业的崛起，工业分布过分集中，城市人口过分密集，环境污染由局部逐步扩大到区域，由单一的大气污染扩大到水体、土壤和食品等各方面的污染，甚至酿成震惊世界的公害事件，参见表1-1。

由于这些环境污染直接威胁着人们的生命安全，成为重大的社会问题，激起了广大群众的强烈不满，也影响了经济的顺利发展。例如美国1970年4月22日爆发了2000万人大游行，提出不能再走"先污染、后治理"的路子，必须实行预防为主的综合防治办法。这次游行也是1972年6月5日斯德哥尔摩联合国人类环境会议召开的背景，会议通过的《人类环境宣言》唤起了全世界对环境问题的注意。同年12月，联合国大会作出建立环境规划署的决议，1973年1月，联合国环境规划署正式成立，并决定每年6月5日为"世界环境日"。工业发达国家把环境问题摆上了国家议事日程，通过制定相关法律，建立相关机构，加强管理，采用新技术，使环境污染得到了有效控制。

4．环境问题的第二次高潮

20世纪80年代以后环境污染日趋严重和生态破坏范围逐渐扩大，是社会环境问题的第二次高潮。人们共同关心的影响范围大、危害严重的环境问题有三类：一是全球性的大气污染，如温室效应、臭氧层破坏和酸雨；二是大面积生态破坏，如大面积森林毁坏、草场退化、土壤侵蚀和沙漠化；三是突发性的严重污染事件频发，如表1-2所示。

表1-1　世界八大公害事件

序号	公害名称	国家	时间	事件及其危害概况
1	马斯河谷烟雾事件	比利时	1930年12月	马斯河谷地带分布着三个钢铁厂、四个玻璃厂、三个炼锌厂和其他炼焦、硫酸、化肥等许多工厂。1930年12月初，在两岸耸立90m高山的峡谷地区，出现了大气逆温层，浓雾覆盖河谷，工厂排到大气中的污染物被封闭在逆温层下，不易扩散，浓度急剧增加，造成大气污染事件。一周内几千人受害发病，60多人死亡，为同期正常死亡人数的10.5倍，也有大量家畜死亡。发病症状有流泪、喉痛、胸痛、咳嗽、呼吸困难等。推断当时大气二氧化硫浓度为 25 ~ 100mg/m^3
2	多诺拉烟雾事件	美国	1948年10月	多诺拉镇是一个两岸耸立着约100m高山的马蹄形河谷，盆地中有大型炼钢厂、硫酸厂和炼锌厂。1948年10月，该镇发生轰动一时的空气污染事件，这个小镇当时只有约14000人，4天内就有5900多人因空气污染而患病，20人死亡
3	伦敦烟雾事件	英国	1952年12月	伦敦位于泰晤士河开阔河谷中，1952年12月5 ~ 9日，几乎在英国全境有大雾和逆温层。伦敦上空因受冷高压影响，出现无风状态和60 ~ 150m低空逆温层，使从家庭和工厂排出的燃煤烟尘被封盖滞留在低空逆温层下，导致4000人死亡
4	洛杉矶光化学烟雾事件	美国	1955年	洛杉矶市有250多万辆汽车，每天有超过1000t烃类、300t氮氧化合物和4200t一氧化碳排入大气中，经太阳光能作用，发生光化学反应，生成一种浅蓝色光化学烟雾，在1955年一次事件中，仅65岁以上老人就死亡400多人
5	水俣病事件	日本	1953 ~ 1979年	熊本县水俣湾地区自1953年以来，出现一种奇怪的病，病人开始面部呆痴、全身麻木、口齿不清、步态不稳，进而耳聋失聪，最后精神失常、全身弯曲、高叫而死。还出现"自杀猫""自杀狗"等怪现象。截至1979年1月受害人数达1004人，死亡206人。到1959年才揭开谜底，是某工厂排出的含汞废水污染了水俣海域，鱼贝类富集了水中的甲基汞，人或动物吃鱼贝后，引起中毒或死亡
6	富山事件	日本	1955 ~ 1965年	1955年后，在日本富山神通川流域发现一种怪病，发病者开始手、脚、腰等全身关节疼痛。几年后，骨骼变形易折，周身骨骼疼痛，最后病人饮食不进，在疼痛中死去或自杀。到1965年底，近100人因"骨痛病"死亡。到1961年才查明是当地铝厂排放含镉废水，人吃了受镉污染的大米或饮用含镉的水而造成

序号	公害名称	国家	时间	事件及其危害概况
7	四日市事件	日本	1955～1972年	四日市是一个以石油化工联合企业为主的城市。1955年以来，工厂每年排到大气中的粉尘和SO_2总量达13万吨，使这个城市终年烟雾弥漫。居民高发支气管炎、支气管哮喘、肺气肿及肺癌等呼吸道疾病，称为"四日气喘病"。截至1972年，日本全国患这种病者高达6376人
8	米糠油事件	日本	1968年	九州发现一种怪病，病人开始眼皮肿、手掌出汗、全身起红疙瘩，严重时恶心呕吐、肝功能降低，慢慢地全身肌肉疼痛、咳嗽不止，有的引起急性肝炎或医治无效而死。该年7～8月患者达5000人，死亡16人。经调查，这是由于一家工厂在生产米糠油的工艺过程中，使载热体多氯联苯混入油中，造成食油者中毒或死亡

表1-2 20世纪80年代以来的典型公害事件

事件名称	发生地点	时间	影响情况
博帕尔农药泄漏事件	印度博帕尔市	1984年12月3日	博帕尔市的美国联合碳化物公司农药厂发生异氰酸甲酯罐爆裂外泄，进入大气约30万吨，受害面积达40km²，受害人10万～20万
切尔诺贝利核电站泄漏事件	乌克兰基辅	1986年4月26日	切尔诺贝利核电站4号反应堆爆炸，引起大火，放射性物质大量扩散。周围13万居民被疏散，300多人受严重辐射，死亡31人当场死亡，经济损失35亿美元
上海甲型肝炎事件	中国上海市	1988年1月	上海市部分居民食用被污染的毛蚶而中毒，然后迅速传染蔓延，有29万人患甲肝
洛东江水源污染事件	韩国洛东江畔	1991年3月	洛东江畔的大邱、釜山等城镇斗山电子公司擅自将325吨含酚废料倾倒于江中。自1980年起已倾倒含酚废料4000多吨，洛东江已有13支支流变成了"死川"，1000多万居民受到危害
海湾战争石油污染事件	海湾地区	1991年1月17日～2月28日	历时6周的海湾战争使科威特境内900多口油井被焚或损坏；伊拉克、科威特沿海两处输油设施被破坏，约15亿升原油漂流；伊拉克境内大批炼油和储油设备、军火弹药库、制造化学武器和核武器的工厂起火爆炸，有毒有害气体排入大气中，随风漂移，危害其他国家，如伊朗已连降几次"黑雨"。海湾战争是有史以来使环境污染和生态破坏最严重的一次战争
沅江死鱼事故	中国湖南沅江140km水域和武水20km水域	1991年5月	在跨越一州一地五县的水域里，持续40多天，死鱼达$50×10^4kg$，大面积水域严重磷污染。事故由湘西自治州三个化工厂长期超标排放黄磷废水，沉积在底泥，不断积累，在暴雨冲击下底泥翻腾，单质磷胶体泛起所造成
开封市饮用水污染	中国河南开封市	1993年4月	一次大暴雨后居民发现饮用水异味、苦涩、有辛辣感。一连数日开封市几十万人受害，出现恶心、腹泻现象。经调查，该事件是由于多家有机化工厂、阻燃剂厂、黏合剂厂、农药厂等废水排入饮用水明渠内，水样中检出氰化物、六价铬等
深圳清水河大爆炸	中国深圳清水河	1993年8月	深圳清水河化学危险品仓库未经环保部门审批储存了49种总量达2800多吨的化学品，大多属易燃易爆或有毒有害物质。因氧化剂和还原剂直接接触引起爆炸，黑色蘑菇云冲天而起，夹带污染物飘向四周。这次爆炸造成15人死亡，大火持续16h，摧毁库房7座，爆炸中心有两个深达9m、直径20m的大坑

事件名称	发生地点	时间	影响情况
石油泄漏	俄罗斯科米共和国	1994年10月	在科米共和国发生一起历史上最严重的石油泄漏事件，流失石油覆盖面积达68km²
倾倒核废料	日本海	1995年10月	俄罗斯海军舰只向日本海倾倒约900m³的低度放射性废料，受到日本、朝鲜、韩国等周边国家的谴责和国际社会的严重关注
天津滨海新区爆炸事故	中国天津市	2015年8月	2015年8月12日23时30分左右，天津港集装箱码头发生第一次爆炸，30秒后发生第二次爆炸，发生爆炸的是集装箱内的危险化学品，包括氰化钠、硝酸钾、硝酸铵、电石、甲基磺酸、油漆、火柴等四大类几十种易燃易爆化学品。截至2015年9月13日，事故中抢险救援牺牲110人，另有55人遇难，尚有8人失联。累计出院582人，尚有216人住院治疗。周边万余辆汽车被烧，几千间房屋受损

从以上典型污染事件可以看出，目前环境问题的影响范围正在逐步扩大，对某个地区、某个国家，甚至人类赖以生存的整个地球环境都会造成危害。环境污染会明显损害人类健康，而全球性的环境污染和生态破坏，也阻碍着经济的持续发展。就污染源而言，以前较易通过污染源调查弄清产生环境问题的来龙去脉，但现在污染源和破坏源众多，不但分布广，而且来源复杂，既来自经济生产活动，也来自日常生活活动；既来自发达国家，也来自发展中国家。突发性事件的污染范围大、危害严重，经济损失巨大。

（二）当前主要的全球性环境问题

在20世纪80年代初，全球气候变暖、臭氧层耗竭及酸雨等环境问题已初露端倪，进入20世纪90年代后，土地荒漠化、海洋污染、物种灭绝等问题更是突破了国界，成为影响全人类生存的重大问题。

1. 全球气候变暖

据德国马普学会气象研究所和气候研究中心1995年发表的一项研究报告称：自1980年以来全球气温平均升高了0.7℃；工业革命以来，大气中的CO_2的浓度提高了25%；通过计算机模拟计算，全球气候变暖由人类行为等外界因素产生的可能性大于95%，其中CO_2排放增加是其主要成因之一。气候变暖的后果是南北极的气温上升，部分冰山融化，海水受热膨胀，导致海平面上升。1880年以来的100多年，海平面上升了8cm。气温的升高还将对农业和生态系统产生严重的影响，见图1-1。

2. 大气平流层中臭氧耗竭

臭氧相对集中的臭氧层距地面大约25km。臭氧层能把太阳光中大部分有害的紫外线吸收掉，是地球上所有生命的"保护伞"。20世纪70年代英国科学家

图1-1　人为引起的大气组成和气候变化对生物圈和人类生产的影响

首先发现，在地球南极上空的大气层中，臭氧的含量逐渐减少，每年9～10月减少更为明显，科学家称之为臭氧洞。1989年科学家考察研究发现，北极上空的臭氧层也已遭到严重破坏。1991～1992年，来自世界各地的100多位科学家在瑞典埃斯兰基用39个载重500kg的气球、800个臭氧探测器和100架飞机监测北极平流层的臭氧变化。试验结果显示，北极臭氧层减少了15%～20%，局部出现了臭氧空洞。据新华社报道，2000年9月3日，美国宇航局利用地球观测卫星上的"全臭氧测图分光计"测出，在南极上空臭氧层空洞面积已达2830万平方公里，相当于美国领土面积的三倍，而1998年9月19日测得臭氧空洞面积为2720万平方公里。因此，用"天破了"来形容臭氧层的破坏并不过分，这意味着有更多的紫外线射到地面。造成臭氧层破坏的罪魁祸首是氟利昂，此外甲烷、四氯化碳、三氯甲烷等也会破坏臭氧层。

3. 酸雨和空气污染

酸雨是目前世界上最严重的环境问题之一，SO_2和NO_x是形成酸雨的主要物质。酸雨的危害主要是破坏森林生态系统、改变土壤性质和结构、破坏水体生态系统、腐蚀建筑物和损害人体的呼吸系统和皮肤。如欧洲15个国家中有700万公顷森林都受到了酸雨的影响。现在全世界每年排入大气中的硫化物和氮氧化物高达3000万吨，有些烟雾经过高烟囱排放，在大气环流的作用下漂洋过海，扩散至大约几千公里之外，因此酸雨被称为"跨国界的恶魔"。

4. 土地荒漠化

联合国环境规划署的资料表明，1975年至2000年，全球有3亿公顷耕地被侵蚀，另有3亿公顷被压在新城镇的公路之下。全世界2/3的土地即20亿公顷土地不同程度地受到沙漠化的影响，约有8.5亿人口生活在贫瘠的土地上，导致许多国家粮食供应紧张、不能自给。南亚20%的人口严重发育不良，北非2000万人、撒哈拉沙漠以南的非洲地区15000万人营养不良。世界各国通过开垦荒地扩大耕地面积提高粮食产量会引起水土流失、生态破坏，同时化肥、农药的使用又会加大对水体、土壤的污染。

5. 海洋污染和海洋的过度开发

全世界有60%的人口生活在离大海不到100公里的地方，沿海地区受到了巨大的人口压力。由于人类不断向大海排放污染物，大量建设海上旅游设施，近年来发生在近海区的污染事件不断增多，全世界1/3的沿海地区遭到了破坏。另外，过度捕捞造成海洋渔业资源正以令人可怕的速度减少，海洋生态系统受到严重破坏。

6. 生物多样性锐减

物种灭绝是自然现象，在过去的两亿年中，每27年才有一种植物从地球上消失，每世纪有90多种脊椎动物灭绝。由于城市化、农业发展、森林减少和环境污染，自然生态区域变得越来越小了，这就导致了数以千计的物种绝迹，生物多样性正以前所未有的速度减少。

7. 森林面积减少

最近几十年来，热带地区国家森林面积减少的情况十分严重。森林减少的后果是二氧化碳的增加，洪水肆虐、沙尘暴也都与森林面积减少有直接关系。森林资源的减少和其他环境因素恶化，使生物多样性产生了危机。目前全球濒临灭绝的动物有1000多种、植物约25000种。据估计，一片森林面积减少10%，即可使继续存在于其中的生物品种下降50%。物种的消亡破坏了生态平衡，对人类发展是难以挽回、无法估计的损失，因为生物多样性包括数以万计的动物、植物、微生物及其拥有的基因，是人类赖以生存和发展的各种生命资源的总汇，是宝贵的自然财富。

8. 有害废物的越境转移

工业给人类文明带来的好处曾令多少人陶醉，但同时带来的数百万化合物存在于空气、土壤、水、植物、动物和人体中，即使是作为地球上最后的大型天然生态系统的冰盖也受到了污染。那些有机化合物、重金属、有毒产品都集中存在于整个食物链中，最终会威胁到人类的健康，引起癌症，导致土壤肥力减弱。有毒有害废弃物使自然环境不断退化，土壤和水域不断被污染，垃圾处置填埋场越来越多，居民抗议声越来越大。发达国家开始以公开或伪装的方式向发展中国家转移危险废弃物，有害物的转移，造成全球环境的更广泛污染。

9. 淡水受到威胁

获取淡水和使用清洁的淡水是当今最需要引起重视的环境问题之一。1950年仅有20个国家的2千万人面临缺水问题，而1990年则有26个国家的3亿人受到淡水短缺的困扰。目前，世界上有43个国家和地区严重缺水，占全球陆地面积的60%，80多个国家处于用水危急状态，约有20亿人生活用水紧张，10亿人得不到良好的饮用水。全世界每年有超过4200亿立方米的污水排入江河湖海，污染5500亿立方米的淡水，占全球径流量14%以上，因此水体污染是造成水资源危机的重要原因之一。人口急增、工农业生产导致用水量持续增长而水资源严重短缺，这将成为许多国家经济发展的障碍。据预测，至2050年，将有24亿人口面临缺乏饮用水的问题。有资料表明，作为人类生命之源的水将成为人类未来争夺的焦点，谁拥有控制、储存并开发水资源的技术，就如掌握世界石油资源一样，将在人类未来发展过程中发挥举足轻重的作用。

10. 城市扩大化

随着城市数量的迅速增加，城市发展规模也越来越大，人口密集、工厂林立、交通频繁等造成城市垃圾、大气污染、地下水减少、气候变化、噪声污染等等一系列环境问题。

（三）中国解决环境问题的根本途径

据2021年中国生态环境状况公报，2021年全国339个地级及以上城市中，218个城市环境空气质量达标，占全部城市数的64.3%，比2020年上升3.5%；121个城市环境空气质量超标，占35.7%，比2020年下降3.5%。若不扣除沙尘影响，339个城市环境空气质量达标城市比例为56.9%，超标城市比例为43.1%。全国酸雨区面积约36.9万平方千米，占国土面积的3.8%，比2020年下降1.0%，其中较重酸雨区面积占国土面积的0.04%，无重酸雨区。酸雨主要分布在长江以南—云贵高原以东地区，主要包括浙江、上海的大部分地区、福建北部、江西中部、湖南中东部、重庆南部、广西南部和广东部分区域。

2021年全国3632个水质断面开展了地表水监测，Ⅰ～Ⅲ类水质断面（点位）占84.9%，比2020年上升1.5%；劣Ⅴ类占1.2%，均达到2021年水质目标要求。主要污染指标为化学需氧量、高锰酸盐指数和总磷。1900个地下水水质监测点中，Ⅰ～Ⅳ类水质监测点79.4%，Ⅴ类占20.6%，主要超标指标为硫酸盐、氯化物和钠。876个地级及以上城市在用集中式生活饮用水水源断面中，825个全年均达标，占94.2%。

2021年，监测的230个入海河流水质断面中，Ⅰ～Ⅲ类水质断面占71.7%，比2020年上升4.5%；劣V类占0.4%，比2020年下降0.9%。主要超标指标为化学需氧量、高锰酸盐指数、五日生化需氧量、总磷和氨氮。

全国农用地土壤环境状况总体稳定，截至2021年底，全国耕地质量平均等级为4.76等。2021年，全国水土流失面积为269.27万平方千米。其中，水力侵蚀面积为112.00万平方千米，风力侵蚀面积为157.27万平方千米。按侵蚀强度分，轻度、中度、强烈、极强烈和剧烈侵蚀面积分别占全国水土流失总面积的63.3%、17.2%、7.6%、5.7%和6.2%。

324个进行昼间区域声环境监测的地级及以上城市平均等效声级为54.1dB；324个进行昼间道路交通噪声环境监测的地级及以上城市平均等效声级为66.5dB；324个地级及以上城市各类功能区昼间监测点次达标率为95.4%，比2020年上升0.8%；夜间监测点次达标率平均为82.9%，比2020年上升2.8%。

全国环境电离辐射水平处于本底涨落范围内，环境电磁辐射水平低于国家规定的相应限值。

2021年全国生态质量指数（EQI）值为59.77，生态质量为二类，与2020年相比基本稳定。全国具有地球陆地生态系统的各种类型，其中森林212类、竹林36类、灌丛113类、草甸77类、草原55类、荒漠52类、自然湿地30类。全国森林覆盖率为23.04%，森林储积量为175.6亿立方米，其中天然林蓄积141.08亿立方米、人工林蓄积34.52亿立方米。

综上所述，中国的环境污染得到了有效控制，但是环境保护形势依然严峻。环境保护与经济发展是对立统一体，两者密不可分，既要发展经济满足人类日益增长的基本需要，又不能超出环境的容许极限，使经济能够持续发展，提高人类的生活质量。对我国而言要协调好这二者的关系，必须有效地控制人口增长，加强教育，提高人口素质，增强环境保护意识，强化环境管理，还要依靠强大的经济实力和科技的进步。这是我国实现可持续发展的根本途径和关键所在。

人口增加就需要增加消耗、增加活动和居住场所，从而对环境特别是生态环境造成巨大压力，甚至引起破坏。控制人口增长就是从源头上抑制资源消耗的快速上升、各种废物的大量增加。与此同时，要加强教育，提高群众的环境意识，树立节约和合理利用自然资源意识，自觉维护生态平衡，使经济建设与资源、环境相协调，实现良好循环。

其次，解决环境问题必须要有相当的经济实力，即需要付出巨大的财力、物力，并且需要经过长期的努力。有限的环保投资，远不能达到有效控制污染和生态环境破坏的目的，因此更有必要借助科技来解决环境问题。

随着科技进步与发展，会产生各种环境问题，但也必须靠科技来解决这些环境问题。例如燃煤会带来一系列环境污染，这就需要科技来改善和提高燃煤设备的性能和效率，寻找洁净能源或氟氯烃的替代物，从根本上清除污染源或降低污染源的危害程度。要以较低的或有限的环保投资获得较佳的环保效益，发展科技是解决环境问题的必由之路。

三、环境科学

人类在与环境问题作斗争的过程中，对环境问题的认识逐步深入，积累了丰富的经验和知识，促进了各学科对环境问题研究。经过20世纪60年代的酝酿，到70年代初，零星、不系统的环境保护和科研工作才汇集成一门独立的、应用广泛的新兴学科——环境科学。

1. 环境科学的基本任务

环境科学是以"人类-环境"这对矛盾体为对象，研究其对立统一关系的发生与发展、调节与控制以及利用与改造的科学。由人类与环境组成的对立统一体，称为"人类-环境"系统，就是以人类为主体的生态系统。

环境科学在宏观上是研究人类与环境之间相互作用、相互促进、相互制约的对立统一关系，坚持社会经济发展和环境保护协调发展的基本规律，调控人类与环境间物质流、能量流的运行、转换过程，维护生态平衡；在微观上研究环境中的物质尤其是污染物在有机体内迁移、转化和蓄积的过程及其运动规律，探索这些物质对生命的影响及作用的机理等。环境科学最终达到的目的：一是可再生资源得以永续利用，不可再生的自然资源以最佳的方式节约利用；二是使环境质量保持在人类生存、发展所必需的水平上，并逐渐改善。

环境科学的基本任务是：

① 探索全球范围内自然环境演化的规律；

② 探索全球范围内人与环境相互依存的关系；

③ 协调人类的生产、消费活动同生态要求的关系；

④ 探索区域环境污染综合防治的技术与管理措施。

2. 环境科学的内容及分支

环境科学是综合性的新兴学科，已逐步形成多种学科相互交叉渗透的庞大学科体系。按其性质和作用分为基础环境学、应用环境学及环境学三部分。

（1）基础环境学　包括环境数学、环境物理学、环境化学、环境地学、环境生物学、污染毒理学。

（2）环境学　包括大气环境学、水体环境学、土壤环境学、城市环境学、区域环境学。

（3）应用环境学　包括环境工程学、环境管理学、环境规划、环境监测、环境经济学、环境法学、环境行为学、环境质量评价。

归纳起来，环境科学包括：人类与环境的关系；污染物在环境中的迁移、转化、循环和积累的过程与规律；环境污染的危害；环境状况的调查、评价和环境预测；环境污染的控制与防治；自然资源的保护与合理利用；环境监测、分析技术与环境预报；环境区域规划与环境规划。

环境科学研究的核心问题是环境质量的变化和发展。通过研究人类活动影响下环境质量的发展变化规律及其对人类的反作用，提出调控环境质量的变化和改善环境质量的有效措施。

第二节　人类与环境

一、人类与环境的关系

自然环境和生活环境是人类生存的必要条件，其组成和质量与人体健康的关系极为密切。

人类和环境都是由物质组成的。物质的基本单元是化学元素，是把人体和环境联系起来的基础。地球化学家们分析发现人类血液和地壳岩石中化学元素的含量具有相关性，有60多种化学元素在血液中和地壳中的平均含量非常近似。这种人体化学元素与环境化学元素高度统一的现象表明了人与环境的统一关系。

人与环境之间的辩证统一关系，表现在机体的新陈代谢上，即机体与环境不断进行物质交换和能量传递，使机体与周围环境之间保持着动态平衡。机体从空气、水、食物等环境中摄取生命必需的物质，如蛋白质、脂肪、糖、无机盐、维生素、氧气等，通过一系列复杂的同化过程合成细胞和组织的各种成分，并释放出热量保障生命活动的需要。机体通过异化过程进行分解代谢，经各种途径如汗、尿、粪便等排泄到外部环境（如空气、水和土壤等）中，被生态系统的其他生物作为营养成分吸收利用，并通过食物链作用逐级传递给更高级的生物，形成了生态系统中的物质循环、能量流动和信息传递。一旦机体内的某些微量元素含量偏高或偏低，就打破了人类机体与自然环境的动态平衡，人就会生病。例如脾虚患者血液中铜含量显著升高；肾虚患者血液中铁含量显著降低；氟含量过少会形成龋齿，过多又会发生氟斑牙。

环境如果遭受污染，某些化学元素和物质增多，如汞、镉等重金属和难降解的有机污染物进入空气和水体，继而污染土壤和生物，再通过食物链和食物网进入人体，在人体内积累到一定剂量时，就会对人体造成危害。为此，保护环境，防止有害、有毒等化学元素进入人体，是预防疾病、保障人体健康的关键。

在漫长的历史长河中，人类对自然环境的改造以及自然环境对人类的反作用，使人与环境形成了一种相互制约、相互作用的统一关系，成为了不可分割的对立统一体。

二、环境污染对人体的危害

人类活动排放各种污染物，使环境质量下降或恶化。污染物可以通过各种媒介侵入人体，使人体的各种器官组织功能失调，引发各种疾病，严重时导致死亡，这类疾病称为"环境污染疾病"。

环境污染对人体健康的危害是极其复杂的过程，其影响具有广泛性、长期性和潜伏性等特点，具有致癌、致畸、致突变等作用，有的污染物潜伏期达十几年，甚至会影响到子孙后代。表1-3列出了室内主要污染物及其危害。

环境污染对人体的危害，按时间分为急性中毒、慢性中毒和亚急性中毒。在短时间内（或者一次性的）有害物大量侵入人体内引起的中毒为急性中毒，如20世纪30～70年代发生的几次烟雾污染事件，都属于环境污染的急性危害，其中1952年伦敦烟雾事件死者多属于急性闭塞性换气不良，造成急性缺氧或引起心脏病恶化而死亡。有害物质少量、多次侵入人体所引起的中毒，称为慢性中毒。这种慢性中毒作用既是环境污染物本身在体内逐渐积累的结果又是污染引起机体损害逐渐积累的结果，如镉污染引起的骨痛病，氟污染导致氟斑牙、氟骨病等。介于急性中毒和慢性中毒之间的称为亚急性中毒。

污染物在人体内的过程包括毒物的侵入和吸收、分布和积蓄、生物转化及排泄，对人体的危害性质和危害程度主要取决于污染物的剂量、作用时间、多种因素的联合作用、个体的敏感性等因素。污染物与疾病症状之间的相互关系主要从污染物对人体有无致癌作用、对人体有无致畸变作用、有无缩短寿命的作用、有无降低人体各种生理功能的作用等几方面探讨。

表1-3 室内主要污染物及其危害

污染物	来源	危害
石棉	防火材料、绝缘材料、乙烯基地板、水泥制品	致癌
生物悬浮颗粒	藏有病菌的暖气设备、通风和空调设备	引起流行性感冒，产生过敏
一氧化碳	煤气灶、煤气取暖器、壁炉、香烟	引起大脑和心脏缺氧，重者死亡
甲醛	家具胶黏剂、海绵绝缘材料、墙面木镶板	导致皮肤敏感，刺激眼睛
挥发性有机物	室内装修料、油漆、清漆、有机溶剂、炒菜油烟、空气清新剂、地毯、家具	多种刺激性或毒性引起头疼、过敏、肝脏受损，甚至致癌
可吸入颗粒	香烟、灰尘、烧柴	损伤呼吸道和肺
无机物颗粒，硝酸颗粒，硫酸颗粒，重金属颗粒	户外空气	损伤呼吸道和肺
砷	香烟、杀虫剂、鼠药、化妆品	伤害皮肤、肠道和上呼吸道
镉	香烟、杀真菌剂	伤害上呼吸道、骨骼、肺、肝、肾
铅	户外汽车尾气	毒害神经、骨骼和肠道

污染物	来源	危害
汞	杀真菌剂、化妆品	毒害大脑和肾脏
二氧化氮	户外汽车尾气、煤气灶	刺激眼睛和呼吸道，诱发气管炎，致癌
二氧化硫	家庭燃煤、户外空气	损伤呼吸系统
臭氧	复印机、静电空气清洁器、紫外灯	尤其对眼睛和呼吸道有伤害
氡气	建筑材料、户外的土壤气体	诱发肺癌
杀虫剂	杀虫喷雾剂	致癌，损伤肝脏

注：表中的信息大部分来自美国1995年出版的《环境科学》（Environmental Science by Daniel Botkin & Edward keller）。

第三节　化工与环境保护

一、化工与经济发展

化学工业是以自然矿物质或化学物质为原料生产化工产品的产业，是典型的技术密集型、资金密集型、人才密集型产业。一个国家的化工技术水平完全可以代表该国的经济发展水平。目前，全世界范围内化学工业共有7万～8万种产品，中国大约有4万多种。

化学工业可分为氮肥、磷肥、钾肥、无机盐、硫酸、纯碱、氯碱、基本有机化工原料、合成材料及聚合物、涂料、染料、农药、电子化学品、新领域精细化工、橡胶、炼油、化学矿山、化工机械制造等18个类别。化工涉及的相关领域广、依存度高、带动性强，在国民经济中具有举足轻重的作用。

经过近百年的发展，化工行业已经成为拉动经济增长的中坚力量。上到载人航天，下到百姓生活，从食物到衣服、从汽车到房屋、从化肥到建材、从原料到燃料、从潜海到航空、从民生到国防，化学工业与经济社会发展及人类衣食住行息息相关。

1. 没有化肥，百姓难吃饱饭

我国人口众多却耕地稀缺，用占世界9%的耕地生产了占世界19%的谷物、49%的瓜果蔬菜和19%的水果，养活了占世界21%的人口。农业生产取得巨大成就，化肥的贡献率在40%以上。施用化肥可使水稻、玉米、棉花单产提高40%～50%，提高小麦、油菜等越冬作物单产提高50%～60%，大豆单产提高近20%。国家统计局发布全国粮食产量数据，2021年全国粮食总产量13657亿斤（1斤=0.5公斤），比上年增加267亿斤，如果以40%的贡献率计算，施用化肥增产粮食106.8亿斤。

2. 没有农药，收成难有保证

我国农作物有害生物达1700多种，重大有害生物年发生面积为60亿～70亿亩次（15亩=1公顷，后同），是生态条件复杂的农作物病虫害多发国。农药的合理使用，为确保粮食安全和生态安全做出了突出贡献。

随着全球气候变暖，生物灾害出现新特点，我国农作物遭受生物灾害的损害也出现新变化，生物灾害暴发的频率逐年提高，年发生面积5000万亩次以上的农作物灾害种类由20世纪50年代的10多种，发展到现在的30多种，迁飞性种类此起彼伏，农区飞蝗、草地螟、稻飞虱、稻纵卷叶螟等都呈现大发生态势。区域性种类突发成灾，水稻条纹叶枯病年发生面积2000多万亩次、水稻螟虫3亿多亩次，小麦吸浆虫死灰复燃，农田鼠害也时有大面积发生。

农药工业的发展能够满足有害生物防治的需要。选择性除草剂的广泛应用，使直播水稻的大面积推广成为现实；高效低毒杀虫菌剂和土壤熏蒸剂的使用推动了设施农业的发展；很多农作物新品种，如转基因作物的种植更是离不开农药的使用。可以说没有农用化学品就没有现代农业，没有农用化学品世界将发生饥荒。

3. 没有化纤，人类衣难遮体

纺织纤维、染料和纺织印染助剂，是发展服装工业必不可少的三类原料。化学纤维是指以高分子化合物为原料制成的纤维，包括人造纤维和合成纤维两大类，其中合成纤维占大部分。要想让老百姓穿得暖、穿得好，就必须得发展合成纤维工业。新中国成立后，我国开始着手引进黏胶纤维和维纶纤维技术。1957年，第一缕黏胶长丝诞生在原国营保定化学纤维联合厂。随后我国又着手引进腈纶纤维的技术，并开始兴建大规模现代化的化纤企业。特别是改革开放后，我国合成纤维引进力度不断加大。1981年，我国合成纤维年产能达60多万吨。在全国人口比解放初增长80%的情况下，人均布制品消费量从12尺（1尺=0.333米）增加到30尺以上，不但保证了10亿人口的基本需要，还能以相当数量的纺织品出口发展对外贸易。"人民衣被甚少"的局面由此彻底结束。

此后，我国合成纤维产业迅速发展，自主创新技术不断实现突破。1998年，中国超越美国成为全球第一大化纤生产国，并一直保持至今。到2020年中国化学纤维产量达6167.9万吨，占世界比重超70%。在化纤工业的推动下，我国服装业也取得了令人瞩目的成就，13亿人的穿衣问题早已彻底解决。化工人可以自豪地说：让中国服装工业实现凤凰涅槃的正是高速发展的化纤产业。

4. 没有建材，人们无法安居

20世纪50年代，除了大白涂料和沥青防水材料，房屋建筑中几乎没有化学建材的踪迹。经过几十年的发展，塑料门窗、塑料管道、防水涂料等得到大量应用。从20世纪90年代起，随着化学建材的蓬勃发展，各种合成树脂和塑料以其可塑性好、成型方法简便、重量轻、不生锈、耐腐蚀等特点，在门窗、管道、墙板、地板等领域，越来越多地代替了传统建材，成为第四大建筑材料。一方面，化学建材可以替代钢铁、木材、黏土等宝贵资源；另一方面，化学建材的生产能耗远远低于传统建材，且在防腐、装饰效果和使用寿命方面具有无可比拟的优越特性。渗漏是影响我国房屋质量最常见的问题，现在改性沥青防水材料、聚氨酯防水涂料以及建筑密封膏都走进了百姓家，成为防水保护神。

5. 没有电缆，通信依然遥远

信息产业的飞速发展，使网络成为人们工作生活中不可或缺的重要组成部分。我国发展新一代网络的总体目标之一，就是要实现电视网、电信网、计算机网的"三网合一"。其中，光纤及其配套设备的成功开发，是实现这一目标的关键。

在信息化时代，承担信息传输使命的光纤光缆、电线电缆，都要用到电缆材料。其中热塑性树脂应用最广泛的是聚乙烯、聚氯乙烯和聚丙烯等。这些材料都是具备一定功能的化工材料，在信息技术的发展中发挥着不可替代的作用，正是由于它们的出现使得远距离通信成为了一种现实。

6. 没有医学，康乐成为奢望

现代医学的发展消灭了天花等病毒，减少了难产和夭折，这都离不开化工的进步。青霉素的合成引发了人类历史上第一次医学革命，药物的研制与合成，更离不开化工的贡献。药物的原料由化工产品或化工中间体提供，其制备技术也离不开化工技术。

靶向药物在治疗癌症时能选择性地到达特定生理部位、器官、组织或细胞，并在靶位发挥药物治疗作用。靶向药物利用生物力学、前体药物、大分子载体、纳米粒和脂质体等介质把药物专门瞄准制造癌细胞的分子。如新制癌菌素及脂质体阿霉素就采用聚苯乙烯马来酸酐作为载体。

人造器官是指能够全部或部分代替人体器官功能的功能化器具，是解决患者自身器官坏死、用于功能恢复性患者治疗或在脏器手术时起临时功能的重要设备。目前许多科学家已从生物高分子材料或合成高分子材料中制造出了一二十种人造皮肤。他们把这些材料纺织成带微细孔眼的皮片，上面还盖着薄薄的、模仿"表皮"的制品。假肢材料过去多用铝等硬金属材料制造，随着化学工业的发展，硅橡胶、聚乙烯、聚丙烯酸树脂成为常用的假肢材料。这些化学材料制造工艺简单，能使假肢制品更符合生理、力学的要求，还能减轻假肢的质量。

7. 没有轮胎，汽车难以上路

自2010年开始，中国汽车产销量双双超过1800万辆，我国成为名副其实的汽车大国。轮胎性能的优劣直接关系到汽车驾驶的舒适度与安全性。车用轮胎材料主要使用的原料是丁基橡胶、氯丁橡胶、丁苯橡胶等合成橡胶，这些材料都是化工材料。为保证轮胎和地面有良好的附着性，并能承受汽车的重量，追求绿色节能环保，车用轮胎橡胶材料也将从材料改性、材料轻量化和环保材料三个方向发展。1949年中国轮胎产量只有2.6万条，只能生产斜交轮胎，2010年轮胎产量达到4.2亿条，居世界第一位。1982年第一条工业化的国产轿车子午线轮胎下线，到2020年达到5.96亿条。目前中国已能生产子午线和斜交两大结构的载重、轻载、轿车、农用、工程、工业等六大领域的轮胎，规格品种约2000个，可基本满足国内外用户的需求。

8. 没有燃料，社会无法运转

石油和化工行业是能源的主要供应者，汽油、煤油、柴油、重油以及天然气是汽车、拖拉机、飞机、轮船等交通工具的动力燃料。目前我国已开发出车用替代燃料包括液化石油气、天然气、醇类燃料、二甲醚和生物柴油等。甲醇汽油和乙醇汽油在部分省市试点，2022年，辽宁、吉林、黑龙江、河南、安徽以及广西6个省份开始"全封闭式"推广，原则上6个省份内所有加油站全部提供乙醇汽油，不得混杂普通汽油；而江苏、湖北、河北、山东和广东5个省份则是"半封闭式"推广，有些区域的加油站同时提供普通汽油和乙醇汽油。

9. 没有新材料，国防无保障

我国国防尖端科学技术的研究开发、新武器的研制、武器装备的更新换代、军队装备的现代化都离不开化工新材料的支撑。其中特种橡胶、特种合成塑料、特种合成纤维、特种涂料等是国防技术的"特种部队"。

（1）特种橡胶　利用特种橡胶的弹性和密封性制造歼击机、运输机、轰炸机的燃料油容器；救生艇调整深水中的姿态和方向，要靠液压水银球橡胶隔膜。

（2）特种合成塑料　如果没有有机硅模塑料制成的微动开头，歼击机就不能上天。氟树脂更是在原子能、航天航空、电子国防等领域都获得了广泛应用。

（3）特种合成纤维　主要有碳纤维、芳纶纤维、超细纤维、聚四氟乙烯纤维、维纶纤维等。芳纶是制造高强度轻质装甲和特种防护的首选材料，有"防弹纤维"美誉。

（4）特种涂料　最早运用在航空和军舰上，后来拓展到航天、核工业、兵器等领域。如飞机上的标志漆、雷达天线罩等。坦克、跑车的隐身，就是防红外伪装涂料的功劳。2011年7月，我国自主设计、集成的载人潜水器顺利完成5000m海试。它的船体采用复合泡沫材质以保持浮力，船舱由坚固的轻型钛合金组成以承受压力，采用的锂离子电池重量仅为铅酸电池的一半，能使停留时间达10h以上。

二、化工与环境污染

化学工业是对环境中的各种资源进行化学处理和转化加工的生产部门，特点是产品多样化、原料路线多样化和生产方法多样化。其生产特点决定了化学工业是环境污染较为严重的行业。2020年11月，我国生态环境部审议通过了《国家危险废物名录（2021年版）》，本次修订进一步明确了纳入危险废物环境管理的废弃危险化学品的范围、明确了废弃危险化学品纳入危险废物环境管理的要求。该名录共计列入467种危险废物，其中石油和化工行业的危险废物占比达1/3左右。化工生产的废物从化学组成上讲是多样化的，而且数量也相当大。这些废物含量达到一定浓度时大多是有害的，有的还是剧毒物质，进入环境就会造成污染。有些化工产品在使用过程中又会引起一些污染，甚至比生产本身所造成的污染更严重、更广泛。

（一）化工污染的来源

化工污染物按其性质可分为无机化工污染物和有机化工污染物；按污染物的形态可分为废气、废水和废渣。污染物产生的原因和进入环境的途径是多种多样的，可概括为以下两个方面。

1. 化工生产的原料、半成品及产品

因转化率的限制，化工生产中原料不可能全部转化为半成品或成品。未反应的原料，虽有部分可以回收利用，但最终还有一部分回收不完全或不能回收而排掉。如化学农药的主要原料利用率只有30% ~ 40%，约60% ~ 70%以"三废"形式排入环境。

化工原料有时本身纯度不够，所含杂质不参加化学反应，最后要排放掉；有的杂质也参与化学反应，故生成物也含杂质，对环境而言可能是有害的污染物。如氯碱工业电解食盐水只有利用食盐中的氯化钠生产氯气、氢气和烧碱，原料中10%左右的杂质则被排掉成为污染源。

此外，由于生产设备、管道不严密，或者操作、管理水平跟不上，物料在生产过程以及贮存、运输中，会造成原料、产品的泄漏。

2. 化工生产过程的排放

（1）燃烧过程　燃料燃烧可以为化工生产过程提供能量，以保证化工生产在一定的温度和压力下进行。但燃烧产生的大量烟气和烟尘会对环境产生极大的危害。

（2）冷却水　无论采用直接冷却还是采用间接冷却，都会有污染物质排出。另外升温后的废水会对水中溶解氧产生极大影响，破坏水生生物和藻类种群的生存结构，导致水质下降。

（3）副反应　化工生产主反应进行的同时，往往伴随着一系列副反应和副产物。有的副产物虽然可以回收，但由于数量不大、成分复杂，常作为废料排弃，从而引起环境污染。

（4）生产事故　化工生产中比较经常发生的是设备事故。由于化工生产的原料、成品、半成品很多具有腐蚀性，容易损坏容器、管道等，如检修不及时，

就易出现"跑、冒、滴、漏"等现象。比较偶然发生的事故是工艺过程事故。由于化工生产条件的特殊性，如反应条件控制不好，或催化剂没及时更换，或为了安全大量排气、排液等，这些过程事故所排放的"废物"数量大、浓度高，会造成严重污染，甚至人身伤亡。

（二）化工污染的特点

化工生产排出的废物对水和大气都会造成污染，尤其对水的污染更为突出。化工废水分为生产废水和生产污水。生产废水较为清洁、不经处理即可排放或回收，如冷凝水。生产污水是指那些污染较为严重、必须经处理后方可排放的废水。

1. 废水污染的特点

（1）有毒性和刺激性　化工废水中有些含有如氰、酚、砷、汞、镉或铅等有毒或剧毒的物质，在一定的浓度下，会对生物和微生物产生毒性影响。另外也含有无机酸、碱类等刺激性、腐蚀性的物质。

（2）有机物浓度高　化工废水特别是石油化工废水中各种有机酸、醇、醛、酮、醚和环氧化物等有机物的浓度较高，在水中会进一步氧化分解，消耗水中大量的溶解氧，直接影响水生生物的生存。

（3）pH不稳定　化工生产排放的废水时而呈强酸性、时而呈强碱性的现象是常有的，对生物、构筑物及农作物都有极大的危害。

（4）营养化物质较多　含磷、氮量过高的废水会造成水体富营养化，使水中藻类和微生物大量繁殖，严重时会造成"赤潮"，影响鱼类生长。

（5）恢复比较困难　受到有害物质污染的水域要恢复到水域的原始状态是相当困难的。尤其被生物所浓集的重金属物质，其危害在停止排放后仍难以消除。

2. 废气污染的特点

（1）易燃、易爆气体较多　如低沸点的酮、醛，易聚合的不饱和烃等，都是易燃、易爆气体，如不采取适当措施，容易引起火灾、爆炸事故，危害很大。

（2）刺激性或腐蚀性　如二氧化硫、氮氧化物、氯气、氟化氢等气体都有刺激性或腐蚀性，尤以二氧化硫排放量最大。二氧化硫气体可直接损害人体健康，腐蚀金属、建筑物和器物的表面，还易氧化成硫酸盐降落到地面，污染土壤、森林、河流和湖泊。

（3）浮游粒子种类多、危害大　化工生产排出的浮游粒子包括粉尘、烟气和酸雾等，种类繁多，对环境的危害较大。特别当浮游粒子与有害气体同时存在时能产生协同作用，对人的危害更为严重。

3. 废渣污染的特点

化学工业生产排出的废渣主要有硫铁矿烧渣、电石渣、碱渣、塑料废渣等，对环境污染表现在以下方面。

（1）直接污染土壤　存放废渣占用场地，在风化作用下废渣到处流散，既会使土壤受到污染，又会导致农作物受到影响。土壤受到污染很难恢复，甚至变为不毛之地。

（2）间接污染水域　废渣通过人为投入、被风吹入、雨水带入等途径进入地表水或渗入地下而对水域产生污染，破坏水质。

（3）间接污染大气　在一定温度下，由于水分的作用会使废渣中某些有机物发生分解，产生有害气体扩散到大气中，造成大气污染。如重油渣及沥青块，在自然条件下产生的多环芳烃气体是致癌物质。

（三）化工污染防治途径

要有效控制污染源，应从两方面考虑：一是减少排放；二是加强治理。治理也包括对废物的资源化利用。

1. 采用少废无废工艺，加强企业管理

化工生产中一种产品往往有多种原料路线和生产方法，不同的原料路线和生产方法产生污染物的种类和数量有很大的差异。开发和采用无废少废工艺可将污染物最大限度地消除在工艺过程中。如以乙炔为原料、硫酸汞作催化剂，利用水合法制造乙醛，化学反应式如下：

$$CH\!\equiv\!CH + H_2O \xrightarrow{HgSO_4} CH_3\!-\!CHO$$

由于每升硫酸汞溶液中相当于含有硫酸200g、汞$0.4 \sim 0.5$g和氧化铁40g，此法易造成汞污染。可改用乙烯为原料，利用直接氧化法生产乙醛，化学反应式如下：

$$CH_2\!=\!CH_2 + \frac{1}{2}O_2 \longrightarrow CH_3\!-\!CHO$$

此反应不用汞作催化剂，从而避免汞污染。

在改变原料路线、生产方法的同时，改进生产设备也是实现清洁生产、控制污染源的重要途径。如化学物质的直接冷却改为间接冷却，可以减少污染物的排放量。另外，还应提高设备、管道的严密性，加强企业的管理，提高操作人员的素质，减少原料产品漏损，降低污染程度。

生产过程采用密闭循环系统是防治化工污染的发展方向。生产过程中的废物可通过一定的治理技术，重新回到生产系统中加以使用，避免污染物排入周围环境，同时提高原料的利用率、产品的产率。如日本发展了联合制碱工艺代替氨碱法工艺生产纯碱，基本不排放废液。这种密闭循环系统又称"零排放"系统，既可降低原料的消耗定额，又可减少污染物排放。

2. 加强废物综合利用的资源化

要实现化工的可持续发展，必须走由"末端治污"向"清洁生产"转变的

道路，加强废物的资源化利用。近年来在化肥、氯乙烯、炭黑等行业的污染治理中，开发推广了不少资源合理利用项目，说明化工行业"三废"综合利用有巨大潜力。为促进化工行业综合利用向广度和深度发展，就要尽快开发和完善净化分离废物的关键技术。

三、化工行业责任关怀

责任关怀是指全球化工行业自发地在环保、健康和安全（EHS）方面所采取的行动计划，以推动持续改善化工行业在环保、健康以及安全领域的表现。化工企业通过遵守法规或法规以上的要求以及自愿与政府和其他利益相关者进行合作来达到这个目的。责任关怀属于道德规范的范畴，是对赢得公众对化工行业的信心与信任、持续提高人民生活水平和生活质量的承诺。

（一）责任关怀的实施准则

中国石油和化学工业联合会（CPCIF）与国际化学品制造商协会（AICM）于2007年4月联合颁布了六项责任关怀实施准则，主要包括以下六个方面。

1. 工艺安全准则

工艺安全准则的目的是规范企业的生产活动，防止化学品泄漏，预防爆炸、火灾和伤害的发生，避免对环境产生负面影响。该准则适用于化工企业在生产活动中的工艺安全管理，包括在企业创建阶段就应选择先进、合理的工艺路线，建造符合设计规范要求的安全厂房，生产设备也要完全符合国家有关标准的要求，还应制订符合和达到工艺路线和各项参数指标要求的安全操作规程和安全检修规程等。

2. 职业健康安全准则

职业健康安全准则是为了规范化工企业推行责任关怀而实施的安全管理和职业卫生管理，来规范员工和外来工作人员、参观学习人员的安全行为和卫生行为，以防止安全事故的发生和职业病的发生，保护相关人员身体健康使其免受伤害。该准则要求企业采取一切可靠有效的措施消除或控制风险，避免伤亡事故的发生；采取有效的预防措施消除或减少职业病危害因素可能造成的危害，以防止职业中毒、化学灼伤等一切职业病的发生。

3. 社区认知和应急响应准则

社区认知准则是为了规范化工企业推行责任关怀而进行的社区认知管理工作，通过必要的信息交流与沟通，不断提高社区对企业的认知水平，从而在企业与社区之间创建一个和谐友好的氛围。本准则适用于化工企业在生产和经营过程中的全部活动所可能涉及的社区认知管理，要充分体现社区的知情权。

应急响应准则是在规范化工企业推行责任关怀过程中进行应急响应的各项管

理。本准则的实施能使企业在发生事故时，立即进行快速应对和有效处理，将事故损失降到最低。这种应急响应包括企业内部的和周边社区的、社会公众的，要求企业有应急响应管理机构，建立紧急反应机制，编制应急救援预案，制订应急计划，从而建立起整套应急救援体系，真正发挥其应急救援的作用。

4. 污染防治准则

污染防治准则是规范化工企业推行责任关怀过程而进行的环境保护管理工作。本准则要求企业最大限度地避免、减少或控制任何类型污染物的产生、排放或废弃，适用于企业在生产和经营过程中全部活动预防污染的全过程，以防止企业一切活动中对环境产生负面影响。

5. 产品安全监管准则

产品安全监管准则是规范化工企业推行责任关怀过程而进行的产品安全监督管理工作，适用于化学品生命周期的所有阶段。化学品生命周期中所涉及的每一个人和企业都应承担起有效管理人身健康和环境风险的全部责任。企业应将准则应用于产品安全与客户的业务之中，从而确保化学品在整个生命周期中（包括研发、生产、储运、经营、使用、废弃物处置等）对人类和环境可能造成的伤害降至最低程度。

6. 储运安全准则

储运安全准则是规范化工企业在推行责任关怀过程中对化学品储存和运输的安全管理工作，包括了储存、运输、转移（装货和卸货）等各个阶段。本准则适用于化学品（包括化学原料、化学制品及化学废弃物）经由公路、铁路、航空及水路等各种形式的运输及其储存活动的全过程，从而确保化学品在储运过程中对人和环境可能造成的危害降到最低。

（二）化工行业责任关怀成效及面临的形势

"十三五"期间，石油和化工行业全面开展安全生产专项整治三年行动以及危险化学品、危险废物等重点领域安全整治取得显著成效，事故起数和死亡人数连年下降，污染防治阶段性目标顺利实现，安全生产形势总体好转，生态环境质量总体改善，绿色发展水平进一步提升。

五年来，行业能源消耗增速快速下降，年均增速由"十二五"的6.9%下降为年均3%左右；合成氨、黄磷、聚氯乙烯、电石、烧碱等"能效领跑者"的能耗水平分别下降22.4%、27.1%、21.1%、16.8%、9%；COD、氨氮、二氧化硫、氮氧化物等主要污染物排放量下降10%以上；固体废物综合利用率达到70%以上。行业集约化、循环化、低碳化发展水平进一步提升，绿色发展内生动力显著增强。

责任关怀推进工作取得积极进展。责任关怀工作委员会以及工艺安全、职业健康安全、污染防治、产品安全监管、储运安全、应急响应、宣传培训、化工园区和院校等9个工作组全部完成组建，形成以《责任关怀实施准则》和6项准则实施细则为纲领的"1+6+X"的责任关怀标准体系，与国际化工协会联合制定的《中国责任关怀三年行动计划（2018—2020）》各项工作圆满完成。截至2020年底，化工行业共有8家央企、13家专业协会及分支机构、64家化工园区、617家企事业单位签署了责任关怀承诺书，8家化工园区、3家专业和地方协会自发成立了责任关怀工作组织。

"十四五"时期石油和化工行业安全绿色发展面临的新形势新任务，必须全面贯彻新发展理念，着力推进《中国责任关怀三年行动计划（2021—2023）》践行，从四个方面持续完善责任关怀体系。一是加强责任关怀组织和基础建设，召开责任关怀工作委员会工作组会议；推进责任关怀标准系列体系建设。二是加大责任关怀宣传和培训。三是积极开展沟通与交流，深入化工园区、企业和院校走访调研，动员和引导更多的化工园区和企业践行责任关怀。四是持续开展责任关怀实施效果评估，各准则工作组组织企业开展自我评估和同行互评。通过星级评价，使责任关怀体系与企业EHS体系、能源管理体系等各种体系有机融合。

主题实践活动一　化工企业责任关怀在行动

——区域化工企业责任关怀走访调研

一、活动主题

开展区域化工企业责任关怀走访调研，践行责任关怀理念。

二、活动宗旨

通过本次实践活动，调研所在校周边企业在责任关怀方面有哪些好的做法，了解企业的先进管理经验，培养学生责任关怀意识。

三、活动时间

建议2周。

四、参加人员

授课班级学生。

五、活动内容

1. 分组采访

全体同学分组，开展区域化工企业责任关怀走访调研。根据调研情况，填写实践活动记录表。

实践活动记录表（调研记录）

调研时间		调研企业	
调研方式		□问卷调研　□实地调研　□访问调查	
调研团队成员			

调研时间		调研企业	
调研企业简介			
调研内容			
收获和体会	签名：	年　　月　　日	

2. 交流总结

小组分别进行交流讨论，利用记录的文字和拍摄的照片编写企业责任关怀调研报告，并填写成果展示记录表。

成果展示记录表

活动主题			
调研人		调研对象	
活动成果照片	（此处插入调研期间的拍摄照片，每张照片配注释。）		
开展责任关怀的措施	（列举企业在社区认知和应急响应、储运安全、污染防治、工艺安全、职业健康安全、产品安全监管等方面践行责任关怀的举措。）		

💡 复习思考题

1. 什么是环境？

2. 什么是环境问题？

3. 20世纪80年代以后环境问题主要是哪几类？

4. 当前主要环境问题有哪些？

5. 环境科学的基本任务是什么？

6. 环境科学的主要内容是什么？

7. 人类与环境的辩证统一关系表现在哪里？

8. 污染物在哪几方面对人体产生影响？

9. 化工污染的来源及特点是什么？

10. 化工污染的防治途径是什么？

11. 什么是责任关怀？

12. 责任关怀的实施准则有哪些？

阅读材料

世界环境日

1972年10月，第27届联合国大会通过了联合国人类环境会议的建议，规定每年的6月5日为"世界环境日"。联合国系统和各国政府要在每年的这一天开展各种活动，提醒全世界注意全球环境状况和人类活动对环境的危害，强调保护和改善人类环境的重要性。

许多国家、团体和人民群众在"世界环境日"这一天开展各种活动来宣传强调保护和改善人类环境的重要性，同时联合国环境规划署发表世界环境状况年度报告书，并采取实际步骤协调人类和环境的关系。世界环境日，象征着全世界人类环境向更美好的阶段发展，标志着世界各国政府积极为保护人类生存环境做出的贡献。它正确地反映了世界各国人民对环境问题的认识和态度。1973年1月，联合国大会根据人类环境会议的决议，成立了联合国环境规划署（UNEP），设立环境规划理事会（GCEP）和环境基金。环境规划署是常设机构，负责处理联合国在环境方面的日常事务，并作为国际环境活动中心，促进和协调联合国内外的环境保护工作。近十年来世界环境日主题如下。

2012年　绿色经济：你参与了吗？（Green Economy：Does it Include You?）

中国主题：绿色消费，你行动了吗？

2013年　思前，食后，厉行节约（Think Eat Save）

中国主题：同呼吸，共奋斗

2014年　提高你的呼声，而不是海平面（Raise Your Voice Not the Sea Level）

中国主题：向污染宣战

2015年　可持续消费和生产（Sustainable Consumption and Production）

中国主题：践行绿色生活

2016年　为生命呐喊（Go Wild for Life）

中国主题：改善环境质量，推动绿色发展

2017年　人与自然，相联相生（Connecting People to Nature）

中国主题：绿水青山就是金山银山

2018年　塑战速决（Beat Plastic Pollution）

中国主题：美丽中国，我是行动者

2019年　蓝天保卫战，我是行动者（Beat Air Pollution）

中国主题：美丽中国，我是行动者

2020年　"关爱自然，刻不容缓"（Time for Nature）

中国主题：美丽中国 我是行动者

2021年　生态系统恢复（Ecosystem Restoration）

中国主题：人与自然和谐共生

2022年　只有一个地球（Only One Earth）

中国主题：共建清洁美丽世界

中国责任关怀大事记

日期	大事记	日期	大事记
2002年4月	CPCIF与AICM签署《责任关怀推进合作协议》，责任关怀正式在中国石油化工行业推进	2012年7月	《责任关怀实施指南》出版发行，为推动责任关怀提供了理论依据和培训教材
2005年6月	第一届中国责任关怀促进大会在北京召开，主题为"共享全球经验"	2012年11月	责任关怀工作委员会第一个工作组，中化国际（控股）股份有限公司任组长单位
2007年4月	中国推进"责任关怀"试点启动会议在京召开	2013年4月	第五届中国责任关怀促进大会在北京召开，会议主题"强化工艺控制、专注产品监管"
2007年10月	第二届中国责任关怀促进大会在上海举办，大会主题为"化学品安全监管"	2013年12月	责任关怀应急响应工作组成立，巴斯夫（中国）有限公司任组长单位
2008年	一批责任关怀试点企业和化工园区开始举行公众开放日活动	2014年3月	责任关怀宣传培训工作组成立，北京中化联合认证有限公司任组长单位
2008年12月	《关于石油和化工行业开展责任关怀活动情况的报告》得到时任副总理与工业和信息化部有关部门的认可	2014年8月	责任关怀职业健康工作组成立，上海华谊（集团）公司任组长单位
2009年8月	"责任关怀中国行"大型采访活动启动	2014年8月	首期责任关怀培训班在天津南港工业区举办
2009年10月	第三届中国责任关怀促进大会在北京举办，会议主题为"履行社会责任，促进和谐发展"	2014年10月	首届中国责任关怀表彰大会在上海召开
2010年4月	山西省安监局召开责任关怀工作会议，首次由省安监局倡议并引导危化品企业实施责任关怀	2015年6月	第六届中国责任关怀促进大会在北京召开，会议主题为"绿色化工、持续发展"
2011年6月	工业和信息化部批准正式发布首个责任关怀行业标准：《责任关怀实施准则》（HG/T 4184—2011）	2015年6月	责任关怀产品安全工作组成立，道康宁（中国）投资有限公司任组长单位
2011年8月	中国农药工业协会、天津南港工业区等专业协会和园区积极响应，举行责任关怀启动仪式	2015年9月	CPCIF向ICCA转交430份《责任关怀全球宪章》签署文件
2011年10月	中国石油和化学工业联合会责任关怀工作委员会在民政部完成备案，正式成立，第一届委员共有56家单位	2015年10月	责任关怀园区工作组成立，中国石油和化学工业联合会化工园区工作委员会任组长单位
2011年10月	第四届中国责任关怀促进大会在北京召开，会议主题为"绿色化工，责任与贡献"，会上发布了《责任关怀行动宣言》	2016年3月	第二届责任关怀工作委员会完成换届
2012年3月	第一期《责任关怀通讯》印发，为宣传责任关怀理念、促进石化行业践行责任关怀起到了积极的推动作用	2016年6月	首届ICCA-CPCIF-AICM责任关怀论坛在北京召开

日期	大事记	日期	大事记
2017年3月	责任关怀污染防治工作组在京成立，万华化学股份责任公司任组长单位	2018年	CPCIF成为ICCA正式成员，并与ICCA签署《中国责任关怀三年行动计划》
2017年6月	第七届中国责任关怀促进大会在上海召开，大会主题为"增进公众认知落实企业主体责任推动绿色发展"	2019年4月	第八届中国责任关怀促进大会及第二届先进表彰大会在京召开
2017年10月	责任关怀工艺安全工作组成立，正和集团股份责任公司任组长单位	2021年6月	第三届责任关怀工作委员会完成换届
2017年	《中国和石油化工行业责任关怀报告》首次发布	2021年6月	第九届中国责任关怀促进大会在南京召开，会议主题为"新阶段、新形象、新发展、新使命"
2018年6月	责任关怀院校工作组成立，南京科技职业学院任组长单位		

第二章 环境污染与生态平衡

学习目标

知识目标

了解生态系统的组成和功能；
了解生态共同体及其特征。

能力目标

能复述影响生态平衡的因素；
能将生态学规律应用于生态环境保护场景。

素质目标

树立生态环境意识，生态环境保护从自身做起。

 导读导学

马克思认为，自然界是人类生存与发展的基础，人是自然界的一部分。生态文明建设是关乎中华民族永续发展的根本大计，保护生态环境就是保护生产力，改善生态环境就是发展生产力。"让我们携起手来，秉持生态文明理念，站在为子孙后代负责的高度，共同构建地球生命共同体，共同建设清洁美丽的世界！"生物多样性是构建生态共同体，建设美丽新世界的必然要求。

生态学基本原理是什么？环境污染对生态平衡的影响是什么？如何看待构建生态共同体？

第一节 生态学基本原理

环境科学是研究人类活动与环境质量变化基本规律的学科，而生态学则是环境科学的理论基础。

一、生态学的含义及其发展

德国生物学家黑格尔于1869年提出生态学一词：生态学是研究动物与有机和无机环境的总和关系。后来引申为生态学是研究生物与其生存环境之间相互关系的科学。作为生物学的主要分科之一，生态学的研究对象从植物逐渐涉及动物。

随着人类环境问题的日趋严重和环境科学的发展，生态学扩展到人类生活和社会形态等方面，把人类这一生物种也列入生态系统中，来研究并阐明整个生物圈内生态系统的相互关系。同时，现代科学技术的新成就也渗透到生态学的领域中，赋予它新的内容和动力，成为多学科的、当代较活跃的科学领域之一，如图2-1所示。

图2-1 生态学的多学科性及其相互关系

图2-1表示，以研究生物的形态、生理、遗传、细胞的结构和功能为基础的生物学部分与环境相结合形成的生态学，又与系统工程学、经济学、工艺学、化学、物理学、数学相结合而产生相应的新兴学科。因此，我国著名生态学家马世骏给出的定义更具现代性；他认为生态学是研究生命系统和环境系统相互关系的科学。所谓生命系统就是自然界具有一定结构和调节功能的生命单元，如动物、植物和微生物。所谓环境系统就是自然界的光、热、空气、水分及各种有机物和无机元素相互作用所共同构成的空间。

生态学发展历程体现了三个特点：从定性探索生物与环境的相互作用到定量研究；从个体生态系统到复合生态系统，由单一到综合，由静态到动态地认识自然界的物质循环与转化规律；与基础科学和应用科学相结合，发展和扩大了生态学的领域。

生态学和环境科学有许多共同的地方。生态学是以一般生物为对象着重研究自然环境因素与生物的相互关系；环境科学则以人类为主要对象，把环境与人类生活的相互影响作为一个整体来研究，和社会科学有十分密切的联系。作为基础理论，生态学的许多基本原理被应用于环境科学中。

二、生态系统

某一生物物种在一定范围内所有个体的总和称为种群（population）；生活在一定区域内的所有种群组成了群落（community）；所有生物群落与其环境组成的自然综合体就是生态系统（ecosystem）。按照现代生态学的观点，生态系统就是生命和环境系统在特定空间的组合。在生态系统中，各种生物之间以及生物与非生物的环境因素之间互相作用，关系密切，而且不断地进行着物质和能量的流动。目前人类所生活的生物圈内有无数大小不同的生态系统。在一个复杂的大生态系统中又包含无数个小的生态系统。如池塘、河流、草原和森林等，都是典型的例子。图2-2是一个简化了的陆地生态系统，只有当草、兔子、狼、虎保持一定的比例，这一系统才能保持物质、能量的动态平衡。而城市、矿山、工厂等从广义上讲是一种人为的生态系统。各种各样的生态系统组成了统一的整体，就是人类生活的自然环境。

图2-2　简化的陆地生态系统

（一）生态系统的组成

1. 生产者

自然界的绿色植物及能进行光合作用、制造有机物的生物（单细胞藻类和少数自养微生物等）均属生产者，或称为自养生物。生产者利用太阳能或化学能把无机物转化为有机物，这种转化不仅是生产者自身生长发育所必需的，同时也是满足其他生物种群及人类食物和能源所必需的，如绿色植物的光合作用过程，其反应式如下：

$$6CO_2+6H_2O \longrightarrow C_6H_{12}O_6+6O_2$$

2. 消费者

食用植物的生物或相互食用的生物称为消费者，或称为异养生物。消费者又可分为一级消费者、二级消费者等。食草动物如牛、羊、兔等直接以植物为食是一级消费者；以草食动物为食的肉食动物是二级消费者。消费者虽不是有机物的最初生产者，但在生态系统中也是一个极重要的环节。

3. 分解者

各种具有分解能力的细菌和真菌，也包括一些原生动物，称为分解者或还原者。分解者在生态系统中的作用是把动物、植物遗体分解成简单化合物，作为养分重新供应给生产者利用。

4. 无生命物质

各种无生命的无机物、有机物和各种自然因素，如水、阳光、空气等均属无生命物质。

以上四部分构成一个有机的统一整体，各部分之间沿着一定的途径，不断地进行物质和能量的交换，并在一定的条件下，保持暂时的相对平衡，如图2-3所示。

图2-3 生态系统的组成和主要作用

其中腐食动物是以动、植物的腐败尸体为食的动物，例如秃鹰、蛆；腐生植物是从动、植物残体的有机物中吸取养分的非绿色植物，例如蘑菇、蛇菇。

生态系统根据其环境性质和形态特征，可以分为陆地生态系统和水域生态系统。

陆地生态系统又可分为自然生态系统如森林、草原、荒漠等和人工生态系统如农田、城市、工矿区等。

水域生态系统又可分为淡水生态系统如湖泊、河流、水库等和海洋生态系统如海岸、河口、浅海、大洋、海底等。

（二）生态系统的基本功能

生态系统的基本功能是生物生产、能量流动、物质循环和信息传递，它们是通过生态系统的核心——有生命部分，即生物群落来实现的。

1. 生物生产

生物生产包括植物性生产和动物性生产。绿色植物以太阳能为动力，以水、二氧化碳、矿物质等为原料，通过光合作用来合成有机物。同时把太阳能转变为化学能贮存于有机物之中，这样生产出植物产品。动物采食植物后，经动物的同化作用，将采食来的物质和能量转化成自身的物质和潜能，使动物不断繁殖和生长。

2. 能量流动

能量流动指能量通过食物网在生态系统内的传递和耗散过程。绿色植物通过光合作用把太阳能（光能）转变成化学能贮存在这些有机物质中并提供给消费者。

能量在生态系统中的流动是从绿色植物开始的，食物链是能量流动的渠道。能量流动有两个显著的特点。一是沿着生产者和各级消费者的顺序逐渐减少。能量在流动过程中大部分用于新陈代谢，在呼吸过程中，以热的形式散发到环境中去，只有一小部分用于合成新的组织或作为潜能贮存起来。能量在沿着绿色植物→草食动物→一级肉食动物→二级肉食动物等逐级流动中，后者所获得能量大约等于前者所含能量的1/10，从这个意义上人类以植物为食要比以动物为食经济得多。二是能量流动是单一的、不可逆的。因为能量以光能的形式进入生态系统后，不再以光能的形式回到环境中，而是以热能的形式逸散于环境中。绿色植物不能用热能进行光合作用，草食动物从绿色植物所获得的能量也不能返回到绿色植物。因此能量只能按前进的方向一次流过生态系统，是一个不可逆的过程。

3. 物质循环

生态系统中的物质是在生产者、消费者、分解者、营养库之间循环的，也称为生物地球化学循环。如图2-4所示。

图2-4　营养物质在生态系统中的循环运动示意图
（能量必须由太阳能予以补充）

生态系统中的物质循环过程是这样的：绿色植物不断地从环境中吸收各种化学营养元素，将简单的无机分子转化成复杂的有机分子，用以建造自身；当草食动物采食绿色植物时，植物体内的营养物质即转入草食动物体内；当植物、动物死亡后，它们的残体和尸体又被微生物（还原者）所分解，并将复杂的有机分子转化为无机分子复归于环境，以供绿色植物吸收，进行再循环。周而复始，促使人们居住的地球清新活跃，生机盎然。

生态系统中的生物在生命过程中大约需要30～40种化学元素，如碳、氢、氧、氮、磷、钾、硫、钙、镁是构成生命有机体的主要元素。它们也是自然界中的主要元素，这些元素的循环是生态系统基本的物质循环。例如，大气中的二氧化碳被陆地和海洋中的植物吸收，然后通过生物或地质过程以及人类活动又以二氧化碳的形式返回大气中，这就是碳循环的基本过程。生物圈中水、氧气和二氧化碳的循环过程如图2-5所示。

图2-5　生物圈中水、氧气和二氧化碳的循环

4. 信息传递

信息传递发生在生物有机体之间，起着把系统各组成部分关联成统一整体的作用。从生物的角度看，信息的类型主要有以下四种。

（1）营养信息　在生物界的营养交换中，信息由一个种群传到另一个种群。如昆虫多的地区，啄木鸟就能迅速生长和繁殖，昆虫就成为啄木鸟的营养信息。这种通过营养关系来传递的信息叫营养信息。

（2）化学信息　蚂蚁在爬行时留下"痕迹"，使别的蚂蚁能尾随跟踪。这种通过生物体分泌出某种特殊化学物质来传递的信息叫化学信息。

（3）物理信息　通过物理因素来传递的信息叫物理信息。如季节、光照的变化引起动物换毛、求偶、冬眠、贮粮、迁徙；大雁发现敌情时发出鸣叫声等。

（4）行为信息　通过行为和动作，在种群内或种群间传递识别、求偶和挑战等信息叫行为信息。

三、生态系统的平衡

（一）生态平衡的含义

在任何正常的生态系统中，能量流动和物质循环总是不断地进行着。一定

时期内，生产者、消费者和还原者之间都保持着一种动态平衡。生态系统发展到成熟的阶段，它的结构和功能，包括生物种类的组成、各个种群的数量比例以及能量和物质的输入、输出等都处于相对稳定的状态，这种相对的稳定状态称为生态平衡。

平衡的生态系统通常具有四个特征：生物种类的组成和数量相对稳定；能量和物质的输入和输出保持平衡；食物链结构复杂而形成食物网；生产者、消费者和还原者之间有完好的营养关系。

只有满足上述特征，才能说明生态系统达到平衡，系统内各种量值达到最大，而且对外部冲击和危害的承受能力或恢复能力也最大。

生态系统能够维持相对的平衡状态，主要是由于其内部具有自动调节的能力。但这种调节能力是有一定限度的，它依赖于种类成分的多样性和能量流动及物质循环途径的复杂性，同时取决于外部作用的强度和时间。例如某一水域中污染物的量超过水体本身的自净能力时，这个水域的生态系统就会被彻底破坏。

（二）破坏生态平衡的因素

破坏生态平衡有自然因素，也有人为因素。

1. 自然因素

主要指自然界发生的异常变化或自然界本来就存在的对人类和生物有害的因素。如火山喷发、山崩、海啸、水旱灾害、地震、台风、流行病等自然灾害，都会破坏生态平衡。

2. 人为因素

主要指人类对自然资源的不合理利用、工农业发展带来的环境污染等问题。主要有三种情况。

（1）物种改变引起平衡破坏　人类有意或无意地使生态系统中某一种生物消失或往系统中引进某一种生物，都可能对整个生态系统造成影响。如澳大利亚原来没有兔子，1859年一位财主从英国带回24只兔子，放养在自己的庄园里供打猎用。由于没有兔子的天敌，致使兔子大量繁殖，数量惊人，遍布田野，在草原上每年以113km的速度向外蔓延，该地区大量的青草和灌木被全部吃光，牛羊失去牧场。田野一片光秃，土壤无植被保护，水土流失严重，农作物每年损失多达1亿美元，生态系统遭到严重破坏。

（2）环境因素改变引起平衡破坏　由于工农业的迅速发展，使大量污染物进入环境，从而改变生态系统的环境因素，影响整个生态系统。如空气污染、热污染、除草剂和杀虫剂的使用，化肥的流失、土壤侵蚀及污水进入环境引起富营养化等，改变了生产者、消费者和分解者的种类和数量并破坏了生态平衡，从而引起一系列环境问题。

（3）信息系统的破坏　当人们向环境中排放的某些污染物质与某一种动物排放的性信息素接触时，可能会使其丧失驱赶天敌、排斥异种、繁衍后代的作用，从而改变生物种群的组成结构，使生态平衡受到影响。

第二节　环境污染与生态平衡的关系

一、环境污染对生态平衡的影响

随着人口不断增长，我国的一些基本自然资源的人均占有量很低。但是为了众多人口的生存，并逐步提高人民的生活水平，需要消耗越来越多的自然资源。由于长期以来对自然保护工作重视不够，资源和环境受到了不同程度的破坏，以至于影响到了生态的平衡。

1. 土地资源的利用和保护

据统计，世界现有耕地总面积约为15亿平方公顷，约占世界地表总面积134亿平方公顷的10%，约占世界可耕种土地总面积42亿平方公顷的36%。我国耕地面积12786.19万公顷（《第三次全国国土调查主要数据公报》），其中，水田3139.20万公顷，占24.55%；水浇地3211.48万公顷，占25.12%；旱地6435.51万公顷，占50.33%。我国土地资源的特点是：土地类型多样，水热条件不同，地形复杂；山地面积大；农用土地资源比重小，后备耕地资源不足。我国用占世界7%的耕地，解决了占世界21.6%的人口的吃饭问题，基本上满足了人民生活需要。但是目前农林牧地的生产力不高，土地利用布局不合理，耕地不断减少，土壤肥力下降，土壤污染严重，沙漠化、盐渍化加剧，水土流失严重，这是土地资源开发利用中的主要问题。

针对日趋严重的土地资源问题和土壤污染，应从以下方面加强管理。

（1）健全法制，强化土地管理　2019年修订的《中华人民共和国土地管理法》进一步明确了土地的所有权和使用权、土地利用总体规划、耕地保护、建设用地规范管理等，加强了土地管理，维护土地资源合理开发、合理利用。

（2）防止和控制土地资源的生态破坏　依据1999年1月国务院通过的《全国生态环境建设规划》，积极治理已退化的土地，主要搞好水土保持工作，加强对沙化土地和土壤盐渍化的治理。

（3）综合防治土壤污染　制定土壤环境质量标准，对土壤主要污染物进行总量控制；控制污灌用水及农药、化肥污染；对农田中废塑料制品（农田白色污染）加强管理；积极防治土壤重金属污染。土壤中的主要污染物质见表2-1。

表2-1 土壤中的主要污染物质

污染物种类			主要来源
无机污染物	重金属	汞（Hg）	氯碱工业、含汞农药、汞化物生产、仪器仪表工业
		镉（Cd）	冶炼、电镀、染料等工业，肥料杂质
		铜（Cu）	冶炼、铜制品生产、含铜农药
		锌（Zn）	冶炼、镀锌、人造纤维、纺织工业、含锌农药、磷肥
		铬（Cr）	冶炼、电镀、制革、印染等工业
		铅（Pb）	颜料、冶炼等工业，农药，汽车排气
		镍（Ni）	冶炼、电镀、炼油、染料等工业
	非金属	砷（As）	硫酸、化肥、农药、医药、玻璃等工业
		硒（Se）	电子、电器、涂料、墨水等工业
	放射性元素	铯（^{137}Cs）	原子能、核工业、同位素生产、核爆炸
		锶（^{90}Sr）	原子能、核工业、同位素生产、核爆炸
	其他	氟（F）	冶炼、磷酸和磷肥、氟硅酸钠等工业
		酸、碱、盐	化工、机械、电镀、酸雨、造纸、纤维等工业
有机污染物	有机农药		农药的生产和使用
	酚		炼焦、炼油、石油化工、化肥、农药等工业
	氰化物		电镀、冶金、印染等工业
	石油		油田、炼油、输油管道漏油
	3，4-苯并芘		炼焦、炼油等工业
	有机洗涤剂		机械工业、城市污水
	一般有机物		城市污水、食品、屠宰工业，大棚、地膜所用塑料薄膜，废塑料制品
	有害微生物		城市污水、医院污水、厩肥

2. 生物资源的利用和生物多样性保护

生物资源属于可再生资源，包括动物、植物和微生物资源。当前在人口和经济的压力下，对生物资源的过度利用不仅破坏了生态环境，造成生物多样性丰富度的下降甚至造成许多物种的灭绝或处于濒危境地。

（1）森林资源的保护和利用　森林不仅为社会提供大量林木资源，而且还具有保护环境、调节气候、防风固沙、蓄水保土、涵养水源、净化大气、保护生物多样性、吸收二氧化碳、美化环境及生态旅游等功能。

我国是一个少林的国家，森林总量不足，分布不均，功能较低。基于基本国情我国主要从依法保护森林资源和坚持不懈植树造林两个方面加强森林建设和保护，主要措施是：实行限额采伐，鼓励植树造林，封山育林，扩大森林覆盖面积；提倡木材综合利用和节约木材，鼓励开发利用木材代用品；建立林业基金制度，征收育林费，专门用于造林育林；强化对森林的资源意识和生态意识，实施重点生态工程；开展国际合作，吸收国外森林资源资产化管理经验，争取国外技术援助。

《2022年中国国土绿化状况公报》（以下简称《公报》）显示，2022年全国完成造林383万公顷，种草改良321.4万公顷，治理沙化石漠化土地184.73万公顷。在"三区四带"等重点区域组织开展72个生态保护和修复工程项目建设。组织实施"十四五"前两批19个山水林田湖草沙一体化保护和修复工程项目，"山水工程"入选世界十大生态恢复旗舰项目。组织实施20个国土绿化试点示范项目。全面落实天然林管护责任，使1.72亿公顷天然林得到有效保护。完成国家储备林建设任务46.2万公顷。持续推进退化林修复工作。印发《全国森林可持续经营试点实施方案（2023—2025年）》，落实310家试点单位，2023年试点任务面积17.2万公顷。

（2）草地资源的保护和利用　草地是一种可再生、能增殖的自然资源，适应性强，覆盖面积大，具有调节气候、保持水土、涵养水源、防风固沙的功能，具有重要的生态学意义。

我国是世界第二大草地资源国家，拥有天然草地近3.9亿公顷，仅次于澳大利亚，约占国土总面积的40%，但人均草地面积仅为0.33公顷，约为世界人均草地面积的1/2。我国草地资源的特点是：面积大、分布广，类型多样，主要分布在西藏、内蒙古、新疆、青海、四川、甘肃、云南等地。我国草地资源退化的速度比较惊人，20世纪70年代草地退化面积占10%，80年代初占20%，90年代中期占30%，目前已升至50%以上，而且仍在以每年200万公顷的速度发展。造成草地退化的原因是多方面的，最主要的是人为因素（主要包括过度放牧和刈割）。

我国草地退化严重，鼠害草地面积呈不断扩大趋势，草地质量持续下降，生态功能不断降低，沙化草地已成为重要的沙尘源区。如内蒙古、新疆、甘肃的草地承载力显著下降，而这些地区的超载率却在不断上升。据遥感调查，20世纪90年代的后5年，西部地区所减少草地的54.86%转化为耕地，29.80%转化为未利用地，再加上过牧、过垦等屡禁不止，致使该地区草地植被破坏严重，成为重要的沙尘源区。

2021年7月由国家林业和草原局与国家发改委联合发布的《"十四五"林业草原保护发展规划纲要》中提出了"十四五"林草事业发展的12个主要目标，其中有2项约束性指标，即森林覆盖率达到24.1%，森林蓄积量达到180亿立方米；10项预期性指标，包括草原综合植被盖度达到57%，湿地保护率达到55%，以国家公园为主体的自然保护地面积占陆域国土面积比例超过18%，沙化土地治理面积1亿亩等。

（3）生物多样性保护　生物多样性是人类赖以生存的各种有生命的自然资

源的总汇，是开发并永续利用与未来农业、医学和工业发展密切相关的生命资源的基础。生物多样性的消失必然引起人类自然的生存危机以及危害生态环境，尤其是食品、卫生保健和工业方面的根本危机。保护生物多样性的实质就是在基因、物种、生态环境三个水平上的保护。

中国生物资源的种类和数量在世界上都占据重要地位，也是野生动物资源最丰富的国家之一。广阔的国土，多样的地貌、气候和土壤条件形成了复杂的生态环境，使中国的生物物种特有性高，如大熊猫、白鳍豚、水杉、银杉等。生物区系不仅起源古老、成分复杂，而且经济物种异常丰富。

尽管我国的生物多样性十分丰富，但生物多样性的保护事业面临许多困难，受到的威胁不断增加。存在的问题是：生物多样性保护的法规、法制需要健全和完善；自然保护的管理水平亟待提高，管理机构有待加强；生物多样性保护的科学研究急需加强，保护技术还需要发展；同时，资金和技术力量不足也亟须解决。

针对存在的问题，要转变观念，控制环境污染和生态破坏，确保生物多样性的丰富程度，实现生物资源的永续利用，保证国民经济和社会发展具有良好的物质基础。

3. 矿产资源开发利用与保护

矿产资源的开采给人类创造了巨大的物质财富，人类开发矿产资源每年多达上百亿吨。近几十年来，世界矿产资源消耗急剧增加，特别是能源矿物和金属矿物消耗最大。作为不可再生的自然资源，矿藏资源的大量减少甚至枯竭的威胁，会带来一系列环境污染问题，导致生态环境的破坏。

矿产资源开发不合理会对环境和人类带来以下严重影响：

① 对土地资源的破坏　大规模矿产采掘产生的废物乱堆滥放造成占压、采空塌陷等，损坏土地资源、破坏地貌景观和植被。露天采矿后不进行回填复垦，破坏了矿产及周围地区的自然环境，造成土地资源的浪费。

② 对大气的污染　采矿时穿孔、爆破及矿石运输、矿石风化等产生的粉尘，矿物冶炼排放烟气等，均会造成严重的区域环境大气污染。

③ 对地下水和地表水体的污染　由于采矿和选矿活动，固体废物的风吹雨淋，使地表水或地下水含酸性、含重金属和有毒元素，形成了矿山污水。

有效控制矿产资源的不合理开发，减少矿产资源开采的环境代价，是我国矿产资源可持续利用的紧迫任务。要提高资源的优化配置和合理利用资源的水平，最大限度地保证国民经济建设对矿产资源的需要。具体措施如下。

① 加强矿产资源的管理　加强对矿产资源国家所有权的保护，组织制定矿产资源开发战略、资源政策和资源规划。建立统一领导、分级管理的矿产资源执法监督组织体系，建立健全有偿占有开采制度和资产化管理制度。

② 建立和健全矿山资源开发中的环境保护措施　制定矿山环境保护法规、依法保护矿山环境；制定适合矿山特点的环境影响评价办法进行矿山环境质量检测；对当前矿山环境情况进行调查评价，制订保护恢复计划。

③ 努力开展矿产综合利用的研究　研究综合开发利用的新工艺，提高矿物各组分的回收率，尽量减少尾矿，最大限度地利用矿产资源。

二、生态规律在环保中的应用

人口的迅速增长、工农业高度的发展、人类对自然改造能力的增强，引起了严重的环境污染和生态平衡的破坏。生态学不仅是一门解释自然规律的科学，也是一门为国民经济服务的科学。因此，要解决世界上面临的五大问题——人口、粮食、资源、能源和环境保护，必须以生态学的理论为指导，按生态学的规律来办事。

1. 生态学的一般规律

生态学所揭示或遵循的规律，对做好环境保护、自然保护工作，发展农、林、牧、副、渔各业均有指导意义。

（1）相互依存与相互制约规律　相互依存与相互制约，反映了生物间的协调关系，是构成生物群落的基础。

普遍的依存与制约，亦称"物物相关"规律。生物间的相互依存与制约关系，在动物、植物和微生物中，或在它们之间都是普遍存在的。在生产建设中特别是排放废物、施用农药化肥、采伐森林、开垦荒地、修建水利工程等，务必注意调查研究，即查清自然界诸事物之间的相互关系，统筹兼顾。

通过"食物"而相互联系与制约的协调关系，亦称"相生相克"规律。生态体系中各种生物个体都建立在一定数量的基础上，即它们大小和数量都存在一定的比例关系。生物体间的这种相生相克作用，使生物保持数量上的相对稳定，这是生态平衡的一个重要方面。

（2）物质循环转化与再生规律　生态系统中植物、动物、微生物和非生物成分，借助能量的不停流动，一方面不断地从自然界摄取物质并合成新的物质，另一方面又随时分解为原来的简单物质（即"再生"），重新被植物所吸收，进行着不停的物质循环。因此要严格防止有毒物质进入生态系统，以免毒物质经过多次循环后富集到危及人类的程度。

（3）物质输入输出的动态平衡规律　当一个自然生态系统不受人类活动干扰时，生物与环境之间的输入与输出是相互对立的关系，生物体进行输入时，环境必然进行输出，反之亦然。对环境系统而言，如果营养物质输入过多，环境自身吸收不了，就会出现富营养化现象，打破原来的输入输出平衡，破坏原来的生态系统。

（4）相互适应与补偿的协同进化规律　生物给环境以影响，反过来环境也会影响生物，这就是生物与环境之间存在的作用与反作用过程。如植物从环境吸收水分和营养元素，生物体则以其排泄物和尸体把相当数量的水和营养素归还给环境。最后获得协同进化的结果。经过反复地相互适应和补偿，生物从光秃秃的岩石向具有相当厚度的、适于高等植物和各种动物生存的环境演变。

（5）环境资源的有效极限规律　任何生态系统中作为生物赖以生存的各种环境资源，在质量、数量、空间和时间等方面都有其一定的限度，不能无限制地供给，而其生物生产力也有一定的上限。因此每一个生态系统对任何外来干扰都有一定的忍耐极限，超过这个极限，生态系统就会被损伤、破坏，甚至瓦解。

以上五条生态学规律也是生态平衡的基础。生态平衡以及生态系统的结构与功能又与人类当前面临的人口、食物、能源、自然资源、环境保护五大社会问题紧密相关，如图2-6所示。

图2-6　生态平衡与五大环境问题的关系示意图

2. 生态规律的应用

由于人口的飞速增长，各个国家都在拼命发展本国经济，刺激工农业生产的发展和科学技术的进步。随着人类对自然改造能力的增强，在开发利用自然资源的同时，生态系统也遭到了严重破坏，引起生态平衡的失调：森林面积减少，沙漠面积扩大；洪、涝、旱、风、虫等灾害发生频繁；工业废水、生活污水未有效处理；各种大气污染物浓度上升……人类终于认识到要按照生态学的规律来指导人类的生产实践和一切经济活动，要把生态学原理应用到环境保护中去。

（1）全面考察人类活动对环境的影响　在一定时空范围内的生态系统都有其特定的能流和物流规律。只有顺从并利用这些自然规律来改造自然，才能在不断发展生产的同时保持一个洁净、优美和宁静的环境。

举世瞩目的三峡工程，曾引起很大争议，其焦点就是如何全面考察三峡工程对生态环境的影响。

长江流域的水资源、内河航运、工农业总产值等都在全国占有相当的比重。兴修三峡工程可有效地控制长江中下游洪水，减轻洪水对人民生命财产安全的威胁和对生态环境的破坏；三峡工程的年发电量相当于4000万吨标准煤的发电量，可减轻对环境的污染。但是兴修三峡工程，大坝蓄水175m的水位将淹没川、鄂两省19市县，移民72万人，淹没耕地35万亩（15亩＝1公顷）、工厂657家……三峡地区以奇、险为特色的自然景观将有所改变，沿岸地少人多，如开发不当可能加剧水土流失，使水库淤积，一些鱼类等生物的生长繁殖将受到影响。1992年全国人民代表大会经过热烈讨论之后，投票通过了关于兴建三峡工程的议案。从经济效益和生态效益两方面，统筹兼顾时间和空间，贯彻了整体和全局的生态学中心思想。

（2）充分利用生态系统的调节能力　生态系统的生产者、消费者和分解者在不断进行能量流动和物质循环过程中，受到自然因素或人类活动的影响时，系统具有保持其自身稳定的能力。在环境污染的防治中，这种调节能力又称为生态系统的自净能力。例如水体自净、植树造林、土地处理系统等，都收到明显的经济效益和环境效益。

1978年以来，我国开展了规模宏大的森林生态工程建设，横跨13个省区的"三北"防护林体系，森林覆盖率由5.05%提高到7.09%。其明显的生态效益和经济效益是：改善了局部气候；抗灾能力提高；沙化面积减少，农牧增产增收；解决了地方用材，提高了人民收入。

（3）解决近代城市中的环境问题　城市人口集中，工业发达，是文化和交通的中心。但是，每个城市都存在住房、交通、能源、资源、污染、人口等尖锐的矛盾。因此编制城市生态规划，进行城市生态系统的研究是加强城市建设和环境保护的新课题。城市中各子系统的环境特点、环境问题和解决措施见表2-2。

表2-2　城市中各子系统的环境特点、环境问题和解决措施

项目子系统	生物系统	人工物质系统	环境资源系统	能源系统
环境特点	1.人口密度大量增加； 2.植物生长量比例失调； 3.野生动物稀缺； 4.微生物活动受限制	1.改变原有地形地貌； 2.大量使用资源消耗能源，排出废物； 3.信息提高生产率； 4.管网输送污染物改造环境	1.承纳污染物，改变理化状态； 2.大量消耗资源	1.生物能转化后排出大量废物； 2.自然能源属清洁能源； 3.化石能源利用后排出废物
环境问题	环境自净能力降低；生态系统遭受破坏	改变自然界的物质平衡；人工物质大量在城市中积累；环境质量下降	破坏自然界的物质循环；降低环境的调节机能；资源枯竭，影响系统的发展	产生大量污染物质，环境质量下降

项目子系统	生物系统	人工物质系统	环境资源系统	能源系统
解决措施	控制城市人口；绿化城市	编制城市环境规划；合理安排生产布局；合理利用资源；进行区域环境综合治理；改革工艺	建立城市系统与其他系统的联系；调动区域净化能力；合理利用资源	改革工艺设备；发展净化设备；寻找新能源

（4）以生态学规律指导经济建设，综合利用资源和能源　以往的工农业生产是单一的过程，既没有考虑与自然界物质循环系统的相互关系，又往往在资源和能源的耗用方面片面强调产品的最优化问题，以致在生产过程中大量有毒的废物排出，严重破坏和污染环境。

解决这个问题较理想的办法就是应用生态系统的物质循环原理，建立闭路循环工艺，实现资源和能源的综合利用，杜绝浪费和无谓的损耗。闭路循环工艺就是把两个以上流程组合成一个闭路体系，使一个过程的废料和副产品成为另一个过程的原料。这种工艺在工业和农业上的具体应用就是生态工艺和生态农场。

① 生态工艺　要在生产过程中输入的物质和能量获得最大限度的利用，即资源和能源的浪费最少，排出的废物最少，就要注意整个系统最优化，而不是分系统的最优化，这与传统的生产工艺是根本不同的。如图2-7显示的造纸工业闭路循环工艺流程。

图2-7　造纸工业闭路循环工艺流程图

② 生态农场　就是因地制宜地应用不同的技术，来提高太阳能的转化率、生物能的利用率和废物的再循环率，使农、林、牧、副、渔及加工业、交通运输业、商业等获得全面发展。

图2-8是一个典型生态农场的废物循环途径示意图。该农场使生物能获得最充分的利用，肥料等植物营养物可以还田，控制了庄稼废物、人畜粪便等对大气和水体的污染，完全实现了能源和资源的综合利用以及物质和能量的闭路循环。

（5）对环境质量进行生物监测和评价　利用生物个体、种群和群落对环境污染或变化所产生的反应阐明污染物在环境中的迁移和转化规律；利用生物对环境中污染物的反应来判断环境污染状况，如利用植物监测和评价大气污染、利用水生生物对水体污染进行监测和评价；利用污染物对人体健康和生态系统的影响制定环境标准。

总之，应利用生态学规律，把经济因素与地球物理因素、生态因素和社会因素紧密结合在一起进行考虑，使国家和地区的发展适应环境条件，保护生态平衡，达到经济发展与人口发展相适应、可持续发展的战略目标。

图2-8 典型生态农场的废物循环途径

三、生态共同体及其特征

生态共同体是人与自然在共生条件下结合而成的整体，它不是生态与共同体的简单组合，而是从人与自然的关系出发，在有机互动的生态系统内各生命体之间的相互依赖及彼此互生共栖的一种生存样态。

1. 生态共同体的基本内涵

生态共同体是一个具有整体功能和综合行为的人类生存环境系统，是人与自然之间所形成的一种最初始的空间结合形态。这就是说，人与自然是生态共同体，而且包含生态系统中的生命存在物与非生命存在物。

人类社会的发展呈现出不同的共同体形式，而每一阶段都有不同特质与形式的共同体。现代科技的发展，缩小了时空距离，国家间的相互联系与相互依存也随之不断加深，人与外界的联系更为紧密，大家共同生活在一个"地球村"，国际社会也逐渐成为你中有我、我中有你的命运共同体。将生态问题纳入到命运共同体的范畴中，构建和走向生态共同体，这是社会发展的必由之路，也是生态文明的理论创新。生态共同体最根本的属性就是它所体现出来的平等性，它将人、动物、植物、微生物等生命存在物与山、水、田、湖等非生命存在物看作是平等的关系，生命存在物与非生命存在物之间不仅具有平等的地位，更具有平等的话语权，因为非生命存在物与生命存在物同样具有内在价值，通常情况人容易因过度关注它的工具价值而忽视其内在价值。此外，生命存在物与非生命存在物作为生态共同体的成员都平等地拥有存在与发展的权利，这里所说的平等是作为前提而存在的。只有这样，生命存在物与非生命存在物才能够实现真正的互动与共生，形成一个不可分割的有机整体，即生态共同体。

2. 生态共同体的特征

生态共同体中的生命存在物与非生命存在物通过物质循环及能量流动而相互联系，形成了密不可分的有机整体。通过生态共同体性质的认识，可以更好地把握生态共同体的本质。

（1）庞大性　所谓庞大性可以从两个方面来理解：其一是说生态共同体既包括生命存在物也包括非生命存在物，它是巨大的，无所不包。而生态共同体内存在物的种类又是多样的，但同时又是复杂的，这种复杂性也就决定了数量上的庞大性。其二是指生态共同体具有自我调节能力，但这种能力也是有限的。当生态共同体遭到破坏的时候，对生态共同体进行改善和修复的任务量也是非常庞大的，生态共同体中的成员相互联系、相互作用，一旦出现问题势必会对其他系统产生影响。

（2）稳定性　生态共同体是动态的、发展的，是一个有机的进化过程。生态系统也具有自我调节功能，在通常情况下，生态共同体总是朝着物种多样化、结构复杂化和功能完善化的方向发展，直到生态共同体达到稳定为止。生态共同体的成员越复杂，结构也就越稳定，功能也就越健全，自我调节能力也就越高。

（3）交互作用性　生态共同体是一个复杂的共同体，共同体中成员之间相互作用、相互依存，形成了具有组织特点的复杂统一体。生态共同体成员之间的相互作用和发展足以稳定整个共同体。

主题实践活动二　生态农业项目参观调研

一、活动主题

开展区域生态农业项目参观调研，践行生态环境保护理念。

二、活动宗旨

通过本次实践活动，调研所在校周边有哪些生态农业项目，了解其生态环保措施，培养学生环保意识。

三、活动时间

建议2周。

四、参加人员

授课班级学生。

五、活动内容

1. 分组采访

全体同学分组，开展区域生态农业项目参观调研。根据调研情况，填写实践活动记录表。

实践活动记录表（调研记录）

调研时间		调研企业	
调研方式		□问卷调研　　□实地调研　　□访问调查	
调研团队成员			
调研对象简介			
调研内容	（以下3个调研方向任选其一： 1.工业企业如酒厂、糖厂、食品加工厂的有机废物经适当处理如何转化为有益物质？ 2.农村沼气系统的工艺流程、设备以及利用。 3.环保型无公害蔬菜生产基地。）		
收获和体会	签名：　　　　　　　　　　　　　年　　月　　日		

2. 交流总结

小组分别进行交流讨论，利用记录的文字和拍摄的照片编写生态农业项目调研报告，并填写成果展示记录表。

成果展示记录表

活动主题			
调研人		调研对象	
活动成果照片	（此处插入调研期间的拍摄照片，每张照片配注释。）		
开展的生态环保措施	（列举调研项目在生态环保方面所做的举措。）		

复习思考题

1. 举例说明种群、群落的含义。
2. 试述生态系统的组成和功能。
3. 什么是生态平衡？影响生态平衡的因素有哪些？
4. 土地、森林、草场、矿产、生物等资源的保护措施是什么？
5. 生态学有哪些规律？
6. 生态规律在环境保护应用方面有哪些？
7. 生态共同体及其特征是什么？

中新天津生态城

2007年4月，中国和新加坡共同提议，在中国北方水质性缺水、不占耕地等资源约束条件下，在中国合作建设一座资源节约型、环境友好型、社会和谐型的城市，并做到能复制、能实行、能推广，起到示范性作用。同年11月，两国政府签署了合作框架协议。

中新天津生态城不仅将是宜居的生态之城，更是实现生态经济的创新之城。按照计划，天津生态城由中新双方共同成立的合资公司中新天津生态城投资开发有限公司运作。合资公司注册资本40亿元人民币，中新双方各占50%。

中新天津生态城在充分论证的基础上，确定了8大产业发展方向，包括节能环保、科技研发、教育培训、文化创意、服务外包、会展旅游、金融服务以及绿色房地产等低消耗、高附加值产业。

中新天津生态城的建设周期约为10～15年，前期投入巨大，短期收益无法衡量，需要从长期整体的角度来衡量。天津生态城规划面积约30平方公里，计划用10～15年时间基本建成。预计到2020年，常住人口规模控制在35万人左右。

按照两国协议，中新天津生态城将借鉴新加坡的先进经验，在城市规划、环境保护、资源节约、循环经济、生态建设、可再生能源利用、中水回用、可持续发展以及促进社会和谐等方面进行广泛合作。为此，两国政府成立了副总理级的"中新联合协调理事会"和部长级的"中新联合工作委员会"。中新两国企业分别组成投资财团，成立合资公司，共同参与生态城的开发建设。新加坡国家发展部专门设立了天津生态城办事处，天津市政府于2008年1月组建了中新天津生态城管理委员会。至此，中新天津生态城拉开了开发建设序幕。

一、指标体系

中新天津生态城指标体系依据选址区域的资源、环境、人居现状，突出以人为本的理念，涵盖了生态环境健康、社会和谐进步、经济蓬勃高效等三个方面二十二条控制性指标和区域协调融合的四条引导性指标，将用于指导生态城总体规划和开发建设，为能复制、能实行、能推广提供技术支撑和建设路径。指标体系按照科学性与实用性相结合、定性与定量相结合、特色与共性相结合和可达性与发展性相结合原则，保留传统城市规划指标的精华，提升传统城市规划的相关标准，反映生态建设的新要求，突出原生态的保护和修复，建设生态结构合理、服务功能完善、环境质量优良的自然生态系统和协调的人工环境系统。

中新天津生态城作为世界上第一个国家间合作开发建设的生态城市，将为中国乃至世界其他城市可持续发展提供样板；为生态理论的创新、节能环保技术的使用和先进生态文明的展示提供国际平台；为中国今后开展多种形式的国际合作提供示范。中新天津生态城作为中国天津滨海新区的重要组成部分和独有的亮点，将充分利用国家综合配套改革试验区先行先试、改革创新的政策优势，借鉴国际先进生态城市的建设理念和成功经验，通过十年左右的建设，使之成为展示滨海新区"经济繁荣、社会和谐、环境优美的宜居生态型新城区"的重要载体和形象标志。

二、规划设计

中新天津生态城运用生态经济、生态人居、生态文化、和谐社区和科学管理的规划理念，聚合国际先进的生态、环保、节能技术，造就自然、和谐、宜居的生活环境，致力于建设经济蓬勃、社会和谐、环境友好、资源节约的生态城市。

全面贯彻循环经济理念，推进清洁生产，优化能源结构，大力促进清洁能源、可再生资源和能源的利用，加强科技创新能力，优化产业结构，实现经济高效循环。

提倡绿色健康的生活方式和消费模式，逐步形成有特色的生态文化；建设基础设施功能完善、管理机制健全的生态人居系统；注重与周边区域在自然环境、社会文化、经济及政策方面的协调，实现区域协调与融合。

三、建设目标

中新天津生态城的建设目标具体包括：建设环境生态良好、充满活力的地方经济，为企业创新提供机会，为居民提供良好的就业岗位；促进形成社会和谐和广泛包容的社区，使社区居民有很强的主人意识和归属感；建设一个有吸引力的、生活品质高的宜居城市；采用良好的环境技术和做法，促进可持续发展；更好地利用资源，产生更少的废弃物；探索未来城市开发建设的新模式，为中国城市生态保护与建设提供管理、技术、政策等方面的参考。

四、特点

① 第一个国家间合作开发建设的生态城市。

② 选择在资源约束条件下建设生态城市。

③ 以生态修复和保护为目标，建设自然环境与人工环境共荣共生的生态系统，实现人与自然的和谐共存。

④ 以绿色交通为支撑的紧凑型城市布局。

⑤ 以指标体系作为城市规划的依据，指导城市开发和建设。

⑥ 以生态谷（生态廊道）、生态细胞（生态社区）构成城市基本构架。

⑦ 以城市直接饮用水为标志，在水质性缺水地区建立中水回用、雨水收集、水体修复为重点的生态循环水系统。

⑧ 以可再生能源利用为标志，加强节能减排，发展循环经济，构建资源节约型、环境友好型社会。

扫一扫

生态环境保护50个
小常识

第三章　大气污染防治与化工废气治理

学习目标

知识目标

了解大气组成及污染源类型；
了解大气污染的危害及治理方法。

能力目标

熟悉 SO_2 废气治理的化学方法；
根据颗粒污染物净化要求能选择合适的除尘设备。

素质目标

利用所学知识加强大气污染宣传，提高全民环保意识。

 导读导学

国务院生态环境主管部门会同国务院有关部门，按照国务院的规定，对省、自治区、直辖市大气环境质量改善目标、大气污染防治重点任务完成情况进行考核。防治大气污染，应当以改善大气环境质量为目标，坚持源头治理，规划先行，转变经济发展方式，优化产业结构和布局，调整能源结构。防治大气污染，应当加强对燃煤、工业、机动车船、扬尘、农业等大气污染的综合防治，推行区域大气污染联合防治，对颗粒物、二氧化硫、氮氧化物、挥发性有机物、氨等大气污染物和温室气体实施协同控制。

大气污染对环境有哪些危害？治理大气污染物有哪些方法？大气污染综合防治的原则是什么？控制大气污染源的措施有哪些？

第一节　大气与生命

一、大气结构与组成

1. 大气结构

地球上生命的存在，特别是人类的存在，是因为地球具备了生命存在的环境，而大气是不可缺少的因素之一。

地球表面覆盖着多种气体，这些气体组成大气，称为大气层。将随地球旋转的大气层称为大气圈。

大气圈中空气质量的分布是不均匀的。总体看，海平面处的空气密度最大，随着高度的增加，空气密度逐渐变小。在 1000 ~ 1400km 的高空，气体已非常稀薄。通常把从地球表面到 1000 ~ 1400km 的大气层作为大气圈的厚度。

大气在垂直方向上不同高度的温度、组成与物理性质也是不同的。由此，在结构上可将大气层分为对流层、平流层、中间层、暖层和散逸层。图3-1是大气垂直方向上的分层。

2. 大气的组成

大气是由多种成分组成的混合气体，由干洁空气、水汽、悬浮微粒组成。

（1）干洁空气 干洁空气即干燥清洁空气，主要成分为氮、氧和氩，在空气中的总容积约占99.96%。此外还有少量的其他成分，如二氧化碳、氖、氦、氪、氙、氢、臭氧等。如表3-1所示。

（2）水汽 水汽主要来自于水体、土壤和植物中水分的蒸发，在大气中的含量比氮、氧等成分含量低得多，随时间、地域、气象条件的不同变化很大。干旱地区可低至0.02%，温湿地带可高达6%。水汽含量对天气变化起着重要的作用，是大气中重要组分之一。

（3）悬浮微粒 由于自然因素而生成的颗粒物，如岩石风化、火山爆发、宇宙落物以及海浪飞逸等；由人为因素形成的颗粒物主要有工业烟尘。进入大气层中的悬浮微粒，含量、种类和化学成分都是变化的。

当大气中某个组分（不包括水分）的含量超过其标准时，或自然大气中出现本来不存在的物质时，即可判定它们是大气的外来污染物。

二、大气与生命的关系

人类生活在大气圈中，大气与生命的关系至为密切。一般成年人每天需要呼吸约 10 ~ 12m^3 的空气，相当于一天食物质量的10倍，饮水质量的3倍。一

图 3-1　大气垂直分层结构示意图

个人可以5周不吃食物，5天不喝水，但断绝空气几分钟也不行。因此，清洁的空气是人体健康的重要保证。

表3-1 干洁空气的组成

气体类别	含量（体积分数）/%	气体类别	含量（体积分数）/%
氮（N_2）	78.08	氦（He）	5.24×10^{-4}
氧（O_2）	20.95	氪（Kr）	1.0×10^{-4}
氩（Ar）	0.93	氢（H_2）	0.5×10^{-4}
二氧化碳（CO_2）	0.03	氙（Xe）	0.08×10^{-4}
氖（Ne）	18×10^{-4}	臭氧（O_3）	0.01×10^{-4}

对于人类来说，空气中的氧在肺细胞中通过细胞壁与血液中的血红蛋白结合，从而由血液输送氧至全身各部位，与身体中营养成分作用而释放出活动必需的能量。若大气中含有比氧更易与血红蛋白结合的物质，当其达到一定浓度时，则可夺取氧的地位而与血红蛋白结合，使人由于缺氧而生病、死亡。例如一氧化碳和氰化物就是如此。

图3-2 氮循环图

对植物来说，虽然植物吸收二氧化碳放出氧气，但其正常生理反应也是需要氧的，没有氧植物也要死亡。

空气中的氮也是重要的生命元素。氮在空气中的含量虽大，却不能为多数生物直接利用。氮分子必须经过个别微生物吸收后才能作为固定的氮进入土壤，被高等植物和动物所吸收利用，形成生命必需的基础物质——蛋白质。如图3-2所示。

第二节 化工废气来源与危害

按照国际标准化组织（ISO）给出的定义：大气污染通常是指由于人类活动和自然过程引起某种物质进入大气中，呈现出足够的浓度，达到了足够的时间并因此而危害了人体的舒适、健康和福利或危害了环境的现象。从定义中可以看出，造成大气污染的原因是人类活动（包括生活活动和生产活动，以生产活动为主）和自然过程；形成大气污染的必要条件是污染物在大气中要含有足够的浓度并对人体作用足够的时间。

按污染的范围由小至大大气污染可分为以下四类：

① 局部地区大气污染　如某工厂排气造成的直接影响；

② 区域大气污染　如工矿区或整个城市的污染；

③ 广域大气污染　如酸雨，涉及地域广大；

④ 全球大气污染　如温室效应、臭氧层破坏，涉及整个地球大气层的污染。

一、大气污染物的来源和分类

大气污染物种类繁多，主要来源于自然过程和人类活动。主要污染物的排放源和排放量如表3-2所示。

由自然过程排放污染物所造成的大气污染多为暂时的和局部的，人类活动排放污染物是造成大气污染的主要根源。因此对大气污染所作的研究，针对的主要是人为造成的大气污染问题。

表3-2　主要大气污染物的排放源及排放量

污染物名称	自然排放		人类活动排放		大气背景浓度
	排放源	排放量/(t/a)	排放源	排放量/(t/a)	
SO_2	火山活动	未估计	煤和油的燃烧	146×10^6	0.2×10^{-9}
H_2S	火山活动、沼泽中的生物作用	100×10^6	化学过程污水处理	3×10^6	0.2×10^{-9}
CO	森林火灾、海洋中的萜烯化合物与其他生物反应	33×10^6	机动车和其他燃烧过程排气	304×10^6	0.1×10^{-6}
$NO-NO_2$	土壤中细菌作用	NO：430×10^6 NO_2：658×10^6	燃烧过程	53×10^6	NO：$(0.2 \sim 4) \times 10^{-6}$ NO_2：$(0.5 \sim 4) \times 10^{-6}$
NH_3	生物腐烂	1160×10^6	废物处理	4×10^6	$(6 \sim 20) \times 10^{-9}$
N_2O	土壤中的生物作用	590×10^6	无	无	0.25×10^{-6}
C_mH_n	生物作用	CH_4：1.6×10^9 萜烯：200×10^6	燃烧和化学过程	88×10^6	CH_4：1.5×10^{-6} 非$CH_4 < 1 \times 10^{-9}$
CO_2	生物腐烂、海洋释放	10^{12}	燃烧过程	1.4×10^{19}	320×10^{-9}

1. 污染源分类

为满足污染调查、环境评价、污染物治理等环境科学研究的需要，对人工污染源进行分类。

（1）按污染源存在的形式分

① 固定污染源　位置固定，如工厂的排烟或排气。

② 移动污染源　在移动过程中排放大量废气，如汽车等。

这种分类方法适用于进行大气质量评价时绘制污染源分析图。

（2）按污染物排放的方式分

① 高架源　污染物通过高烟囱排放。

② 面源　许多低矮烟囱集中起来而构成的区域性污染源。

③ 线源　移动污染源在一定街道上造成的污染。

这种分类方法适用于大气扩散计算。

（3）按污染物排放的时间分

① 连续源　污染物连续排放，如化工厂排气等。

② 间断源　时断时续排放，如取暖锅炉的烟囱。

③ 瞬时源　短暂时间排放，如某些工厂事故性排放。

这种分类方法适用于分析污染物排放的时间规律。

（4）按污染物产生的类型分

① 工业污染源　包括工业用燃料燃烧排放的污染物、生产过程排放废气、粉尘等。

② 农业污染源　农用燃料燃烧的废气、有机氯农药、氮肥分解产生的NO_x等。

③ 生活污染源　民用炉灶、取暖锅炉、垃圾焚烧等放出的废气。具有量大、分布广、排放高度低等特点。

④ 交通污染源　交通运输工具燃烧燃料排放废气，成分复杂、危害性大。

2. 大气污染物来源

大气污染物主要来自以下几个方面。

（1）燃料燃烧　火力发电厂、钢铁厂、炼焦厂等工矿企业和各种工业窑炉、民用炉灶、取暖锅炉等燃料燃烧均向大气排放大量污染物。发达国家能源以石油为主，大气污染物主要是一氧化碳、二氧化硫、氮氧化物和有机化合物。我国能源以煤为主，约占能源消费的75%，主要污染物是二氧化硫和颗粒物。

（2）工业生产过程　化工厂、炼油厂、钢铁厂、焦化厂、水泥厂等各类工业企业，在原料和产品的运输、粉碎以及各种成品生产过程中，都会有大量的污染物排入大气中。这类污染物主要有粉尘、碳氢化合物、含硫化合物、含氮化合物以及含卤素化合物等。生产工艺、流程、原材料及操作管理条件和水平的不同，所排放污染物的种类、数量、组成、性质等也有很大的差异。如表3-3所示。

表3-3　化工主要行业废气来源及其主要污染物

行业	主要来源	废气中主要污染物
氮肥	合成氨、尿素、碳酸氢铵、硝酸铵、硝酸	NO_x、尿素粉尘、CO、Ar、NH_3、SO_2、CH_4、尘
磷肥	磷矿石加工、普通过磷酸钙、钙镁磷肥、重过磷酸钙、磷酸铵类氮磷复合肥、磷酸、硫酸	氟化物、粉尘、SO_2、酸雾、NH_3

行业	主要来源	废气中主要污染物
无机盐	铬盐、二硫化碳、钡盐、过氧化氢、黄磷	SO_2、P_2O_5、Cl_2、HCl、H_2S、CO、CS_2、As、F、S、氯化铬酰、重芳烃
氯碱	烧碱、氯气、氯产品	Cl_2、HCl、氯乙烯、汞、乙炔
有机原料及合成材料	烯类、苯类、含氧化合物、含氮化合物、卤化物、含硫化合物、芳香烃衍生物、合成树脂	SO_2、Cl_2、HCl、H_2S、NH_3、NO_x、CO、有机气体、烟尘、烃类化合物
农药	有机磷类、氨基甲酸酯类、菊酯类、有机氯类等	HCl、Cl_2、氯乙烷、氯甲烷、有机气体、H_2S、光气、硫醇、三甲醇、二硫酯、氨、硫代磷酸酯农药
染料	染料中间体、原染料、商品染料	H_2S、SO_2、NO_x、Cl_2、HCl、有机气体、苯、苯类、醇类、醛类、烷烃、硫酸雾、SO_3
涂料	涂料：树脂漆、油脂漆；无机颜料：钛白粉、立德粉、铬黄、氧化锌、氧化铁、红丹、黄丹、金属粉、华兰	芳烃
炼焦	炼焦、煤气净化及化学产品加工	CO、SO_2、NO_x、H_2S、芳烃、尘、苯并[a]芘、CO

（3）农业生产过程　农药和化肥的使用会对大气产生污染。如DDT施用后能在水面漂浮，并同水分子一起蒸发而进入大气；氮肥在施用后，可直接从土壤表面挥发成气体进入大气；以有机氮肥或无机氮形式进入土壤内的氮肥，在土壤微生物作用下转化为氮氧化物进入大气，从而增加了大气中氮氧化物的含量。

（4）交通运输过程　各种机动车辆、飞机、轮船等均会排放有害废物到大气中。交通运输产生的污染物主要有碳氢化合物、一氧化碳、氮氧化物、含铅污染物、苯并[a]芘等。这些污染物在阳光照射下，有的可经光化学反应，生成光化学烟雾，形成二次污染物，对人类的危害更大。

3. 大气污染物分类

按照污染物存在的形态，大气污染物可分为颗粒污染物与气态污染物。

依照与污染源的关系，可将大气污染物分为一次污染物和二次污染物。从污染源直接排出的原始物质，进入大气后其性质没有发生变化，称为一次污染物；一次污染物与大气中原有成分，或几种一次污染物之间，发生一系列的化学变化或光化学反应，形成与原污染物性质不同的新污染物，称为二次污染物。

（1）颗粒污染物　颗粒态污染物又称气溶胶，是指液体或固体微粒均匀地分散在气体中形成的相对稳定的悬浮体系。它们可以是无机物，也可以是有机物，或由二者共同组成；可以是无生命的，也可以是有生命的；可以是固态的，也可以是液态的。

大气颗粒物按其粒径大小可分为如下几类。

① 总悬浮颗粒物（TSP） 指空气动力学直径小于100μm的粒子的总和。

② 可吸入颗粒物（PM₁₀） 空气动力学直径小于10μm的粒子的总和，易于通过呼吸过程而进入呼吸道的粒子。

③ 可入肺颗粒物（细颗粒物）（PM₂.₅） 空气动力学直径小于2.5μm的颗粒物的总和。

（2）气态污染物 气态污染物种类极多，对我国大气环境产生危害的主要污染物有以下五种，如表3-4所示。

① 含硫化合物 主要指SO_2、SO_3和H_2S等，以SO_2的数量最大，危害也最大。

② 含氮化合物 最主要的是NO、NO_2、NH_3等。

③ 碳氧化合物 主要是CO、CO_2。

④ 碳氢化合物 主要指有机废气。有机废气中的许多组分会造成大气污染，如烃、醇、酮、酯、胺等。

⑤ 卤素化合物 主要是含氯化合物及含氟化合物，如HCl、HF、SiF_4等。

表3-4　主要气态污染物

类型	一次污染物	二次污染物	类型	一次污染物	二次污染物
含硫化合物	SO_2、H_2S	SO_3、H_2SO_4、MSO_4	碳氢化合物	C_mH_n	醛、酮、过氧乙酰基硝酸酯
碳氧化合物	CO、CO_2	无	卤素化合物	HF、HCl	无
含氮化合物	NO、NH_3	NO_2、HNO_3、MNO_3、O_3			

（3）二次污染物 最受人们普遍重视的二次污染物是光化学烟雾。

① 伦敦型烟雾 大气中未燃烧的煤尘、SO_2，与空气中的水蒸气混合并发生化学反应所形成的烟雾，也称为硫酸烟雾。

② 洛杉矶型烟雾 汽车、工厂等排入大气中的氮氧化物或碳氢化合物，经光化学作用形成的烟雾，也称为光化学烟雾。

③ 工业型光化学烟雾 氮肥厂排放的NO_x、炼油厂排放的碳氢化合物等，经光化学作用所形成的光化学烟雾。

二、主要大气污染物及其危害

大气中的污染物对环境和人体都会产生很大的影响，同时对全球环境也带来影响，如温室效应、酸雨、臭氧层破坏等，使全球的气候、生态、农业、森林等发生一系列影响。

图3-3显示的是大气污染对人体及环境的影响途径。大气污染物可以通过降水、降尘等方式对水体、土壤和作物产生影响，并通过呼吸、皮肤接触、食物、饮用水等进入人体，对人体健康和生态环境造成直接的近期或远期的危害。

图3-3 大气污染对人体及环境影响的途径

由于"污染（pollution）"这个词具有"毁坏"的含义，世界卫生组织（WHO）把大气中那些含量和存在时间达到一定程度以致对人体动植物和物品危害达到可测程度的物质，称为大气污染物。因此，当前被列入空气质量标准的污染物，除颗粒物外，主要有碳氧化物、硫氧化物、氮氧化物、碳氢化合物、臭氧等。各污染物浓度限值见表3-5。

表3-5 大气污染物的浓度限值（摘自GB 3095—2012）

污染物名称	平均时间	浓度限值		浓度单位
		一级标准	二级标准	
二氧化硫（SO₂）	年平均	20	60	μg/m³
	24 小时平均	50	150	
	1 小时平均	150	500	
二氧化氮（NO₂）	年平均	40	40	
	24 小时平均	80	80	
	1 小时平均	200	200	
一氧化碳（CO）	24 小时平均	4	4	mg/m³
	1 小时平均	10	10	
臭氧（O₃）	日最大 8 小时平均	100	160	μg/m³
	1 小时平均	160	200	
颗粒物（粒径小于等于10μm）	年平均	40	70	
	24 小时平均	50	150	
颗粒物（粒径小于等于2.5μm）	年平均	15	35	
	24 小时平均	35	75	
总悬浮颗粒物（TSP）	年平均	80	200	
	24 小时平均	120	300	
氮氧化物（NOₓ）	年平均	50	50	
	24 小时平均	100	100	
	1 小时平均	250	250	

污染物名称	平均时间	浓度限值		浓度单位
		一级标准	二级标准	
铅（Pb）	年平均	0.5	0.5	$\mu g/m^3$
	季平均	1	1	
苯并[a]芘（B[a]P）	年平均	0.001	0.001	
	24小时平均	0.0025	0.0025	

1. 碳氧化合物

碳氧化合物指碳与氧反应而产生碳的氧化物——一氧化碳和二氧化碳，涉及的反应式如下：

$$2C+O_2 = 2CO$$
$$2CO+O_2 = 2CO_2$$
$$C+CO_2 = 2CO$$

因CO（C≡O）分子中三键强度很大，使CO反应需要很高的活化能，以致CO_2的生成速度很慢。只有在供氧充分时才能变成CO_2。另外由于燃烧时温度很高，导致部分CO_2被还原成CO。显然，在燃料燃烧过程中不可避免地会生成一定浓度的CO。

一氧化碳是无色、无味的气体，使人不易警惕其存在。当人们吸入CO时，它与血红蛋白作用生成碳氧血红蛋白（carboxyhemoglobin，简写为COHb）。实验证明，血红蛋白与一氧化碳的结合能力较与氧的结合能力大200～300倍。反应如下：

$$O_2Hb+CO = COHb+O_2$$

反应平衡常数为210，可降低血液输送氧的能力而引起缺氧，使人产生眩晕等症状，同时使心脏过度疲劳，致使心血管工作困难，终致死亡。生活中常说的"煤气中毒"实质就是CO的作用。这种效应是可逆的，若CO中毒发现得早，在未造成其他损伤时，只要吸入新鲜空气1～2h，就可以除去与血红蛋白结合的绝大部分CO，而不会在人体内积蓄。

一氧化碳也是城市大气中主要的污染物，碳氢化合物燃烧不完全是CO的主要来源，如汽车排放尾气。其主要危害在于能参与光化学烟雾的形成，以及造成全球的环境问题。目前对CO局部排放源的控制措施主要集中在汽车方面，如使用排气的催化反应器，加入过量空气使CO氧化成CO_2。

二氧化碳是含碳物质完全燃烧的产物，也是动物呼吸排出的废气。CO_2本身无毒，对人体无害，但其含量大于8%时会令人窒息。近年来研究发现，现代大气中CO_2的浓度不断上升引起了地球气候变化，即"温室效应"。所以联合国环境规划署决议将CO_2列为危害全球的六种化学品之一。

2. 硫的氧化物

矿物燃料燃烧、冶金、化工等都会产生SO_2或SO_3，反应式如下：

$$S+O_2 \xrightarrow{\hspace{1cm}} SO_2$$
$$2SO_2+O_2 \xrightarrow{\hspace{1cm}} 2SO_3$$

由煤和石油燃烧产生的SO_2占总排放量的88%。值得指出的是，燃煤电厂、冶金厂等排放硫烟气是以大气量、低浓度（含SO_2 0.1%～0.8%）的形式排放，回收净化相当困难，已成为环境化学工程中一个具有战略意义的课题。尤其像我国以煤为主要能源的发展中国家，既要以煤作能源，又要花费大量费用来除去煤中高含量的硫，从而处于进退两难之中。

SO_2具有强烈的刺激性气味，会刺激眼睛，损伤呼吸器官，引起呼吸道疾病。特别是SO_2与大气中的尘粒、水分形成气溶胶颗粒时，这三者的协同作用对人的危害更大。这种污染称为伦敦型烟雾或硫酸烟雾。其过程如下：

$$SO_2 \xrightarrow{\text{催化或光化学氧化}} SO_3 \xrightarrow{H_2O} H_2SO_4 \xrightarrow{H_2O} (H_2SO_4)_m(H_2O)_n$$

由SO_2氧化成SO_3是关键的一步。在大气中可由光化学氧化、液相氧化、多相催化氧化这三个途径来实现。许多污染事件表明，SO_2与其他物质结合会产生更大的影响。比如发生在1952年12月的伦敦烟雾事件，伦敦上空烟尘和SO_2浓度很高，地面上完全处于无风状态，雾很大，从工厂和家庭排出的烟尘在空中难以散开，导致死亡人数多达4000人，超过正常死亡状况。尸体解剖表明，主要死因是呼吸道受到刺激，SO_2是造成死亡率过高的祸首。

SO_2的腐蚀性很大，能导致皮革强度降低，建筑材料变色，塑像及艺术品毁坏。在与植物接触时，会杀死叶组织，引起叶子脱色变黄，农作物产量下降。

另外，SO_2在大气中含量过高是形成酸雨污染的重要因素。2021年《中国生态环境状况公报》中显示：全国酸雨分布区域主要集中在长江以南-云贵高原以东地区，主要包括浙江、上海的大部分地区、福建北部、江西中部、湖南中东部、重庆南部、广西南部和广东部分区域。我国历年来废气中SO_2排放量如表3-6所示。

表3-6　全国废气中SO_2排放量年际变化

年份	SO_2排放量/万吨	年份	SO_2排放量/万吨
2011	2250	2017	700
2012	2100	2018	500
2013	2000	2019	490
2014	1900	2020	300
2015	1800	2021	250
2016	800	2022	230

3. 氮氧化合物

在大气中含量多、危害大的氮氧化物（NO_x）只有一氧化氮（NO）和二氧化氮（NO_2）。人为排放主要来源于矿物燃料的燃烧过程（包括汽车及一切内燃机排放）、生产硝酸工厂排放的尾气。氮氧化物浓度高的气体呈棕黄色，从工厂烟囱排出来的氮氧化物气体称为黄龙。

高温下，燃料燃烧可以伴随以下反应：

$$N_2+O_2 = 2NO$$

$$NO + \frac{1}{2}O_2 = NO_2$$

实验证明，NO的生成速度是随燃烧温度升高而加大的。在300℃以下，NO生成量很少。燃烧温度高于1500℃时，NO的生成量就显著增加。

NO与有强氧化能力的物质作用（如与大气中臭氧作用）时，生成NO_2的速度很快。NO_2是一种有害的红棕色恶臭气体，具有腐蚀性和刺激作用。

大气中的氮氧化物对人类、动植物的生长及自然环境有很大的影响。

（1）对人类的影响　当空气中的NO_2含量达$150mL/m^3$时，对人的呼吸器官有强烈的刺激，3～8h会发生肺水肿，可能引起致命的危险。作为低层大气中最重要的光吸收分子，NO_2可以吸收太阳辐射中的可见光和紫外光，分解为NO和氧原子：

$$NO_2+hv(290～400nm)\longrightarrow NO+[O]$$

生成的氧原子非常活泼，可继续发生一系列反应，导致光化学烟雾。这就是洛杉矶型烟雾的实质。

（2）对森林和作物生长的影响　NO_x通过叶表面的气孔进入植物活体组织后，干扰酶的作用，阻碍各种代谢机能；有毒物质在植物体内还会进一步分解或参与合成过程，产生新的有害物质，侵害机体内的细胞和组织，使其坏死。

NO_x也是形成酸雨的重要原因之一。酸雨可以破坏作物和树的根系之营养循环；与臭氧结合损害树的细胞膜，破坏光合作用；酸雾还会降低树木的抗严寒和干燥的能力。

（3）对全球气候的影响　氮氧化物和二氧化碳引起"温室效应"，使地球气温上升1.5～4.5℃，造成全球性气候反常。

大气中的NO_x大部分最终转化为硝酸盐颗粒，通过湿沉降和干沉降过程从大气中消除，被土壤、水体、植被等吸收、转化。

4. 碳氢化合物

碳氢化合物的人为排放源主要是汽油燃烧（38.5%）、焚烧（28.3%）、溶剂蒸发（11.3%）、石油蒸发和运输损耗（8.8%）、提炼废物（7.1%）。美国排放碳氢化合物占污染物排放总量的比例高达34%，其中半数以上来自交通运输。汽车排放的碳氢化合物主要是两类：烃类，如甲烷、乙烯、乙炔、丙烯、丁烷等；醛类，如甲醛、乙醛、丙醛、丙烯醛和苯甲醛等。此外还有少量芳烃和微量多环芳烃致癌物。

一般碳氢化合物对人的毒性不大，主要是醛类物质具有刺激性。对大气的最大影响是碳氢化合物会在空气中反应形成危害较大的二次污染物，如光化学烟雾。

碳氢化合物从大气中去除的途径主要有土壤微生物活动，植被的化学反应、吸收和消化，对流层和平流层化学反应，以及向颗粒物转化等。

5. 颗粒污染物

悬浮在大气中的微粒统称为悬浮颗粒物，简称颗粒物，这种微粒可以是固体也可以是液体。因其对生物的呼吸、环境的清洁、空气的能见度以及气候因素等造成不良影响，所以是大气中危害最明显的一类污染物。

天然过程排放的颗粒物主要有火山爆发的烟气、岩石风化的灰尘、宇宙降尘、海浪飞逸的盐粒、各种微生物、细菌、植物的花粉等，约占大气颗粒物总量的89%。由燃料燃烧、开矿、选矿或固体物质的粉碎加工（磨面粉、制水泥等）、火药爆炸、农药喷洒等人工过程排放的颗粒物约占颗粒物总量的11%。人为排放过程集中在人类活动的场所如厂矿、城市等，增加了周围环境的大气负担。人们对大气中不同的颗粒物赋予了不同名称，如烟、尘、雾等，它们的粒径、性质皆有不同，如图3-4所示。

图3-4 微粒的粒度、性质、成因和物态

颗粒污染物的危害简略归纳如下：

① 遮挡阳光，使气温降低，或形成冷凝核心，使云雾和雨水增多，影响气候。

② 使可见度降低，交通不便，航空与汽车事故增加。

③ 可见度差导致照明耗电增加，燃料消耗随之增多，空气污染也更严重，

形成恶性循环。

颗粒物与SO_2的协同作用对呼吸系统危害加大。如伦敦烟雾事件中，1952年那一次五天死亡近4000人；而在1962年的事件中，同样气象条件下，SO_2浓度虽然比1952年稍高，但飘尘却低一倍，死亡仅750人。

用四乙铅作汽油的防爆剂时，排入空气中的铅有97%为直径小于0.5μm的微粒，分布广，危害大。对人的影响症状是脑神经麻木和慢性肾病，严重时死亡。

目前，我国大多数城市空气的首要污染物是颗粒物。全球大气污染物的监测结果表明，北京、沈阳、西安、上海、广州5座城市大气中总悬浮颗粒物日均浓度在200 ~ 500μg/m³，超过世界卫生组织标准3 ~ 9倍。由此可见，降低颗粒物污染是我国大气环境保护的重要课题。

三、化工废气的特点

1. 种类繁多

化学工业各个行业所用的化工原料不同，即使同一产品所用的工艺路线、同一工艺的不同时间都有差异，生产过程中的化学反应繁杂，造成化工废气的种类繁多。

2. 组成复杂

化工废气含有多种复杂的有毒成分，如农药、染料、氯碱等行业废气中，既含有多种无机化合物，又含有多种有机化合物。从原料到产品，经过许多复杂化学反应，产生多种副产物，致使某些废气的组成变得更加复杂。

3. 污染物浓度高

个别化工企业工艺落后、设备陈旧，操作水平差，导致原材料流失严重，废气中污染物浓度高。如生产硫酸主要以硫铁矿为原料，有的使用含砷、氟较多的矿石，必然造成废气排放量大，污染物浓度高。

4. 污染面广，危害性大

某些小化工企业工艺落后，技术力量差，缺乏防治污染所需要的技术，排放的污染物容易致癌、致畸、致突变，含有恶臭、强腐蚀性及易燃、易爆的组分，对生产装置、人身安全与健康及周围环境造成严重危害。

第三节　气态污染物的治理

一、常见气态污染物的治理方法

工农业生产、交通运输和人类生活活动中所排放的有害气态物质种类繁多，根据这些物质不同的化学性质和物理性质，可采用不同的技术方法进行治理。

（一）吸收法

吸收法是采用适当的液体作为吸收剂，使含有有害物质的废气与吸收剂接触，废气中的有害物质被吸收于吸收剂中，使气体得到净化的方法。在吸收过程中，用来吸收气体中有害物质的液体叫作吸收剂，被吸收的组分称为吸收质，吸收了吸收质后的液体叫作吸收液。吸收操作可分为物理吸收和化学吸收。在处理以气量大、有害组分浓度低为特点的各种废气时，化学吸收的效果要比单纯的物理吸收好得多，因此在用吸收法治理气体污染物时，多采用化学吸收法进行。

直接影响吸收效果的是吸收剂的选择。所选择的吸收剂一般应具有以下特点：吸收容量大，即在单位体积的吸收剂中吸收有害气体的数量要大；饱和蒸气压低，以减少因挥发而引起的吸收剂的损耗；选择性高，即对有害气体吸收能力强；沸点要适宜，热稳定性高，黏度及腐蚀性要小，价廉易得。

根据以上原则，若去除氯化氢、氨、二氧化硫、氟化氢等可选用水作吸收剂；若去除二氧化硫、氮氧化物、硫化氢等酸性气体可选用碱液（如烧碱溶液、石灰乳、氨水等）作吸收剂；若去除氨等碱性气体可选用酸液（如硫酸溶液）作吸收剂。另外，碳酸丙烯酯、N-甲基吡咯烷酮及冷甲醇等有机溶剂也可以有效地去除废气中的二氧化碳和硫化氢。

吸收法中所用吸收设备的主要作用是使气液两相充分接触，以便更好地发生传质过程，常用吸收装置性能比较见表3-7。

表3-7　常用吸收装置的性能比较

装置名称	分散相	气测传质系数	液测传质系数	吸收的主要气体
填料塔	液	中	中	SO_2、H_2S、HCl、NO_2等
空塔	液	小	小	HF、SiF_4、HCl
旋风洗涤塔	液	中	小	含粉尘的气体
文丘里洗涤塔	液	大	中	HF、H_2SO_4、酸雾
板式塔	气	小	中	Cl_2、HF
湍流塔	液	中	中	HF、NH_3、H_2S
泡沫塔	气	小	小	Cl_2、NO_2

吸收一般采用逆流操作，被吸收的气体由下向上流动，吸收剂由上而下流动，在气、液逆流接触中完成传质过程。吸收工艺流程有非循环和循环过程两种，前者吸收剂不予再生，后者吸收剂封闭循环使用。

吸收法具有设备简单、捕集效率高、应用范围广、一次性投资低等特点，已被广泛用于有害气体的治理，例如含SO_2、H_2S、HF和NO_x等污染物的废气，均可用吸收法净化。吸收是将气体中的有害物质转移到了液相中，因此必须对吸收液进行处理，否则容易引起二次污染。此外，低温操作下吸收效果好，在处理高温烟气时，必须对排气进行降温处理，可以采取直接冷却、间接冷却、预置洗涤器等降温手段。

1. SO₂废气的吸收法治理

燃烧过程及一些工业生产排出的废气中SO₂浓度较低，但废气量大、影响面广。因此采用化学吸收才能满足净化要求。在化学吸收过程中，SO₂作为吸收质在液相中与吸收剂起化学反应，生成新物质，使SO₂在液相中的含量降低，从而增加了吸收过程的推动力；另外，由于溶液表面上SO₂的平衡分压降低很多，从而增加了吸收剂吸收气体的能力，使吸收设备排出气体中所含的SO₂浓度进一步降低，能达到很高的净化要求。目前具有工业实用意义的SO₂化学吸收方法主要有如下几种。

（1）亚硫酸钾（钠）吸收法（WL法）　此法是英国威尔曼-洛德动力气体公司于1966年开发的，吸收剂为亚硫酸钾或亚硫酸钠，SO₂的脱除率达90%以上。吸收母液经冷却、结晶、分离出亚硫酸钾（钠），再用蒸汽将其加热分解生成亚硫酸钾（钠）和SO₂。亚硫酸钾（钠）可以循环使用，SO₂回收制硫酸。其流程见图3-5、图3-6。

图3-5　WL-K（钾）法流程图

WL-K（钾）法的反应为：

$$K_2SO_3+SO_2+H_2O \longrightarrow 2KHSO_3(吸收过程产物)$$

$$2KHSO_3 \xrightarrow{\text{加热}} K_2SO_3+SO_2\uparrow+H_2O\uparrow(分解过程产物)$$

WL-Na（钠）法的反应为：

$$Na_2SO_3+SO_2+H_2O \longrightarrow 2NaHSO_3(吸收过程产物)$$

$$2NaHSO_3 \xrightarrow{\text{加热}} Na_2SO_3+SO_2\uparrow+H_2O\uparrow(分解过程产物)$$

图3-6 WL-Na（钠）法流程图

WL法的优点是吸收液循环使用，吸收剂损失少；吸收液对SO₂的吸收能力高，液体循环量少，泵的容量小；副产品SO₂的纯度高；操作负荷范围大，可以连续运转；基建投资和操作费用较低，可实现自动化操作。

WL法的缺点是必须将吸收液中可能含有的Na₂SO₄去除掉，否则会影响吸收速率；另外吸收过程中会有结晶析出而造成设备堵塞。

（2）碱液吸收法　采用苛性钠溶液、纯碱溶液或石灰浆液作为吸收剂，吸收SO₂后制得亚硫酸钠或亚硫酸钙。

① 以苛性钠溶液作吸收剂（吴羽法）　反应过程为：

$$2NaOH+SO_2 \longrightarrow Na_2SO_3+H_2O$$
$$Na_2SO_3+SO_2+3H_2O \longrightarrow 2NaHSO_3+2H_2O$$
$$2NaHSO_3+2NaOH \longrightarrow 2Na_2SO_3+2H_2O$$

工艺流程如图3-7所示。

图3-7 吴羽法脱硫流程

1—风机；2—除尘器；3—冷却塔；4—吸收塔；5，6—泵；7—中和结晶槽；
8—浓缩器；9—分离机；10—干燥塔；11—旋风式分离器

含SO₂废气先经除尘以防止堵塞吸收塔，冷却的目的在于提高吸收效率。当吸收液的pH达5.6～6.0后，送至中和结晶槽，加入50%的NaOH调整pH=7，加入适量硫化钠溶液以去除铁和重金属离子，随后再用NaOH将pH调整到12。进行蒸发结晶后，用离子分离机将亚硫酸钠结晶分离出来，干燥之后，经旋风分离可得无水亚硫酸钠产品。

此法SO_2的吸收率可达95%以上，且设备简单，操作方便。但苛性钠供应紧张，亚硫酸钠销路有限，此法仅适用于小规模［10万立方米（标）/时废气］的生产。

② 用纯碱溶液作为吸收剂（双碱法） 此法是用Na_2CO_3或NaOH溶液（第一碱）来吸收废气中的SO_2，再用石灰石或石灰浆液（第二碱）再生，制得石膏，再生后的溶液可继续循环使用。

吸收的化学反应为

$$2Na_2CO_3+SO_2+H_2O \longrightarrow 2NaHCO_3+Na_2SO_3$$

$$2NaHCO_3+SO_2 \longrightarrow Na_2SO_3+2CO_2+H_2O$$

$$Na_2SO_3+SO_2+H_2O \longrightarrow 2NaHSO_3$$

双碱法的工艺流程如图3-8所示。

图3-8 双碱法工艺流程

1—配碱槽；2—洗涤器；3—液泵；4—再生槽；5—增稠器；6—过滤器

再生过程的反应为

$$2NaHSO_3+CaCO_3 \longrightarrow Na_2SO_3+CaSO_3 \cdot \frac{1}{2}H_2O \downarrow +CO_2 \uparrow + \frac{1}{2}H_2O$$

$$2NaHSO_3+Ca(OH)_2 \longrightarrow Na_2SO_3+CaSO_3 \cdot \frac{1}{2}H_2O \downarrow + \frac{3}{2}H_2O$$

$$2CaSO_3 \cdot \frac{1}{2}H_2O+O_2+3H_2O \longrightarrow 2CaSO_4 \cdot 2H_2O$$

另一种双碱法是采用碱式硫酸铝［$Al_2(SO_4)_3 \cdot xAl_2O_3$］作吸收剂，吸收$SO_2$后再氧化成硫酸铝，然后用石灰石与之中和再生出碱性硫酸铝循环使用，并得到副产品石膏。其反应过程是：

吸收反应

$$Al_2(SO_4)_3 \cdot Al_2O_3 + 3SO_2 \longrightarrow Al_2(SO_4)_3 \cdot Al_2(SO_3)_3$$

氧化反应

$$2Al_2(SO_4)_3 \cdot Al_2(SO_3)_3 + 3O_2 \longrightarrow 4Al_2(SO_4)_3$$

中和反应

$$2Al_2(SO_4)_3 + 3CaCO_3 + 6H_2O \longrightarrow Al_2(SO_4)_3 \cdot Al_2O_3 + 3CaSO_4 \cdot 2H_2O + 3CO_2 \uparrow$$

（3）氨液吸收法　此法是以氨水或液态氨作吸收剂，吸收SO_2后生成亚硫酸铵和亚硫酸氢铵。其反应如下：

$$NH_3 + H_2O + SO_2 \longrightarrow NH_4HSO_3$$
$$2NH_3 + H_2O + SO_2 \longrightarrow (NH_4)_2SO_3$$
$$(NH_4)_2SO_3 + H_2O + SO_2 \longrightarrow 2NH_4HSO_3$$

当NH_4HSO_3比例增大时，吸收能力降低，需补充氨将亚硫酸氢铵转化成亚硫酸铵，即进行吸收液的再生，反应如下：

$$NH_3 + NH_4HSO_3 \longrightarrow (NH_4)_2SO_3$$

此外，还需引出一部分吸收液，可以采用氨-硫酸铵法、氨-亚硫酸铵法等方法进行回收硫酸铵或亚硫酸铵等副产品。

① 氨-硫酸铵法　此法亦称酸分解法，其工艺流程如图3-9所示。

图3-9　酸分解法脱硫流程示意图

1—吸收塔；2—混合器；3—分解塔；4—循环槽；5—中和器；6—泵；7—母液；8—硫酸

将吸收液通过过量硫酸进行分解，再用氨进行中和以获得硫酸铵，同时制得SO_2气体。其反应如下。

$$(NH_4)_2SO_3 + H_2SO_4 \longrightarrow (NH_4)_2SO_4 + SO_2 + H_2O$$
$$2NH_4HSO_3 + H_2SO_4 \longrightarrow (NH_4)_2SO_4 + 2SO_2 + 2H_2O$$
$$H_2SO_4 + 2NH_3 \longrightarrow (NH_4)_2SO_4$$

② 氨-亚硫酸铵法　此法是将吸收液引入混合器内，加入氨中和，将亚硫酸

氢铵转变为亚硫酸铵，直接去结晶，分离出亚硫酸铵产品。

此法不必使用硫酸，投资少，设备简单。其工艺流程见图3-10。

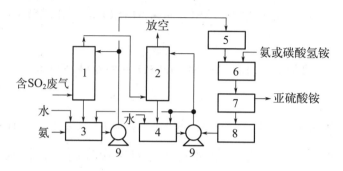

图3-10　氨-亚硫酸铵法脱硫流程示意图

1—第一吸收塔；2—第二吸收塔；3，4—循环槽；5—高位槽；6—中和器；7—离心机；
8—吸收液贮槽；9—吸收液泵

（4）液相催化氧化吸收法（千代田法）　此法是以含Fe^{3+}催化剂的浓度为2%～3%稀硫酸溶液作吸收剂，直接将SO_2氧化成硫酸。吸收液一部分回吸收塔循环使用，另一部分与石灰石反应生成石膏。故此法也称稀硫酸-石膏法，其反应为

$$2SO_2+O_2+2H_2O \xrightarrow{Fe^{3+}} 2H_2SO_4$$

$$H_2SO_4+CaCO_3+H_2O \longrightarrow CaSO_4 \cdot 2H_2O \downarrow +CO_2 \uparrow$$

其工艺流程如图3-11所示。

图3-11　稀硫酸-石膏法脱硫流程示意图

1—冷却塔；2—吸收塔；3—加热塔；4—氧化塔；5—结晶塔；
6—离心机；7—输送机；8—吸收液贮槽；9—泵

千代田法操作容易，不需特殊设备和控制仪表，能适应操作条件的变化，脱硫率可达98%，投资和运转费用较低。缺点是稀硫酸腐蚀性较强，必须采用合

适的防腐材料。同时，所得稀硫酸浓度过低，不便于运输和使用。

（5）金属氧化物吸收法　此法是用 MgO、ZnO、MnO_2、CuO 等金属氧化物的碱性水化物浆液作为吸收剂。吸收 SO_2 后的溶液中含有亚硫酸盐、亚硫酸氢盐和氧化产物硫酸盐，它们在较高温度下分解并再生出浓度较高的 SO_2 气体。现以氧化镁法为例进行介绍。

吸收过程反应：

$$MgO + H_2O \longrightarrow Mg(OH)_2$$

$$Mg(OH)_2 + SO_2 + 5H_2O \longrightarrow MgSO_3 \cdot 6H_2O$$

$$MgSO_3 + 6H_2O + SO_2 \longrightarrow Mg(HSO_3)_2 + 5H_2O$$

$$Mg(HSO_3)_2 + Mg(OH)_2 + 10H_2O \longrightarrow 2MgSO_3 \cdot 6H_2O$$

烟气中 O_2 过量时，有以下反应：

$$Mg(HSO_3)_2 + \frac{1}{2}O_2 + 6H_2O \longrightarrow MgSO_4 \cdot 7H_2O + SO_2$$

$$MgSO_3 + \frac{1}{2}O_2 + 7H_2O \longrightarrow MgSO_4 \cdot 7H_2O$$

干燥过程反应：

$$MgSO_3 \cdot 6H_2O \xrightarrow{\triangle} MgSO_3 + 6H_2O$$

$$MgSO_4 \cdot 7H_2O \xrightarrow{\triangle} MgSO_4 + 7H_2O$$

分解过程反应：

$$MgSO_3 \xrightarrow{800 \sim 1100℃} MgO + SO_2 \uparrow$$

$$MgSO_4 + \frac{1}{2}C \longrightarrow MgO + SO_2 \uparrow + \frac{1}{2}CO_2 \uparrow$$

我国的氧化镁（菱苦土）资源丰富，该法在我国有发展前途。

（6）海水吸收法　该法是近年来发展起来的一项新技术，是利用海水和烟气中的 SO_2，经反应生成可溶性的硫酸盐排回大海。海水 pH 为 8.0 ~ 8.3，所含碳酸盐对酸性物质有缓冲作用，海水吸收 SO_2 生成的产物是海洋中的天然成分，不会对环境造成严重污染。

海水脱硫的主要反应是：

$$SO_2 + H_2O + \frac{1}{2}O_2 \longrightarrow SO_4^{2-} + 2H^+$$

$$HCO_3^- + H^+ \longrightarrow H_2O + CO_2$$

海水脱硫工艺依靠现场的自然碱度，将产生的硫酸盐完全溶解后返回大海，无固体生成物，所需设备少，运行简单。但此法只能在海洋地区使用，有一定的局限性。挪威西海岸Mongstadt炼油厂于1989年建成第一套海水吸收SO_2装置，SO_2脱除率可达98.8%。我国深圳西部电力有限公司于1998年7月建成运行海水脱硫装置，脱硫率也大于90%。

（7）尿素吸收法　此法是用尿素溶液作吸收剂，pH为5～9，SO_2的去除率与其在烟气中的浓度无关，吸收液可回收硫酸铵。其反应如下。

$$SO_2 + \frac{1}{2}O_2 + CO(NH_2)_2 + 2H_2O \longrightarrow (NH_4)_2SO_4 + CO_2$$

此法可同时去除NO_x，去除率大于95%。反应如下：

$$NO + NO_2 + CO(NH_2)_2 \longrightarrow 2H_2O + CO_2 + 2N_2$$

尿素吸收SO_2工艺由俄罗斯门捷列夫化学工艺学院开发，SO_2去除率可达100%。

2. NO_x废气的吸收法治理

采用吸收法脱除氮氧化物，是化学工业生产过程中比较常用的方法。可以归纳为：水吸收法；酸吸收法，如硫酸、稀硝酸作吸收剂；碱液吸收法，如烧碱、纯碱、氨水作吸收剂；还原吸收法，如氯-氨法、亚硫酸盐法等；氧化吸收法，如次氯酸钠、高锰酸钾、臭氧作氧化剂；生成配合物吸收法，如硫酸亚铁法；分解吸收法，如酸性尿素水溶液作吸收剂。

现简单介绍以下几种。

（1）水吸收法　NO_2或N_2O_4与水接触，发生以下反应：

$$2NO_2(或N_2O_4) + H_2O \longrightarrow HNO_3 + HNO_2$$

$$2HNO_2 \longrightarrow H_2O + NO + NO_2(或\frac{1}{2}N_2O_4)$$

$$2NO + O_2 \longrightarrow 2NO_2(或N_2O_4)$$

水对氮氧化物的吸收率很低，主要由一氧化氮被氧化成二氧化氮的速率决定。当一氧化氮浓度高时，吸收速率有所增高。一般水吸收法的效率为30%～50%。

此法制得的浓度为5%～10%的稀硝酸，可用于中和碱性污水，作为废水处理的中和剂，也可用于生产化肥等。但是，此法是在588～686kPa的高压下操作的，操作费及设备费均较高。

（2）稀硝酸吸收法　此法是用30%左右的稀硝酸作为吸收剂，先在20℃和1.5×10^5Pa压力下，NO_x被稀硝酸进行物理吸收，生成很少硝酸；然后将吸收液在30℃下用空气进行吹脱，吹出NO_x后，硝酸被漂白；漂白酸经冷却后再用于吸收NO_x。由于氮氧化物在漂白稀硝酸中的溶解度要比在水中溶解度高，一般采用此法的NO_x去除率可达80%～90%。稀硝酸吸收法流程见图3-12。

（3）碱性溶液吸收法　此法的原理是利用碱性物质来中和所生成的硝酸和亚硝酸，使之变为硝酸盐和亚硝酸盐。使用的吸收剂主要有氢氧化钠（烧碱）、碳酸钠（纯碱）、氨水和石灰乳等。

① 烧碱作吸收剂的反应如下：

图3-12　稀硝酸吸收法流程示意图

1—第一吸收塔；2—第二吸收塔；3—加热器；4—冷却塔；5—漂白塔；6—泵

$$2NaOH+2NO_2 \longrightarrow NaNO_3+NaNO_2+H_2O$$

$$2NaOH+NO_2+NO \longrightarrow 2NaNO_2+H_2O$$

该法氮氧化物的脱除率可以达到80%～90%。

② 纯碱作吸收剂的反应如下：

$$Na_2CO_3+2NO_2 \longrightarrow NaNO_3+NaNO_2+CO_2 \uparrow$$

$$Na_2CO_3+NO_2+NO \longrightarrow 2NaNO_2+CO_2 \uparrow$$

该法氮氧化物的脱除率约为70%～80%。

③ 氨水作吸收剂的反应如下：

$$2NO_2+2NH_3 \longrightarrow NH_4NO_3+N_2+H_2O$$

$$2NO+\frac{1}{2}O_2+2NH_3 \longrightarrow NH_4NO_2+N_2+H_2O$$

该法氮氧化物的脱除率可达90%。

（4）还原吸收法　此法是利用氯的氧化能力与氨的中和还原能力治理氮氧化物，称氯-氨法。

其反应是：

$$2NO+Cl_2 \longrightarrow 2NOCl$$

$$NOCl+2NH_3 \longrightarrow NH_4Cl+N_2 \uparrow +H_2O$$

$$2NO_2+2NH_3 \longrightarrow NH_4NO_3+N_2 \uparrow +H_2O$$

此种方法NO$_x$的去除率比较高，可达80%～90%，产生的N$_2$对环境也不存在污染问题。但是，由于同时还有氯化铵及硝酸铵产生，呈白色烟雾，需要进行电除尘分离，使本方法的推广使用受到限制。

（5）氧化吸收法　用氧化剂先将NO氧化成NO$_2$，然后再用吸收液加以吸

收。例如日本的NE法是采用碱性高锰酸钾溶液作为吸收剂，其反应是

$$KMnO_4+NO \longrightarrow KNO_3+MnO_2 \downarrow$$

$$3NO_2+KMnO_4+2KOH \longrightarrow 3KNO_3+H_2O+MnO_2 \downarrow$$

此法NO_x去除率达93%～98%。这类方法效率高，但运转费用也比较高。

总之，尽管有许多物质可以作为吸收NO_x的吸收剂，使含NO_x废气的治理可以采用多种不同的吸收方法，但从工艺、投资及操作费用等方面综合考虑，目前使用较多的还是碱性溶液吸收和氧化吸收这两种方法。

（二）吸附法

吸附法就是使废气与比表面积大的多孔性固体物质相接触，使废气中的有害组分吸附在固体表面上，使其与气体混合物分离，从而达到净化的目的。具有吸附作用的固体物质称为吸附剂，被吸附的气体组分称为吸附质。

吸附过程是可逆的，在吸附质被吸附的同时，部分已被吸附的吸附质分子还可因分子的热运动而脱离固体表面回到气相中去，这种现象称为脱附。当吸附与脱附速度相等时，就达到了吸附平衡，吸附的表观过程停止，吸附剂就丧失了吸附能力，此时应当对吸附剂进行再生，即采用一定的方法使吸附质从吸附剂上解脱下来。吸附法治理气态污染物包括吸附及吸附剂再生的全部过程。

吸附法的净化效率高，特别是对低浓度气体仍具有很强的净化能力。吸附法常常应用于排放标准要求严格或有害物浓度低，用其他方法达不到净化要求的气体净化。但是由于吸附剂需要重复再生利用，以及吸附剂的容量有限，使得吸附方法的应用受到一定的限制，如对高浓度废气的净化，一般不宜采用该法，否则需要对吸附剂频繁进行再生，既影响吸附剂的使用寿命，又会增加操作费用及操作上的繁杂程序。

合理选择与高效利用吸附剂，是提高吸附效果的关键。应从几方面考虑吸附剂选择：大的比表面积和孔隙率；良好的选择性；吸附能力强，吸附容量大；易于再生；机械强度大，化学稳定性强，热稳定性好，耐磨损，寿命长；价廉易得。

根据以上特点，常用的吸附剂及其应用范围见表3-8。

表3-8　常用吸附剂及应用范围

吸附剂	可吸附的污染物种类
活性炭	苯、甲苯、二甲苯、丙酮、乙醇、乙醚、甲醛、煤油、汽油、光气、醋酸乙酯、苯乙烯、恶臭物质、H_2S、Cl_2、CO、SO_2、NO_x、CS_2、CCl_4、$CHCl_3$、CH_2Cl_2
活性氧化铝	H_2S、SO_2、C_nH_m、HF
硅胶	NO_x、SO_2、C_2H_2、烃类
分子筛	NO_x、SO_2、CO、CS_2、H_2S、NH_3、C_nH_m、Hg（气）
泥煤，褐煤	NO_x、SO_2、SO_3、NH_3

吸附效率较高的吸附剂如活性炭、分子筛等，价格一般都比较昂贵。因此必须对失效吸附剂进行再生而重复使用，以降低吸附法的费用。常用的再生方法有热再生（升温脱附）、降压再生（减压脱附）、吹扫再生、化学再生等。由于再生的操作比较麻烦，且必须专门供应蒸汽或热空气等满足吸附剂再生的需要，使设备费用和操作费用增加，限制了吸附法的广泛应用。

1. 吸附法烟气脱硫

应用活性炭作吸附剂吸附烟气中的 SO_2 较为广泛。当 SO_2 气体分子与活性炭相遇时，就被具有高度吸附力的活性炭表面所吸附，这种吸附是物理吸附，吸附的数量是非常有限的。由于烟气中有氧气存在，因此已吸附的 SO_2 就被氧化成 SO_3，活性炭表面可起到催化氧化的作用。如果有水蒸气存在，则 SO_3 就和水蒸气结合形成 H_2SO_4，吸附于微孔中，这样就增加了对 SO_2 的吸附量。整个吸附过程反应如下（*表示已被吸附在活性炭内）：

$$SO_2 \longrightarrow SO_2^*（物理吸附）$$

$$O_2 \longrightarrow O_2^*（物理吸附）$$

$$H_2O \longrightarrow H_2O^*（物理吸附）$$

$$2SO_2^* + O_2^* \longrightarrow 2SO_3^*（化学反应）$$

$$SO_3^* + H_2O^* \longrightarrow H_2SO_4^*（化学反应）$$

$$H_2SO_4^* + nH_2O^* \longrightarrow H_2SO_4 \cdot nH_2O^*（稀释作用）$$

利用 H_2S 将活性炭再生，称为还原再生法。其反应是：

$$3H_2S + H_2SO_4 \longrightarrow 4S + 4H_2O$$

用 H_2 作还原剂，在540℃左右将S转化成 H_2S，H_2S 又可用来再生活性炭。反应如下：

$$S + H_2 \xrightarrow{540℃} H_2S$$

图3-13是活性炭脱硫和还原再生法流程。此法可以在较低温度下进行，过程简单，无副反应，脱硫效率约为80% ~ 95%。但由于它的负载能力较小，吸附时气速不宜过大，因此活性炭的用量较大，设备庞大，不宜处理大流量的烟气。

2. 吸附法排烟脱硝

吸附法排烟脱硝具有很高的净化效率。常用的吸附剂有分子筛、硅胶、活性炭、含氨泥煤等，其中分子筛吸附 NO_x 是最有前途的一种。

丝光沸石就是分子筛的一种。它是一种硅铝比大于10 ~ 13的铝硅酸盐，其化学式为 $Na_2O \cdot Al_2O_3 \cdot 10SiO_2 \cdot 6H_2O$，耐热、耐酸性能好，天然蕴藏量较多。

图3-13 活性炭脱硫和还原再生法流程

用 H⁺ 代替 Na⁺ 即得氢型丝光沸石。

丝光沸石脱水后孔隙很大，其比表面积达 $500 \sim 1000 m^2/g$，可容纳相当数量的被吸附物质。其晶穴内有很强的静电场和极性，对低浓度的 NO_x 有较高的吸附能力。当含 NO_x 的废气通过丝光沸石吸附层时，由于水和 NO_2 分子极性较强，被选择性地吸附在丝光沸石分子筛的内表面上，两者在内表面上进行如下反应：

$$3NO_2 + H_2O \longrightarrow 2HNO_3 + NO \uparrow$$

放出的 NO 连同废气中的 NO 与 O_2 在丝光沸石分子筛的内表面上被催化氧化成 NO_2 而被继续吸附。

$$2NO + O_2 \longrightarrow 2NO_2$$

经过一定的吸附层高度，废气中的水和 NO_x 均被吸附。达到饱和的吸附层用热空气或水蒸气加热，将被吸附的 NO_x 和在沸石内表面上生成的硝酸脱附出来。脱附后的丝光沸石经干燥后得以再生。流程如图3-14所示。

流程中设置两台吸附器交替吸附和再生。影响丝光沸石吸附过程的因素主要有废气中 NO_x 的浓度、水蒸气的含量、吸附温度和吸附器内的空间速度。影响吸附层再生过程的因素主要有脱吸温度、时间、方法和干燥时间的长短。总之，吸附法的净化效率高，可回收 NO_x 制取硝酸。缺点是装置占地面积大、能耗高、操作麻烦。

（三）催化法

催化法净化气态污染物是利用催化剂的催化作用，将废气中的有害物质转化为无害物质或易于去除的物质的一种废气治理技术。

催化法与吸收法、吸附法不同，在治理污染过程中，无须将污染物与主气

图 3-14 氢型丝光沸石吸附法工艺流程简图

1—通风机；2—冷却塔；3—除雾器；4—吸附器；5—分离器；6—加热器；7—循环水泵；8—冷凝冷却器

流分离，可直接将有害物质转变为无害物质，这不仅可避免产生二次污染，而且可简化操作过程。此外，所处理的气态污染物初始浓度都很低，反应的热效应不大，一般可以不考虑催化床层的传热问题，从而大大简化催化反应器的结构。由于上述优点，可使用催化法使废气中的碳氢化合物转化为二氧化碳和水、氮氧化物转化为氮、二氧化硫转化为三氧化硫后加以回收利用，有机废气和臭气催化燃烧，以及汽车尾气的催化净化等。该法的缺点是催化剂价格较高，废气预热需要一定的能量，即需添加附加的燃料使得废气催化燃烧。

催化剂一般是由多种物质组成的复杂体系，按各成分所起作用的不同，主要分为活性组分、载体、助催化剂。催化剂的活性除表现为对反应速率具有明显的改变之外还具有如下特点：

① 催化剂只能缩短反应到达平衡的时间，而不能使平衡移动，更不可能使热力学上不可发生的反应进行。

② 催化剂具有选择性，即特定的催化剂只能催化特定的反应。

③ 每一种催化剂都有特定的活性温度范围。低于活性温度，反应速率慢，催化剂不能发挥作用；高于活性温度，催化剂会很快老化甚至被烧坏。

④ 每一种催化剂都有中毒、老化的特性。根据活性、选择性、机械强度、热稳定性、化学稳定性及经济性等来筛选催化剂是催化法净化有害气体的关键。常用的催化剂一般为金属及金属氧化物，如钒、铂、铅、镉、氧化铜、氧化锰等物质。表3-9介绍了净化气态污染物常用的几种催化剂。

表3-9　净化气态污染物常用催化剂的组成和用途

用途	主活性物质	载体
有色冶炼烟气制酸，硫酸厂尾气回收制酸等	V_2O_5 含量6% ~ 12%	SiO_2（助催化剂 K_2O 或 Na_2O）
硝酸生产及化工等工艺尾气的净化	Pt、Pd含量0.5%	Al_2O_3-SiO_2
	$CuCrO_2$	Al_2O_3-MgO
碳氢化合物的净化	Pt、Pd、Rh	Ni、NiO、Al_2O_3
	CuO、Cr_2O_3、Mn_2O_3	Al_2N_3
	稀土金属氧化物	
汽车尾气净化	Pt（0.1%）	硅铝小球、蜂窝陶瓷、α-Al_2O_3、γ-Al_2O_3
	碱土、稀土和过渡金属氧化物	

催化法包括催化氧化和催化还原两种，主要用于 SO_2 和 NO_x 的去除。

1. 催化氧化脱除 SO_2

NO_2 在150℃时，可以使 SO_2 氧化成 SO_3。烟气中有 SO_2、NO_x、H_2O 和 O_2 等，它们在催化剂存在下有如下反应。

$$SO_2+NO_2 \longrightarrow SO_3+NO$$

$$SO_3+H_2O \longrightarrow H_2SO_4$$

$$NO+\frac{1}{2}O_2 \longrightarrow NO_2$$

$$NO+NO_2 \longrightarrow N_2O_3$$

$$N_2O_3+2H_2SO_4 \longrightarrow 2HNSO_5+H_2O$$

$$4HNSO_5+O_2+2H_2O \longrightarrow 4H_2SO_4+4NO_2 \uparrow$$

此法为低温干式催化氧化脱硫法，既能净化氧气中 SO_2，又能部分脱除烟气中 NO_x，所以在电厂烟气脱硫中应用较多。

2. 催化还原法排烟脱硝

① 用氨作还原剂，铜铬作催化剂，废气中 NO_x 被 NH_3 有选择地还原为 N_2 和 H_2O，其反应式为：

$$6NO+4NH_3 \xrightarrow{\text{催化剂}} 5N_2+6H_2O$$

$$6NO_2+8NH_3 \xrightarrow{\text{催化剂}} 7N_2+12H_2O$$

本法脱硝效率在90%以上，技术上是可行的，不过 NO_x 未能得到利用，而且要消耗一定量的氨。本法适用硝酸厂尾气中 NO_x 的治理。流程见图3-15。

图3-15 氨选择催化还原法工艺流程

1—空气过滤器;2—鼓风机;3—NH$_3$过滤器;4—锅炉;5—反应器;6—水封

② 以甲烷作还原剂,铂、钯或铜、镍等金属氧化物为催化剂,在400~800℃条件下,也可将氮氧化物还原成氮气。反应如下:

$$CH_4+4NO_2 \longrightarrow 4NO+CO_2+2H_2O$$
$$CH_4+4NO \longrightarrow 2N_2+CO_2+2H_2O$$
$$CH_4+2O_2 \longrightarrow CO_2+2H_2O$$

此法效率高,但需消耗大量还原剂,不经济。

(四)燃烧法

燃烧法是对含有可燃有害组分的混合气体加热到一定温度后,有害组分与氧反应进行燃烧,或在高温下氧化分解,从而使这些有害组分转化为无害物质。该方法主要应用于碳氢化合物、一氧化碳、恶臭气体、沥青烟、黑烟等有害物质的净化治理。燃烧法工艺简单,操作方便,净化程度高,并可回收热能,但不能回收有害气体,有时会造成二次污染。实用中的燃烧净化方法见表3-10。

表3-10 燃烧法分类及比较

方法	适用情况	燃烧温度/℃	设备	特点
直接燃烧	含可燃烧组分浓度高或热值高的废气	>1100	一般窑炉或火炬管	有火焰燃烧,燃烧温度高,可燃烧掉废气中的炭粒
热力燃烧	含可燃烧组分浓度低或热值低的废气	720~820	热力燃烧炉	有火焰燃烧,需加辅助燃料,火焰为辅助燃料的火焰,可烧掉废气中炭粒
催化燃烧	基本上不受可燃组分的浓度与热值限制,但废气中不许有尘粒、雾滴及催化剂毒物	300~450	催化燃烧炉	无火焰燃烧,燃烧温度最低,有时需电加热点火或维持反应温度

1. 直接燃烧法

将废气中的可燃有害组分当作燃料直接烧掉,此法只适用于净化含可燃性组分浓度较高或有害组分燃烧时热值较高的废气。直接燃烧是有火焰的燃烧，燃烧温度高（大于1100℃），一般的窑、炉均可作为直接燃烧的设备。在石油工业和化学工业中，主要是"火炬"燃烧，将废气连续通入烟囱，在烟囱末端进行燃烧。此法安全、简单、成本低，但不能回收热能。

2. 热力燃烧

利用辅助燃料燃烧放出的热量将混合气体加热到要求的温度，使可燃的有害物质进行高温分解变为无害物质。其过程可分三步：①燃烧辅助燃料提供预热能量；②高温燃气与废气混合以达到反应温度；③废气在反应温度下充分燃烧。

热力燃烧可用于可燃性有机物含量较低的废气及燃烧热值低的废气治理，可同时去除有机物及超微细颗粒，结构简单，占用空间小，维修费用低。缺点是操作费用高。

3. 催化燃烧

此法是在催化剂的存在下，使废气中可燃组分在较低的温度下进行燃烧反应，这种方法能节约燃料的预热时间，提高反应速率，减少反应器的容积，提高一种或几种反应物的相对转化率。图3-16是回收热量的催化燃烧过程示意图。

图3-16 回收热量的催化燃烧过程

催化燃烧的主要优点是操作温度低，燃料耗量低，保温要求不严格，能减少回火及火灾危险。但催化剂较贵，需要再生，基建投资高，而且大颗粒物及液滴应预先除去，不能用于易使催化剂中毒的气体。

（五）冷凝法

冷凝法是利用物质在不同温度下具有不同饱和蒸气压这一性质，采用降低废气温度或提高废气压力的方法，使处于蒸气状态的污染物冷凝并从废气中分离出来的过程。该法特别适用于处理污染物浓度在10000cm³/m³以上的高浓度有机废气。冷凝法不宜处理低浓度的废气，常作为吸附、燃烧等净化高浓度废气的前处理，以便减轻这些方法的负荷。如炼油厂、油毡厂的氧化沥青生产中的尾气，先用冷凝法回收，然后送去燃烧净化；氯碱及炼金厂中，常用冷凝法使汞蒸气成为液体而加以回收；此外，高湿度废气也用冷凝法使水蒸气冷凝下来，大大减少气体量，便于下步操作。

二、其他气态污染物的治理方法

有关其他气态污染物的治理方法见表3-11。

表3-11 其他气态污染物治理方法简介

污染物种类	治理方法	方法要点
含碳氢化合物废气及恶臭废气	燃烧法	在废气中有机物浓度高时，将其作为燃料在燃烧炉中直接烧掉，而在有机物浓度达不到燃烧条件时，将其在高温下进行氧化分解，燃烧温度为$600 \sim 1100℃$，适于中、高浓度的废气净化
	催化燃烧法	在催化氧化剂作用下，将碳氢化合物氧化为CO_2和H_2O，燃烧温度范围为$200 \sim 240℃$，适用于连续排气的各种浓度废气的净化
	吸附法	用适当的吸附剂（主要是活性炭）对废气中的HCl进行吸附，吸附剂经再生后可重复使用，净化效率高，适用于低浓度废气的净化
	吸收法	用适当液体吸收剂洗涤废气净化有害组分，吸收剂可用柴油、柴油-水混合物及水基吸收剂，对废气浓度限制小，适用于含颗粒物（如漆粒）废气的净化
	冷凝法	采用低温或高压，使废气中的HCl冷却至露点以下液化回收。可回收有机物，只适用于高浓度废气净化或作为多级净化中的初级处理；冷凝法不适用于治理恶臭
含H_2S废气	克劳斯法（干式氧化法）	使用铝矾土为催化剂，燃烧炉温度在$600℃$，转化炉温度控制在$400℃$，并控制H_2S和SO_2气体摩尔比为$2:1$。可回收硫，净化效率可达97%，适用于处理含H_2S浓度较高的气体
	活性炭法	用活性炭作吸附剂，吸附H_2S，然后通O_2将H_2S转化为S，再用15%硫化铵水溶液洗去硫黄，使活性炭再生，效率可达98%，适用于天然气或其他不含焦油的H_2S废气
	氧化铁法	用$Fe(OH)_3$作脱硫剂并充以木屑和CaO，可回收硫，净化效率可达99%，主要处理焦炉煤气等。脱硫剂需定期更换或再生，但再生使用不够经济
	氧化锌法	以ZnO为脱硫剂，净化温度为$350 \sim 400℃$，效率可高达99%，适用于处理H_2S浓度较低的气体
	溶剂法	使用适当溶剂采用化学结合或物理溶解方式吸收H_2S，然后使用升温或降压的方法使H_2S解析，常用溶剂有乙醇胺、二乙醇胺、环丁砜、低温甲醇等
	中和法	用碱性吸收液与酸性H_2S中和，中和液经加热、减压，使H_2S脱吸，操作简单，但效率较低；吸收液主要用碳酸钠、氨水等
	氧化法	用碱性吸收液吸收H_2S生成氢硫化物，在催化剂作用下进一步氧化为硫黄；常用吸收剂为碳酸钠、氨水等，常用催化剂为铁氰化物、氧化铁等

污染物种类	治理方法	方法要点
含氟废气	湿法	使用 H_2O 或 NaOH 溶液作为吸收剂，其中碱溶液吸收效果更好，可副产冰晶石和氟硅酸等；若不回收利用，吸收液需用石灰石/石灰进行中和、沉淀、澄清后才可排放，净化率可达90%；应注意设备的腐蚀和堵塞问题
	干法	用氟化钠、石灰石或 Al_2O_3 作为吸收剂，在电解铝等行业中最常用的吸附剂 Al_2O_3，吸附了 HF 的 Al_2O_3 可作为电解铝的生产原料；净化率99%，无二次污染，可用输送床流程，也可用沸腾床流程
含汞（Hg）废气	吸附法	用充氯活性炭或软锰矿作吸附剂，净化效率达99%
	吸收法	吸收剂可用高锰酸钾、次氯酸钠、热硫酸等，它们均为氧化剂，可将 Hg 氧化为 HgO 或 $HgSO_4$，并可通过电解等方法回收汞
	气相反应法	用某种气体与含汞废气发生反应，常用碘升华法，将结晶碘加热使其升华形成碘蒸气与汞反应，对弥散在室内的汞蒸气具有良好去除作用
含铅（Pb）废气	吸收法	含铅废气多为含有细小铅粒的气溶胶，可溶于硝酸、醋酸及碱液中，故常用0.025%～0.3%稀醋酸或1%的 NaOH 溶液作吸收剂，净化效率较高，但设备需耐腐蚀，有二次污染
	掩盖法	为防止铅在二次熔化中向空气散发铅蒸发物，可采用物理隔挡方法，即在熔融铅表面撒上一层覆盖粉，常用物有碳酸钙粉、氯盐、石墨粉等，以石墨粉效果最好
含 Cl_2 废气	中和法	使用氢氧化钠、石灰乳、氨水等碱性物质吸收，其中以氢氧化钠应用较多，反应快、效果好；但吸收液不能回收利用
	氧化还原法	以氯化亚铁溶液作吸收剂，反应生成物为三氯化铁，可用于污水净化；反应较慢，效率较低
含 HCl 废气	冷凝法	在石墨冷凝器中，以冷水或深井水为冷却介质，将废气温度降至露点以下，将 HCl 和废气中的水冷凝下来，适于处理高浓度 HCl 废气
	水吸收法	HCl 易溶于水，可用水吸收废气中的 HCl，副产盐酸

第四节　颗粒污染物的净化方法

随着工业的不断发展，人为排放的气溶胶粒子在大气污染物中所占的比例逐渐增加。目前城市大气污染物主要是悬浮颗粒物。在化学工业所排放的废气中粉尘物质主要含有硅、铝、铁、镍、钒、钙等氧化物及粒度在 $10^3 \mu m$ 以下的悬浮物质。控制这些粉尘污染物的排放数量，是大气环境保护的重要内容。

一、粉尘的控制与防治

从不同的角度进行粉尘的控制与防治工作，主要有以下四个工程技术领域。

（1）防尘规划与管理　主要内容包括：园林绿化的规划管理以及对有粉状物料加工过程和生产中产生粉尘的过程实现密封化和自动化。园林绿化带具有阻滞粉尘和收集粉尘的作用，对生产粉尘的单位尽量用园林绿化带合理地包围起来或隔开，可使粉尘向外扩散减少到最低限度；而对于在生产过程中需要对物料进行破碎、研磨等工序时，要使生产过程在采用密闭技术及自动化技术的装置中进行。

（2）通风技术　对工作场所引进清洁空气，以替换含尘浓度较高的污染空气。通风技术分为自然通风和人工通风两大类。人工通风又包括单纯换气技术和带有气体净化措施的换气技术。

（3）除尘技术　包括对悬浮在气体中的粉尘进行捕集分离，以及对已落到地面或物体表面上的粉尘进行清除。前者可采用干式除尘和湿式除尘等方法；后者可采用各种定型的除（吸）尘设备进行处理。

（4）防护罩技术　包括个人使用的防尘面罩及整个车间的防护措施。

二、除尘装置

1. 分类

根据各种除尘装置作用原理的不同，可以分为机械除尘器、湿式除尘器、电除尘器和过滤除尘器四大类。另外声波除尘器除依靠机械原理除尘，还利用了声波的作用使粉尘凝集，故有时将声波除尘器分为另一类。

机械除尘器还可分为重力除尘器、惯性力除尘器和离心除尘器。

近年来，为提高对微粒的捕集效率，还出现了综合几种除尘机制的新型除尘器。如声凝聚器、热凝聚器、高梯度磁分离器等，但目前大多仍处于试验研究阶段，还有些新型除尘器由于性能、经济效果等方面原因不能推广应用。

2. 除尘机理及适用范围

不同除尘器的除尘机理及适用范围如表3-12所示。

扫一扫

除尘原理

3. 选择和组合

通常根据以下性能指标来选择合适的除尘器：

① 除尘器的除尘效率；

② 除尘器的处理气体量；

③ 除尘器的压力损失；

④ 设备基建投资与运转管理费用；

⑤ 使用寿命；

⑥ 占地面积或占用空间体积。

以上六项性能指标中，前三项属于技术性能指标，后三项属于经济指标。这些指标是相互关联、相互制约的。其中压力损失与除尘效率是一对主要矛盾，前者代表除尘器所消耗的能量，后者表示除尘器所给出的效果，从除尘器的除尘技术角度来看，总是希望所消耗的能量最少，而达到最高的除尘效率。然而要使上面六项指标都能面面俱到，实际上是不可能的。所以在选用除尘器时，要根据气体污染的具体要求，通过分析比较来确定除尘方案和选定除尘装置。

表3-13、表3-14分别列出了各种主要设备的优缺点和性能情况，便于比较和选择。

表3-12　不同除尘器的除尘机理及适用范围

除尘装置	除尘机理								适用范围
	沉降作用	离心作用	静电作用	过滤	碰撞	声波吸引	折流	凝集	
沉降室	○								除烟气剂、磷酸盐、石膏、氧化铝、石油精制催化剂回收
挡板式除尘器					○		△	△	
旋风除尘器		○			△			△	
湿式除尘器	△				○		△	△	硫铁矿焙烧、硫酸、磷酸、硝酸生产等
电除尘器			○						除酸雾、石油裂化催化剂回收、氧化铝加工等
过滤式除尘器				○	△		△	△	喷雾干燥、炭黑生产、二氧化钛加工等
声波式除尘器				△	○	△	△		尚未普及应用

注："○"指主要机理；"△"指次要机理。

表3-13　主要除尘设备优缺点比较

除尘器	适用粒径/μm	除尘效率η/%	优点	缺点	
沉降室	50～100	40～60	①造价低；②结构简单；③压力损失小；④磨损小；⑤维修容易；⑥节省运转费	①不能除小颗粒粉尘；②效率较低	扫一扫 重力沉降室
挡板式（百叶窗）除尘器	10～100	50～70	①造价低；②结构简单；③处理高温气体；④几乎不用运转费	①不能除小颗粒粉尘；②效率较低	扫一扫 碰撞式惯性除尘器
旋风除尘器	5以下	50～80	①设备较便宜；②占地小；③处理高温气体；④效率较高；⑤适用于高浓度烟气	①压力损失大；②不适于湿、黏气体；③不适于腐蚀性气体	扫一扫 普通旋风除尘器
	3以上	10～40			
湿式除尘器	1左右	80～99	①除尘效率高；②设备便宜；③不受温度、湿度影响	①压力损失大，运转费用高；②用水量大，有污水需替换处理；③容易堵塞	扫一扫 板式电除尘器

除尘器	适用粒径/μm	除尘效率η/%	优点	缺点	
过滤除尘器（袋式除尘器）	1～20	90～99	①效率高；②使用方便；③适用于低浓度气体	①容易堵塞，滤布需替换；②操作费用高	扫一扫 电除尘器除尘过程
电除尘器	0.05～20	80～99	①效率高；②处理高温气体；③压力损失小；④适用于低浓度气体	①设备费用高；②粉尘黏附在电极上时，对除尘有影响，效率降低；③需要维修费用	

表3-14　主要除尘设备性能一览表

除尘装置	捕集粒子的能力/%			压力损失/Pa	设备费	运行费	装置的类别
	50μm	5μm	1μm				
重力除尘器	—	—	—	100～150	低	低	机械
惯性力除尘器	95	16	3	300～700	低	低	机械
旋风除尘器	96	73	27	500～1500	中	中	机械
文丘里除尘器	100	>99	98	3000～10000	中	高	湿式
静电除尘器	>99	98	92	100～200	高	中	静电
袋式除尘器	100	>99	99	100～200	较高	较高	过滤
声波除尘器	—	—	—	600～1000	较高	中	声波

扫一扫
气环反吹清灰袋式除尘器

扫一扫
逆气流吹风清灰袋式除尘器

还可根据含尘气体的特性，从以下几方面考虑除尘装置的选择和组合。

①　若尘粒粒径较小，几微米以下粒径占多数时，应选用湿式、过滤式或电除尘式除尘器；若粒径较大，以10μm以上粒径占多数时，可选用机械除尘器。

②　若气体含尘浓度较高时，可用机械化除尘；若含尘浓度低时，可采用文丘里除尘器；若气体的进口含尘浓度较高而又要求气体出口的含尘浓度低时，则可采用多级除尘器串联组合方式除尘，先用机械式除去较大尘粒，再用电除尘或过滤式除尘器等，去除较小粒径的尘粒。

③　对于黏附性较强的尘粒，最好采用湿式除尘器。不宜采用过滤式除尘器，因为易造成滤布堵塞；也不宜采用静电除尘器，因为尘粒黏附在电极表面上将使电除尘器的效率降低。

④　如采用电除尘器，一般可以预先通过调节温度、湿度或添用化学药品的方法，使尘粒的电阻率在10^4～10^{11}Ω·cm范围内。另外，电除尘器只适用在500℃以下的情况。

⑤　气体的温度增高，黏性将增大，流动时的压力损失增加，除尘效率也会下降。而温度过低，低于露点温度时，会有水分凝出，增大尘粒的黏附性。故一般应在比露点温度高20℃的条件下进行除尘。

⑥　若气体成分中含有易爆、易燃的气体，如CO等，应将CO氧化为CO_2后

再进行除尘。由于除尘技术的方法和设备种类很多，各具有不同的性能和特点。除需考虑当地大气环境质量、尘的环境容许标准和排放标准、设备的除尘效率及有关经济技术指标外，还必须了解尘的特性，如粒径、粒度分布、形状、密度、电阻率、黏性、可燃性、凝集特性以及含尘气体的化学成分、温度、压力、湿度、黏度等。总之只有充分了解所处理含尘气体的特性，并充分掌握各种除尘装置的性能，才能合理地选择出既经济又有效的除尘装置。

第五节　典型化工废气治理技术简述

一、合成氨及尿素生产常见废气治理技术

合成氨装置的废气主要为合成放空气和氨贮罐驰放气，采用层压炉造气的装置还有吹风气，采用铜洗工艺的有铜洗再生气。尿素生产装置的废气主要是造粒塔排气。这些废气的治理技术见表3-15。

表3-15　合成氨及尿素生产中常见的废气治理技术

技术名称	处理效果和效益	技术特点
合成氨装置：等压回收合成放空气和氨贮罐释放气中氨的回收技术	①氨的回收率约95%，回收氨水浓度为130～180滴度①，可直接回炭化系统，排气含氨0.1%； ②吨氨回收氨52.77kg，脱氨后的气体可作为燃料； ③减轻氨对环境的污染； ④年产5000t的氨厂可解决350～600户职工的燃料问题	工艺简单，操作方便，氢气回收率高，具有良好的经济、环境和社会效益
铜洗装置：铜洗再生气中氨的回收技术	①回收氨水浓度约为60滴度，回收率约为95%，再生回收气含Ar 0.02%～0.5%； ②回收氨可回生产系统，综合经济效益较好； ③可减少排放氨对环境的影响	①工艺流程短，操作简便，生产稳定，效益显著； ②装置设计采用组合设备，占地面积少，适于老厂或小厂技术改造； ③生产集中控制
综合碳铵水平衡回收"三气"和尾气中氨的技术	①可提高生产系统氨的利用率至92%； ②使跑气回收率从35.5%增至78.7%； ③回收后排放气中NH_3可降至0.1%～0.2%； ④平均每吨氨增加利润几十元； ⑤避免氨水的排放	①达到了碳铵生产水平衡，避免了稀氨水的排放； ②充分利用了生产过程的压力差； ③自动调节，可确保安全运行； ④氨回收率仍然偏低
变压吸附回收合成放空气中氢的技术	①氢回收率70%～80%，纯度98%～99%； ②如果每小时放空气量500m³（标准状态），全年可节煤750t，增产氨750t，回收放空气氨121t； ③不仅可回收氢和氨，增加收入，而且可减轻氨对环境的影响	①由于合成放空气本身带压，故整个过程不用加压而不耗能； ②常温操作，操作弹性大； ③氢气纯度高，其他杂质如Ar可进一步回收； ④氢回收率偏低

技术名称	处理效果和效益	技术特点
普里森分离装置回收合成放空气中氢的技术	①氢回收率>90%，纯度约90%； ②引进该装置的厂家一般日增产氨约20～25t； ③吨氨节能（12.5～25）×10^4kJ； ④排放气中氨浓度降至约200×10^{-6}mg/m^3	①技术先进，自动化程度高，生产过程简单，操作方便，占地面积少； ②可同时回收H_2和N_2，并可提高H_2的浓度； ③H_2纯度较低
深冷法回收合成放空气中氢的技术	①产氨4.5t/h为例，氢回收率为90%，每吨氨可节约标煤60kg左右； ②NH_3的回收率高，燃料气中NH_3<1×10^{-3}mg/m^3，可大大降低NH_3对大气的污染	①可同时回收NH_3和H_2，且H_2纯度高； ②采用深冷二级部分冷凝分离技术，解决了甲烷在设备内可能冻结的问题； ③与合成氨系统相互独立，互不影响正常操作
日本Mitsui Toatsu公司尿素造粒粉尘治理技术	①能有效地降低尿素粉尘的排放，可使尿素粉尘排放浓度从160mg/m^3降低到60～80mg/m^3； ②可回收NH_3和尿素，某厂每年可回收尿素57t； ③可有效地控制尿素和氨对环境的污染	①除尘效率高，但设备复杂； ②只适用于强制通风造粒塔

① 滴度也称效价。指某一物质与一定容量的另一物质产生反应所需的量。在化学反应中，指产生某一结果所需标准试剂的量；在免疫学中，指通过血清学方法能显示一定反应的抗体或抗血清的最高稀释倍数，如终点稀释度为1/100，则血清的效价（每毫升血清中的抗体效价）为100抗体单位；在病毒学中，指用噬菌斑方法测得的噬菌体浓度。

二、国内氯碱工业常用废气治理技术

表3-16给出了国内氯碱工业常用的废气治理技术。

表3-16 国内氯碱工业常用废气治理技术

技术名称		处理效果	特点
含氯废气治理技术	含氯废气制水合肼	处理后，尾气中氯含量可达0.05%以下	工艺简单，处理效果好
	含氯废水制次氯酸盐		工艺简单，处理效果好。吸收液可自用或销售
含汞废气治理技术	次氯酸钠溶液吸收法	处理后尾气中汞含量为0.02mg/m^3以下	工艺简单，原料易得，投资费用低，吸收液可综合利用，无二次污染
	活性炭吸附法	处理后尾气中汞含量在10μg/m^3以下	流程简单，除汞效果好，缺点是活性炭不能再生，需要后处理

技术名称		处理效果	特点
氯乙烯（VCM）废气治理技术	活性炭吸附法	处理后尾气中VCM含量可小于1%	吸附解吸过程较复杂，处理成本高。VCM回收量可达产品产量的1%，降低电石消耗18%
	三氯乙烯吸收法	处理后尾气中VCM含量可降低到0.2%～0.3%	处理效果好，成本低。处理量100m³/a装置中，每年可回收VCM 200t
	N-甲基吡咯烷酮法	处理后尾气中VCM含量小于2%	吸收效率高，易于解吸分离，回收VCM量为年产量的0.9%～1%。但吸收剂昂贵，且再生后吸收率下降

三、国内石油化工常用工艺废气治理技术

表3-17列出了国内石油化工常见废气治理技术。

表3-17　国内石油化工常见废气治理技术

产品	生产工艺	排放位置	排放量/（m³/h）	污染物组成	处理措施	去除效率及效果
苯酚、丙酮	1.5万吨/年异丙苯法	氧化尾气冷凝器	12000	N_2：91%～94% O_2：5%～8% C_xH_y：0.1%～0.2% 异丙苯等芳烃：（200～300）×10^{-6}	催化燃烧法	①去除效率95%～97%，尾气中异丙苯等芳烃含量小于$10×10^{-6}$； ②N_2用量减少70%； ③可少排异丙苯145.5t/a
对苯二甲酸二甲酯	9万吨/年空气氧化法	反应器尾气冷凝器	26754	N_2、O_2、CO_2等95%； 甲醇<1%； 醋酸<1%； 对二甲苯85μg/m³	活性炭吸附法	①去除效率99%，尾气中对二甲苯小于10mg/m³； ②每年回收对二甲苯2200t
甲醇	22万吨/年低压法	气-液分离器不凝气	21800	H_2：60.1% N_2：2.63% CO：9.28% CO_2：20.98% CH_4：3.69% CH_3OH：0.64% $(CH_3)_2O$<0.01% O_2等：2.69%	变压吸附分离法，制氢	①H_2回收率75%，剩余解吸气作燃料； ②每年可提高甲醇产量10%
丙烯腈	6000t/a丙烯氨氧化法	脱氢氰酸塔	170	HCN：93.6% 乙腈：0.5% N_2：5.8%	回收氢氰酸制丙酮氰醇	①变废为宝，解决了HCN焚烧带来的事故风险； ②降低了有机玻璃和腈纶生产成本

四、有机废气治理技术

含有机污染物的废气治理主要有吸收、吸附、冷凝、催化燃烧、热力燃烧和直接燃烧等方法。表3-18介绍了常见有机废气的治理方法。

表3-18　常见有机废气治理方法

方　法	废气来源与污染物	净化方法要点
冷凝法	喷涂胶液废气中的苯、二甲苯及醋酸乙酯	用直接冷凝法冷凝废气
冷凝/吸收法	苯酐生产废气中的萘二甲酸、萘醌、顺丁烯二酸	用湍球塔以水直接冷凝并进行吸收
	癸二腈生产中产生的高温含癸二腈蒸气	用引射式冷凝器冷凝并吸收
吸收法	氯乙烯精馏塔尾气中的氯乙烯	用氯苯作吸收剂喷淋吸收
	汽油蒸气	低压压缩后以汽油、重油作吸收剂吸收
吸附法	凹版印刷废气中的苯、甲苯、二甲苯	用活性炭在固定床吸附器中吸附
	氯乙烯精馏塔尾气中的氯乙烯	用活性炭在固定床吸附器中吸附
	喷漆废气中的有机溶剂	用活性炭在固定床吸附器中吸附
吸附/冷凝法	粗乙烯精制时产生的含乙醚气体	用活性炭吸附乙醚，脱附后将浓集的乙醚冷凝为液体进行回收
直接燃烧法	石油裂解尾气中的低碳烃	用火炬燃烧
	烘箱废气中的有机溶剂	在锅炉或燃烧炉内燃烧
	油贮槽排气中的低碳烃	送至加热炉作为辅助燃料燃烧
催化燃烧法	漆包线烘干时产生的有机废气	用催化燃烧热风循环烘漆机催化燃烧
	环氧乙烷生产尾气中的乙烯	用铂/镍铬带状催化剂进行燃烧
	有机溶剂苯酚、甲醛蒸气	用铜催化剂在Y型分子筛上催化燃烧

要选择一种经济上较合理、符合生产实际、达到排放标准的最佳处理方案，重点考虑的因素主要有以下几个方面。

① 污染物的性质　如利用有机污染物易氧化、燃烧的特点，可采用催化燃烧或直接燃烧的方法，而卤代烃的燃烧处理则要考虑燃烧后氢卤酸的吸收净化措施。

② 污染物浓度　如污染物浓度高，可采用火炬直接燃烧（不能回收热量）或引入锅炉或工业炉直接燃烧（可回收能量）。而浓度低时，则需要补充一部分燃料，采用热力燃烧或催化燃烧。

③ 生产的具体情况及净化要求　如锦纶生产中，用粗环己酮、环己烷为吸收剂，回收氧化工序排出尾气中的环己烷，由于粗环己酮、环己烷本身就是生产的中间产品，因而不必再生吸收液，令其返回生产流程即可。因此结合生产的具体情况，有时可以简化净化工艺。另外针对不同的净化要求，有不同的净化方案。

④ 经济性 经济性包括设备投资和运转费用两个方面，所选择的方案，应尽可能回收有价值的物质或热量，以减少运转费用。

选择净化方法时，应始终兼顾实用性和经济性。若使用中操作很不方便，导致净化设备经常停用或损坏，再好的净化方法也是没有意义的。同时，若运行成本很高，导致净化设备无法正常运行，再高的净化效率也是无意义的。

第六节 大气污染的综合防治

一、我国大气污染控制历程

大气污染防治工作是我国生态环境保护的重要组成部分，并随社会经济发展过程中出现的主要大气环境问题的演变而不断深化。对大气污染的治理在20世纪70年代中期以前，主要采用的是尾气治理方法。随着人口的增加、生产的发展以及多种类型污染源的出现，大气中污染物总量非但没有减少，反而不断增加，空气质量仍在不断恶化。特别是在20世纪80年代以后，大面积生态破坏、酸雨区的扩大、城市空气质量继续恶化及全球性污染的出现，使大气污染呈现了范围大、危害严重、持续恶化等特点。几十年来，我国在大气污染控制和空气质量管理方面做了大量的工作并取得了显著成效。表3-19总结了我国大气污染控制的五个阶段，从表中不难看出，大气颗粒物污染控制一直是我国政府大气污染防治的重点。

表3-19 我国大气污染控制历程

项目	1970～1980年	1980～1990年	1990～2000年	2000～2010年	2011年至今
主要污染源	工业点源	燃煤、工业	燃煤、工业、扬尘	燃煤、工业、机动车、扬尘	燃煤、工业、机动车
主要污染物	烟、尘	SO_2、TSP、PM_{10}	SO_2、NO_x、TSP、PM_{10}	SO_2、PM_{10}、$PM_{2.5}$、NO_x、VOCs、NH_3	灰霾、$PM_{2.5}$、PM_{10}、VOCs和臭氧
主要控制措施	改造锅炉、消烟除尘	消烟除尘	消烟除尘、搬迁/关停/综合治理	脱硫除尘、工业污染治理、机动车治理、总量控制	多种污染源综合控制、多污染物协同减排、大气污染联防联控
主要大气污染问题	烟、尘	煤烟	煤烟、酸雨、颗粒物	煤烟、酸雨、光化学污染、灰霾/细粒子、有毒有害物质	煤烟、酸雨、光化学污染、灰霾/细粒子、有毒有害物质
大气污染尺度	工业行业	局地	局地+区域	区域+半球	区域+半球

以1973年国务院第一次全国环境保护会议为标志的第一阶段，开展了以工业点源治理为主的大气污染防治工作。这一时期，我国大气污染防治工作主要以改造锅炉、消烟除尘、控制大气点源污染为主。

第二阶段是从20世纪80年代国家正式颁布《中华人民共和国大气污染防治法》开始，确立了以防治煤烟型污染为主的大气污染防治基本方针，燃煤烟尘污染防治成为我国当时的大气污染防治重点。在这一时期，我国将大气污染防治从点源治理进入了综合防治阶段，结合国民经济调整，改变城市结构和布局，编制污染防治规划；结合企业技术改造和资源综合利用，防治工业污染；节约能源和改变城市能源结构，综合防治煤烟型污染。通过企业和工业布局调整，对污染严重的企业实行关、停、并、转、迁。这些手段和措施对控制大气环境的急剧恶化发挥了一定作用。

20世纪90年代至2000年为第三阶段。我国大气污染防治工作开始从浓度控制向总量控制转变，从城市环境综合整治向区域污染控制转变，进入了一个新的历史阶段。在制定法律法规、建立监督管理体系、加强大气污染防治措施、防治技术开发和推广等方面做了大量工作，有效地推动了大气颗粒物污染防治工作。在此期间，国务院批准了SO_2和酸雨控制为主的"两控区"划分方案，并提出了相应的配套政策，两控区的划分不仅促进了我国酸雨和二氧化硫的综合防治工作，而且在我国大气颗粒物污染防治进程中发挥了重要的作用。

进入21世纪，大气污染控制全面进入了主要大气污染物排放总量控制的新阶段（第四阶段）。2000年4月，《中华人民共和国大气污染防治法》的第二次修改，规定了重点区域实行排放总量控制与排污许可证制度，严格规定了大气污染物排放底线，对污染物排放种类和数量实行排污费征收制度，加大了超标排放的处罚和机动车污染控制的力度，提出划定大气污染控制重点城市和规定达标期限，加强城市扬尘污染防治措施等。

2011年至今是我国大气污染发展的攻坚阶段，该阶段我国大气防治的主要对象为灰霾、$PM_{2.5}$和PM_{10}、VOCs和臭氧，控制目标转变为关注排放总量与环境质量改善相协调，控制重点为多种污染源综合控制与多污染物协同减排，全面开展大气污染的联防联控。该阶段初期，我国SO_2的排放量已有明显削减，但是其他主要大气污染物排放量很大，仍呈增长趋势或未有明显下降，区域性$PM_{2.5}$污染严重，因此出台了更为严格的《大气污染防治行动计划》，进一步加快产业结构调整、能源清洁利用和机动车污染防治。2018年原环境保护部调整为生态环境部，对环境保护职责进行整合，从此告别多头管理的不利局面。至今，我国主要大气污染物的排放量与浓度已有明显降低，重点区域、主要城市的环境空气质量明显改善。

从我国大气污染控制历程看出，大气污染控制只靠单项治理或末端治理解决不了大气污染问题，必须从城市和区域的整体出发，统一规划并综合运用各种手段及措施，才有可能有效地控制大气污染。

大气污染综合防治应坚持以下原则：

① 以源头控制为主实施全过程控制的原则；

② 合理利用大气自净能力与人为措施相结合的原则；

③ 分散治理与综合防治相结合的原则；

④ 按功能区实行总量控制与浓度控制相结合的原则；

⑤ 技术措施与管理措施相结合的原则。

二、控制大气污染源

（一）改革能源结构，大力节约能源

目前全国的能源主要以煤为主，能耗大，浪费严重，而汽车尾气的污染又日益突出，因此，要有效地解决城市大气污染问题，必须改善能源结构并大力节能。可采取如下一些措施。

1. 集中供热

城市集中供热可分为热电厂供热系统和锅炉房集中供热系统两种。集中供热比分散供热可节约30% ~ 35%的燃煤，且便于提高除尘效率和采取脱硫措施，减少粉尘和SO_2的排放。

2. 城市煤气化

气态燃料是清洁燃料，燃烧完全，使用方便，是节约能源和减轻大气污染较好的燃料形式。天然燃气（如天然气、煤制气等）均可作为城市煤气的气源。大力发展和普及城市煤气化，是当前和今后解决煤烟型大气污染的有效措施。

3. 普及民用型煤

烧型煤比烧散煤可节煤20%，减少烟尘排放量50% ~ 60%。如在型煤中加入固硫剂还可减少SO_2排放量30% ~ 50%，因此普及民用型煤是解决分散的生活面源以及解决小城镇煤烟型大气污染可行的有效措施。

4. 积极开发清洁能源

除了大力普及和推广城市煤气外，应因地制宜地开发水电、地热、风能、海洋能、核电以及利用太阳能（光伏发电）等。如《环境导报》1999年第6期报道在澳大利亚新南威尔士州附近海域已建成了海浪发电技术试验场，其发电成本比风力、太阳能发电更具竞争力，几十厘米高的海浪就足以供上千万人的生活用电。

（二）减少污染排放，实行全过程控制

从严从紧从实控制高耗能、高排放项目建设，坚决淘汰落后产能，加快限

制类产能装备升级改造，持续推进环保产业发展，深化转型升级和技术改造，从源头上大幅度减少污染物排放，促进经济社会发展全面绿色转型。实行清洁生产（即源削减法）可体现两个全过程控制：一个是从原料到成品的全过程，即"清洁的原料、清洁的生产过程、清洁的产品"；一个是从产品进入市场到使用价值丧失这个全过程控制。通过清洁生产，不但可以提高原料、能源利用率，还可通过原料控制、综合利用、净化处理等手段，将污染消灭在生产过程中，有效地减少污染排放量。

三、提高大气自净能力

（1）完善城市绿化系统　完善的城市绿化系统不仅可以美化环境，而且对改善城市大气质量有着不可低估的作用。绿化可以调节水循环和"碳-氧"循环，调节城市小气候；可以防风沙、滞尘、降低地面扬尘；可以增大大气环境容量，且可吸收有害气体，具有净化作用。表3-20列出了对不同有害气体有吸收作用的不同树种。

表3-20　抗有害气体的树种

地区	抗性	树种名称
北方地区（包括东北、华北地区）	抗二氧化硫	构树、皂荚、华北卫矛、榆树、白蜡树、沙枣、怪柳、臭椿、旱柳、侧柏、瓜子黄杨、紫穗槐、加拿大白杨、刺槐、泡桐等
	抗氯气	构树、皂荚、榆树、白蜡树、沙枣、怪柳、臭椿、侧柏、紫腾、华北卫矛等
	抗氟化氢	构树、皂荚、华北卫矛、榆树、白蜡树、沙枣、怪柳、臭椿、云杉、侧柏等
中部地区（包括华东、华中地区，西南部分地区以及河南、陕西、甘肃等省的南部地区）	抗二氧化硫	大叶黄杨、海桐、蚊母、夹竹桃、构树、凤尾兰、女贞、珊瑚树、梧桐、臭椿、朴树、紫薇、龙柏、木槿、枸橘、无花果、青网栎等
	抗氯气	大叶黄杨、龙柏、蚊母、夹竹桃、木槿、海桐、凤尾兰、构树、无花果、梧桐、棕榈、小叶女贞等
	抗氟化氢	大叶黄杨、蚊母、海桐、棕榈、朴树、凤尾兰、构树、桑树、珊瑚树、女贞、龙柏、梧桐、山茶等
南部地区（包括华南地区和西南部分地区）	抗二氧化硫	夹竹桃、棕榈、构树、印度榕、高山榕、樟叶槭、楝树、广玉兰、木麻黄、黄槿、鹰爪、石栗、红果仔、红背桂等
	抗氯气	夹竹桃、构树、棕榈、樟叶槭、细叶榕、广玉兰、黄槿、木麻黄、海桐、石栗、米仔兰、蝴蝶果等
	抗氟化氢	夹竹桃、棕榈、构树、广玉兰、桑树、银桦、蓝桉等

在城市绿化系统的完善配置上，应注意以下几方面的改善。

① 应使各类绿地保持合理比例　城市中的公共绿地、防护绿地、专用绿地、

街道绿地、风景游览和自然保护绿地以及生产绿地等，功能不同，应具有合理的面积比例。

② 应改变城市植物群落的结构和组成 不同城市的地理位置、气候条件不同，生物群落构成的特点也不同。如果生物群落结构单一，存在明显缺陷、抗干扰和冲击的能力差，绿化系统就难以在生态系统中发挥应有的作用。改善生物群落的结构和组成，主要是确定骨干树种，优化乔、灌、草的组合，因地制宜地选择抗污树种。

③ 应制定并实施改善绿化系统的规划 改善城市绿化系统，要确保切实可行的、可操作的绿化规划的实施。

（2）合理利用大气自净能力 废气高空排放技术和净化装置，但是对于那些难以除去的有毒物质，要降到很低的浓度，其净化费用可能是相当高的，而以净化脱除为主，辅以烟囱排放稀释，作为经济上是合理的。烟囱越高，烟气上升力越强；高空风速大，有利于污染物的扩散稀释，减少地面污染，同时可改善燃料燃烧状态。

四、加强大气环境质量管理

1. 搞好城镇规划和环境功能分区，加强管理

在城乡规划及企业布局时应充分分析、研究地形及气象条件对大气污染物扩散能力的影响，考虑生产规模和性质，回收利用技术及净化处理效率等因素，做出合理规划布局和调整，进行合理功能分区。对不同的功能区要有各自明确的环境目标，强化大气环境质量管理，提高环境效益。

大气环境质量管理首先要强化对大气污染源的监控，对污染源管理的目标分三个层次：①控制污染源污染物的排放必须达到国家或地方规定的浓度标准；②在污染物排放浓度达标基础上的污染物排放总量控制；③环境容量所允许的污染物排放总量控制。其次对城市空气质量现状进行报告，至1998年6月已有46个城市开展了这项工作。最后对可能出现的大气污染状况进行预报，这是为了更好地反映环境污染变化的态势，针对可能出现的空气污染情况采取必要的应对措施，同时还可为环境管理决策提供及时、准确、全面的环境质量信息。

2. 加强污染源治理

实践证明，即使采用了源削减及综合利用措施，也无法避免废气的排放。通过末端治理使污染源排放达到规定的排放标准，对防治大气污染仍是一个积极而有效的措施。尤其是化工生产所排废气，更应坚持"增产节约、化害为利、变废为宝、消除污染"的原则，加强治理的力度。

一、活动主题

测定本地区降水的pH值及其变化情况。

二、活动宗旨

认识酸雨的危害及雨水pH值的测定方法，培养学生关注环境、踊跃参与环境保护的意识。

三、活动时间

持续整个授课学期。

四、参加人员

授课班级学生。

五、活动内容

1. 雨水pH值的测定

（1）测定用品

① pHS-2C型精密酸度计：这是用玻璃电极法取样测定水溶液酸度的一种测量仪器，其面板各调节旋钮位置如图3-17。

图3-17　pHS-2C型精密酸度计面板各调节旋钮位置示意图

② pH试纸，50mL烧杯，温度计。

（2）测定方法

① 先用pH试纸测出样品pH值的大致范围，并将样品倒入50mL烧杯中，测量温度。

② 打开酸度计电源开关，通电30min，并将酸度计上"选择"开关置"pH"挡，然后进行校正（校正由教师完成）。

③ 用蒸馏水清洗甘汞电极和玻璃电极2～3次，然后用滤纸擦干电极。

④ 将仪器的"温度"旋钮调至被测样品溶液的温度值，将电极放入被测样

品中，仪器的"范围"开关置于此样品可能的pH挡（已由pH试纸测定）上，按下"读数"开关（若此时表针打出左刻度线则应减小"范围"开关值；若表针打出右刻度线，则应增加"范围"开关值）。此时表针所指示的值加上"范围"开关值，即为样品的pH值。

2．活动记录

全体同学分组，进行雨水pH值的测定。根据活动情况，填写实践活动记录表。

实践活动记录表

活动时间		所在地区	
团队成员			
所在地区降水情况介绍			
活动内容	采样时间_____ 采样地点_____ 测定时间_____ 本次降水的pH值_____ 是否属于酸雨_____		
收获和体会	签名： 年 月 日		

六、注意事项

（1）样品由学生课余收集，采集样品所用容器及测定时所需容器必须清洁干燥。

（2）测定时，学生绝对不能再旋转"定位"和"斜率"旋钮。

（3）甘汞电极玻璃壁和玻璃电极球泡很薄，在使用时勿与烧杯及硬物相碰，防止破碎。不要用手去摸玻璃电极，以免影响测量精度。

（4）pHS-2C型精密酸度计最小分度值为0.02个pH单位，读数时应保留小数点后两位。

（5）本实践活动以连续跟踪测定为佳。

复习思考题

1．简述大气与生命的关系。

2．大气的污染源有哪些？

3．哪些过程会产生大气污染物？

4．大气中的污染物有哪些？

5．大气主要污染物的危害是什么？

6．治理大气污染物有哪些方法？

7．吸收法治理SO_2废气有哪几种具体方法？

8. 选择吸收剂应考虑哪些因素？

9. 催化法治理污染物所需催化剂的特性是什么？

10. 粉尘的控制与防治包括哪个领域？

11. 如何选择除尘设备？

12. 大气污染综合防治的原则是什么？

13. 控制大气污染源的措施有哪些？

 阅读材料

绿色汽车的实践动态

当前全球汽车工业竞争激烈，国际化集约生产趋势明显。世界著名的大公司实力雄厚、技术先进，代表了世界汽车工业的发展方向。他们的共同特点是注重企业的社会形象，热衷于开发绿色汽车。

通用汽车公司推出EV1型电动汽车，采用铅酸蓄电池，最高时速128km。1997年2月又推出了雪佛兰C2500H和GMC塞乐皮卡双燃料压缩天然气汽车。

福特公司提出"新能源2010"概念车的目标：在不牺牲6座载客量、续驶里程、性能、行李空间和销售能力的前提下，达到每百米耗油2.99L的目标。这种车的动力系统是一台后置式1.0L直喷式柴油机带动一台高效发电机，产生的电力供应汽车的四个轮边马达，车的前部有一个飞轮用以储存发电机的剩余能量和再生性制动系统回收的能量。该车没有干扰空气流的车外后视镜，而是通过两个朝后的摄像机将图像显示在组合仪表板上的两屏幕上；仪表板上设有控制件，全部功能都是声控的。

克莱斯勒和萨特康尔公司设计的"爱国者"赛车，使用内燃机与节能飞轮。刹车时由飞轮收集的能量，又能在加速时释放出来。1998年克莱斯勒公司利用与普通饮料瓶类似的塑料，制造了组合概念车的车身，车身用相当于2132个塑料瓶的原料制成，车体由四个不同面组成，十分美观。

丰田公司在RAV4越野车上装设了新改良的镍氢金属电池（HI-MH），充电一次可行驶200km。1997年12月该公司推出的Prius混合动力汽车，装有1.5L的汽油发动机和300kW的电动机。

三菱公司近年来先后研制出喷气稀薄燃烧发动机、可变工作缸数发动机、缸内喷注汽油发动机，在节能方面取得了较大的成绩。

大众汽车公司的子公司奥迪公司从1996年10月开始每天生产50辆全铝A8型车。A8型车采用铝材制作面板和内部构件，车身重只有290kg。

大宇汽车公司LANOS轿车采用了"T-TEC"发动机，功率大、噪声低，且有节油、耐久的特点。

雷诺汽车公司早在1993年就建立了"绿色网络"来回收它在欧洲各地商业机构产生的废弃物。

沃尔沃汽车公司实施了"环境汽车回收设施工程"，计划目标年处理3000辆，1995

年拆了500辆汽车。

中国政府十分重视新能源汽车的开发，2010年出台的中国汽车业"十二五"规划，已将新能源车列为国内汽车行业今后五年发展的重中之重。规划提出新能源汽车的发展重点是以汽车电动化和动力混合化两大技术结合为标志，进行产品换代与产业升级；到2015年，国内新能源汽车的年销售量达到百万辆的目标。

2010年中国组织召开了新能源汽车发展年会，评选范围涵盖了纯电动、混合动力、轻型电动、电动观光车等四大系列。评选结果：

2010年度绿色汽车奖，纯电动车类别：宝马MINI E、日产聆风；

2010年度绿色汽车奖，混合动力车类别：比亚迪F3DM、宝马X6；

2010年度绿色汽车奖，轻型电动车类别：益茂EM4030和嘉园JY-6356；

2010年度绿色汽车奖，观光电动车类别：澳柯玛DV2082E和苏州益高EG6158K观光车；

十城千辆示范运营创新奖：深圳公交集团有限公司；

充换电站建设及运营创新奖：普天海油新能源动力有限公司。

第四章　水污染防治与化工废水处理

学习目标

知识目标

了解水污染的来源及危害；
了解我国水体环境保护措施。

能力目标

熟悉化工废水常见的处理方法；
根据水体污染物类型能选择合适的净化处理技术。

素质目标

利用所学知识加强水污染宣传，提高全民环保意识。

导读导学

　　水污染防治应当坚持预防为主、防治结合、综合治理的原则，优先保护饮用水水源，严格控制工业污染、城镇生活污染，防治农业面源污染，积极推进生态治理工程建设，预防、控制和减少水环境污染和生态破坏。国家鼓励、支持水污染防治的科学技术研究和先进适用技术的推广应用，加强水环境保护的宣传教育。国家通过财政转移支付等方式，建立健全对位于饮用水水源保护区区域和江河、湖泊、水库上游地区的水环境生态保护补偿机制。

　　水污染对环境有哪些危害？化工废水处理有哪些方法？我国水体环境保护方针是什么？控制水体污染源的措施有哪些？

第一节　概述

　　水污染是指水资源在使用过程中由于丧失了使用价值而被废弃排放，并以各种形式使受纳水体受到影响的现象。水体❶的概念包括两方面的含义，一方面

---

　　❶　水和水体　通常所说的水污染实际上是指水体污染，其实"水"和"水体"的概念是不同的。水是最简单的氢氧化合物，包括地球上所有的水；而水体作为水的贮存体，不仅包括水，还包括水中的悬浮物、底泥及水中生物等。在研究某些污染物对水的污染时，区分"水"和"水体"的概念十分重要。如重金属污染物易于从水中转移到底泥（生成沉淀，或被吸附和螯合），水中重金属的含量一般都不高，仅从水着眼，似乎水未受污染；但从整个水体来看，则可能受到较严重的污染。重金属污染由水转向底泥可称为水的自净作用，但对整个水体来说，沉积在底泥中的重金属将成为该水体的一个长期次生污染源，很难治理，它们将逐渐向下游移动，扩大污染面。

是指海洋、湖泊、河流、沼泽、水库、地下水的总称；另一方面在环境领域中，则把水体中的悬浮物、溶解性物质、水生生物和底泥等作为一个完整的生态系统或完整的自然综合体来看。

一、水体污染物的来源

水体污染源于人类的生产和生活活动。把向水体排放或释放污染物的来源和场所称为水体的污染源，根据来源不同分类，可分为工业污染源、生活污染源、农业污染源三大类。

1. 工业污染源

各种工业生产中所产生的废水排入水体就成了工业污染源。不同工业所产生的工业废水中所含污染物的成分有很大差异。

冶金工业（包括黑色工业、有色冶金工业）所产生的废水主要有冷却水、洗涤水和冲洗水等。冷却水（分直接冷却水和循环冷却水）中的直接冷却水由于与产品接触，其中含有油、铁的氧化物、悬浮物等；洗涤水为除尘和净化煤气、烟气用水，其中含有酚、氰、硫化氰酸盐、硫化物、钾盐、焦油悬浮物、氧化铁、石灰、氟化物、硫酸等；冲洗水中含有酸、碱、油脂、悬浮物和锌、锡、铬等。在上述废水中，含氰、酚的废水危害最大。

化学工业废水的成分很复杂，常含有多种有害、有毒甚至剧毒物质，如氰、酚、砷、汞等。虽然有的物质可以降解，但通过食物链在生物体内富集，仍可造成危害，如DDT、多氯联苯等。此外，化工废水有的具有较强的酸度，有的则具有较强的碱性，pH不稳定，对水体的生态环境、建筑设施和农作物都有危害。一些废水中含氮、磷均很高，易造成水体富营养化。

电力工业中，电厂冷却水则是热污染源。

炼油工业中大量含油废水排出，由于排放量大，超出水体的自净能力，形成油污染。

由此可见，工业污染源向水体排放的废水具有量大、面广、成分复杂、毒性大、不易净化、处理难的特点，是需要重点解决的污染源。

2. 生活污染源

生活污染源主要指城市居民聚集地区所产生的生活污水。这种污染源排放的多为洗涤水、冲刷物所产生的污水。因此，主要由一些无毒有机物如糖类、淀粉、纤维素、油脂、蛋白质、尿素等组成，其中氮、磷、硫含量较高。在生活污水中还含有相当数量的微生物，其中一些病原体如病菌、病毒、寄生虫等，对人的健康有较大危害。

3. 农业污染源

农业污染源包括农业牲畜粪便、污水、污物、农药、化肥、用于灌溉的城市污水、工业污水等。由于农田施用化学农药和化肥，灌溉后经雨水将农药和化肥带入水体造成农药污染或富营养化，使灌溉区、河流、水库、地下水出现污染。此外，由于地质溶解作用以及降水淋洗也会使诸多污染物进入水体。农业污染源的主要特点是面广、分散，难于收集、难于治理，含有机质、植物营养素及病原微生物较高。

二、水体污染物的分类及其危害

水体污染物是指造成水体的水质、生物质、底质质量恶化的各种物质或能量。水体中的污染物大致分类见表4-1。

表4-1　水体中的污染物

分类	主要污染物
无机有害物	水溶性氯化物、硫酸盐、酸、碱等，无机酸、碱、盐中无毒物质，硫化物
无机有毒物	汞、砷、镉等重金属元素，氟化物、氰化物及无机有毒化学物质
耗氧有机物	碳水化合物、蛋白质、油脂、氨基酸等
植物营养物	铵盐、磷酸盐和磷、钾等
有机有毒物	酚类、有机磷农药、有机氯农药、多环芳烃、苯等
病原微生物	病菌、病毒、寄生虫等
放射性污染	铀、钚、锶、铯等
热污染	含热废水

1. 无毒污染物

（1）无机无毒污染物　废水中的无机无毒污染物，大致可分为以下三种类型。

① 悬浮状污染物　是指砂粒、土粒及纤维一类的悬浮状污染物质。对水体的直接影响是：大大地降低了光的穿透能力，减少了水中的光合作用并妨碍水体的自净作用；水中悬浮物的存在，会对鱼类的生存产生危害，可能堵塞鱼鳃，导致鱼的死亡；水中的悬浮物又可能是各种污染物的载体，吸附一部分水中的污染物并随水流动迁移。

② 酸、碱、无机盐类污染物　污染水体中的酸主要来自化工厂、矿山、金属酸洗工艺等排出的废水；水体中的碱主要来源于制碱厂、碱法造纸厂、漂染厂、化纤厂、制革及炼油等工业废水。酸性废水与碱性废水相互中和产生各种盐类，也可与地表物质相互反应生成无机盐类，因此酸和碱的污染必然伴随着无机盐类的污染。

酸、碱进入水体后会使水体的pH发生变化，抑制或杀灭细菌和其他微生物的生长，妨碍水体的自净作用。水中无机盐的存在会增加水的渗透压，对淡水生物和植物生长不利。

酸、碱污染物造成水体的硬度增加对地下水的影响尤为显著。如水的硬度增加，易结垢使能源消耗增大。如水垢传热系数是金属的1/50，水垢厚度为1～5mm，锅炉耗煤量将增加2%～20%。

③ 氮、磷等植物营养物　所谓营养物质是指促使水中植物生长并加速水体富营养化的各种物质，如氮、磷等。天然水体中过量的植物营养物质主要来自农田施肥、植物秸秆、牲畜粪便、城市生活污水（粪便、洗涤剂等）和某些工业废水。氮、磷等植物营养物质大量而连续地进入湖泊、水库及海湾等缓流水体，将促进各种水生生物的活性，刺激它们异常繁殖。特别是藻类，它们在水体中占据的空间越来越大，使鱼类活动的空间越来越少；藻类的呼吸作用和死亡藻类的分解作用消耗大量的氧，有可能在一定时间内使水体处于严重缺氧状态，严重影响鱼类生存。这种由植物营养物过量而引起的污染叫作"水体富营养化"。

（2）有机无毒污染物　这一类物质多属于碳水化合物、蛋白质、脂肪等自然生成的有机物，易于生物降解，向稳定的无机物转化。在有氧条件下，经好氧微生物作用进行转化，这一转化进程快，产物一般为CO_2、H_2O等稳定物质。在无氧条件下，则在厌氧微生物的作用下进行转化，这一进程较慢，而且分三阶段进行：第一阶段，颗粒态有机物质水解成为溶解性基质；第二阶段，溶解性基质在产氢气产乙酸菌作用下产生乙酸、H_2和CO_2；第三阶段在甲烷菌的作用下形成H_2O、CH_4、CO_2等稳定物质，同时放出硫化氢、硫醇、粪臭素等具有恶臭的气体。在一般情况下，进行的都是好氧微生物起作用的好氧转化，由于好氧微生物的呼吸要消耗水中的溶解氧，因此这类物质可称为耗氧物质或需氧污染物。

有机污染物对水体污染的危害主要在于对渔业水产资源的破坏。水中含有充足的溶解氧是保证鱼类生长、繁殖的必要条件之一。一旦水中溶解氧下降，各种鱼类就会产生不同的反应。某些鱼类，如鳟鱼对溶解氧的要求特别严格，必须达8～12mg/L，鲤鱼为6～8mg/L。当溶解氧不能满足这些鱼类的要求时，它们将力图游离这个缺氧地区，而当溶解氧降至1mg/L时，大部分的鱼类就会窒息而死。当水中溶解氧消失时，水中厌氧菌大量繁殖，在厌氧菌的作用下有机物可能分解放出甲烷和硫化氢等有毒气体，更不适合鱼类生存。

（3）热污染　因能源的消耗而引起环境增温效应的污染称为热污染。水体热污染主要来源于工矿企业向江河排放的冷却水。其中以电力工业为主，其次是冶金、化工、石油、造纸、建材和机械等工业。

热污染致使水体水温升高，增加水体中化学反应速率，使水体中有毒物质对生物的毒性提高。如当水温从8℃升高到18℃时，氰化钾对鱼类的毒性将提高1倍；鲤鱼的48h致死剂量在水温7～8℃时为0.14mg/L，当水温升到27～28℃时仅为0.005mg/L。水温升高会降低水生生物的繁殖率。此外，水温升高可使一些藻类繁殖增快，加速水体"富营养化"的过程，使水体中溶解氧下降，破坏水体的生态，影响水体的使用价值。

2. 有毒污染物

（1）无机有毒污染物　根据毒性发作的情况，此类污染物可分为两大类。

① 非重金属的无机毒性物质

a.氰化物（CN^-）。水体中的氰化物主要来自于电镀废水、焦炉和高炉的煤气洗涤冷却水、某些化工厂的含氰废水及金、银选矿废水等。氰化物排入水体后，可在水体的自净作用下去除，一般有以下两个途径。

一是氰化物挥发逸散。氰化物与水体中的CO_2作用生成氰化氢气体逸入大气，反应式为

$$CN^- + CO_2 + H_2O \longrightarrow HCN \uparrow + HCO_3^-$$

水体中的氰化物主要是通过这一途径去除的，其去除率可达90%以上。

二是氰化物氧化分解。氰化物与水中的溶解氧作用生成铵离子和碳酸根，反应式为

$$2CN^- + O_2 \longrightarrow 2CNO^-$$

$$CNO^- + 2H_2O \longrightarrow NH_4^+ + CO_3^{2-}$$

氰化物的毒害是极其严重的。作为剧毒物质只要介入人体就会引起急性中毒，抑制细胞呼吸，造成人体组织严重缺氧，人只要口服0.3～0.5mg就会死亡。氰化物对许多生物有害，只要0.1mg/L就能杀死虫类；0.3mg/L能杀死水体赖以自净的微生物。

b.砷（As）。砷也是常见的水体污染物质，工业生产排放含砷废水的有化工、有色冶金、炼焦、火电、造纸、皮革等，其中以冶金、化工排放量较高。

砷对人体的毒性作用十分严重，三价砷的毒性大大高于五价砷。对人体来说，亚砷酸盐的毒性作用比砷酸盐大60倍，因为亚砷酸盐能够和蛋白质中的巯基反应，而三甲基砷的毒性比亚砷酸盐更大。砷也是累积性中毒的毒物，当饮用水中砷含量大于0.05mg/L时，就会导致累积，近年来发现砷还是致癌元素（主要是皮肤癌）。

② 重金属毒性物质　重金属与一般耗氧有机物不同，在水体中不能为微生物所降解，只能在各种形态之间相互转化以及分散和富集，这个过程称为重金属的迁移。重金属在水体中的迁移主要与沉淀、配位、螯合、吸附和氧化还原等作用有关。

从毒性和对生物体的危害来看，重金属污染的特点有如下几点。

a.在天然水体中只要有微量浓度即可产生毒性效应，一般重金属产生毒性的浓度大致在1～10mg/L之间，毒性较强的如汞、镉等，产生毒性的浓度在0.01mg/L以下。

b.微生物不能降解重金属，但某些重金属有可能在微生物作用下转化为金属

有机化合物，产生更大的毒性。如汞在厌氧微生物作用下，可转化为毒性更大的有机汞（甲基汞、二甲基汞）。

　　c.金属离子在水体中的转移或转化与水体的酸、碱条件有关，如六价铬在碱性条件下的转化能力强于酸性条件；在酸性条件下二价镉离子易于随水迁移，并易为植物吸收。镉是累积富集型毒物，进入人体后主要累积在肾脏和骨骼中，引起肾功能失调，使骨骼软化。

　　d.重金属进入人体后能够和生物高分子物质如蛋白质和酶等发生强烈的相互作用，使它们失去活性，也可能累积在人体的某些器官中，造成慢性累积性中毒，最终造成危害。

　　（2）有机有毒污染物　　有机有毒物质多属于人工合成的有机物质，如农药（DDT、六六六等有机氯农药）、醛、酮、酚以及多氯联苯、芳香族氨基化合物、高分子合成聚合物（塑料、合成橡胶、人造纤维）、染料等。它们主要来源于石油化工的合成生产过程及有关的产品使用过程中排放出的污水，这些污水不经处理排入水体后会造成严重污染并引起危害。有机有毒物质种类繁多，其中危害最大的有以下两类。

　　① 有机氯化合物　　目前人们使用的有机氯化物有几千种，但其中污染广泛、引起普遍注意的是多氯联苯（PCBs）和有机氯农药。

　　多氯联苯流入水体后只微溶于水（每升水中最多只溶1mg），大部分以浑浊状态存在，或吸附在微粒物质上；由于化学性质稳定，不易氧化、水解并难于生化分解，所以多氯联苯可长期保存在水中。多氯联苯可通过水体中生物的食物链富集作用，在鱼、贝体内浓度累积到几万甚至几十万倍，然后在人体脂肪组织和器官中蓄积，影响皮肤、神经、肝脏，破坏钙的代谢，导致骨骼、牙齿的损害，并有亚急性、慢性致癌和致遗传变异等可能性。

　　有机氯农药是疏水性亲油物质，能够为胶体颗粒和油粒所吸附并随其在水中扩散。水生生物对有机氯农药同样有很强的富集能力，在水生生物体内的有机氯农药含量可比水中的含量高几千到几百万倍，可通过食物链进入人体，累积在脂肪含量高的组织中，达到一定浓度后，即可显示出对人体的毒害作用。

　　② 多环有机化合物　　指含有多个苯环的有机化合物，一般具有很强的毒性。例如，多环芳烃可能有致遗传变异性，其中3，4-苯并芘和1，2-苯并蒽等具有强致癌性。多环芳烃存在于石油和煤焦油中，能够通过废油、含油废水、煤气站废水、柏油路面排水以及淋洗了空气中煤的雨水而径流入水体中，造成污染。

三、水体污染的水质指标

　　水体污染主要表现为水质在物理、化学、生物等方面的变化特征。水中杂质具体衡量的尺度称为水质指标。水质指标可分为物理指标、化学指标和生物指标，是对水体进行监测、评价、利用以及污染治理的主要依据，具体指标及含义见表4-2。

表4-2 水质指标的类别及含义

类型	水质指标	含义
物理指标	水温	重要的物理性质指标之一，化工污水的水温与生产工艺有关，变化较大。水温过低或过高，将会危害水生动、植物的繁殖与生长
	色度	水的感官性状指标之一。当水中存在着可使水着色的某种物质时，表现出一定的颜色，即色度。规定1mg/L以氯铂酸钾形式存在的铂所产生的颜色，称为1度
	悬浮物（SS）	悬浮于水中的固体物质，采用称重的方法进行测定。悬浮物透光性差，使水质浑浊，影响水生生物的生长
化学指标	溶解氧（DO）	溶解在水中的分子态氧，叫溶解氧（DO）。20℃时，0.1MPa下，水中饱和溶解氧含量为9×10^{-6}mg/L。它来自大气和水中化学、生物化学反应生成的分子态氧
	化学需氧量（COD）	表示水中可氧化的物质，用氧化剂高锰酸钾或重铬酸钾氧化时所需的氧量，以mg/L表示，它是水质污染程度的重要指标，但两种氧化剂都不能氧化稳定的苯等有机化合物
	生化需氧量（BOD）	在好氧条件下，微生物分解水中有机物质的生物化学过程中所需的氧量。目前，国内外普遍采用在20℃，五昼夜的生化需氧量作为指标，用BOD_5表示。单位为mg/L
	氮（N）	植物的重要营养物质，过量排放可导致湖泊、水库等缓流水体产生富营养化。主要的检测项目包括总氮、凯氏氮、有机氮等
	磷（P）	与N一样，是植物的重要营养物质，过量排放亦可导致水体产生富营养化。主要的检测项目包括总磷、正磷
	重金属	化学工业排放的废水中常含有重金属离子，重金属污染具有产生毒性浓度小、不易生物降解、生物累积等特点。污水中主要的重金属有Hg、Cd、Pb、Cr、Zn、Cu、Ni、Sn、Fe、Mn等，其检测方法参见国家标准
	pH	指水溶液中氢离子（H^+）浓度的负对数。pH=7时，污水呈中性；pH<7时，数值越小，酸性越强；pH>7时，数值越大，碱性越强
生物指标	细菌总数	指1mL水中所含有各种细菌的总数，反映水所受细菌污染程度的指标。在水质分析中，是把一定量水接种于琼脂培养基中，在37℃条件下培养48h后，数出生长的细菌菌落数，然后计算出每毫升水中所含的细菌数
	大肠菌数	指1L水中所含大肠菌个数

四、化工废水

化工行业是一个多行业、多品种的工业部门，包括化学矿山、石油化工、煤炭化工、酸碱工业、化肥工业、塑料工业、医药工业、染料工业、洗涤剂工业、橡胶工业、炸药和起爆药工业、感光材料工业等。

1. 化工废水的分类及主要来源

化工废水可分为三大类，第一类为含有机物的废水，主要来自基本有机原料、合成材料（如合成塑料、合成橡胶、合成纤维）、农药、染料等行业排出的废水；第二类为含无机物的废水，如无机盐、氮肥、磷肥、硫酸、硝酸及纯碱等行业排出的废水；第三类为既含有有机物又含有无机物的废水，如氯碱、感光材料、涂料等行业。

按废水中所含主要污染物分则有含氰废水、含酚废水、含硫废水、含铬废水、含有机磷废水、含有机物废水等。

化工废水的主要来源有：①化工生产的原料和产品在生产、包装、运输、堆放的过程中因一部分物料流失又经雨水或用水冲刷而形成的废水；②化学反应不完全而产生的废料，如残余浓度低且成分不纯的物料常常以废水的形式排放出来；③化学反应中副反应过程生成的废水；④冷却水，若采用冷却水与反应物料直接接触的直接冷却方式，则不可避免地排出含有物料的废水；⑤一些特定生产过程排放的废水，如焦炭生产的水力除焦排水、酸洗或碱洗过程排放的废水等；⑥地面和设备冲洗水和雨水，因常夹带某些污染物最终形成废水。

2. 化工废水的特点

（1）废水排放量大　化工生产中需进行化学反应，化学反应要在一定的温度、压力及催化剂等条件下进行。因此在生产过程中工艺用水及冷却水用量很大，故废水排放量大。化工废水排放量约占全国工业废水总量的30%左右，居各工业系统之首。

（2）污染物种类多　水体中的烷烃、烯烃、卤代烃、醇、酚、醚、酮及硝基化合物等有机物和无机物，大多是化学工业生产过程中或一些应用化工产品的过程中所排放的。水质分析表明，黄浦江水质含有的18项主要污染物，化学工业都有不同程度的排放。如合成氨生产排放的含氰废水、含硫废水、含炭黑废水及含氨废水等；农药、染料产品的化学结构复杂，生产流程长、工序多，排出的种类更多。

（3）污染物毒性大、不易生物降解　化工生产所排放的许多有机物和无机物中有不少是直接危害人体的毒物。许多有机化合物十分稳定，不易被氧化，不易为生物所降解。许多沉淀的无机化合物和金属有机物可通过食物链进入人体，对健康极为有害，甚至会在某些生物体内不断富集。

（4）废水中含有有害污染物较多　化工废水中主要有害污染物年排放总量为215万吨左右，其中主要有害污染物如废水中氰化物排放量占总氰化物排放量的一半，而汞的排放量则占全国排放总量的2/3。

（5）水质和水量差异大　化工废水的水量和水质视其原料路线、生产工艺方法及生产规模不同而有很大差异，即一种化工产品的生产，随着所用原料的不同、采用生产工艺路线的不同或生产规模的不同，所排放废水的水量及水质也不相同。

（6）污染范围广　化学工业厂点多、行业多、品种多、生产方法多及原料和能源消耗多等特点，造成污染面广。

表4-3列出了几种典型的化工行业所排出的废水情况。

表4-3　典型化工行业废水来源及主要污染物

行业	主要来源	废水中主要污染物
氮肥	合成氨、硫酸铵、尿素、氯化铵、硝酸铵、氨水、石灰氮	氰化物、挥发酚、硫化物、氨氮、SS、CO、油
磷肥	普通过磷酸钙、钙镁磷肥、重过磷酸钙、磷酸铵类氮磷复合肥、磷酸、硫酸	氟、砷、P_2O_5、SS、铅、镉、汞、硫化物
无机盐	重铬酸钠、铬酸酐、黄磷、氰化钠、三盐基硫酸铅、二盐基亚磷酸铅、氯化锌、七水硫酸锌	六价铬、元素磷、氰化物、铅、锌、氟化物、硫化物、镉、砷、铜、锰、锡和汞
氯碱	聚氯乙烯、盐酸、液氯	氯、乙炔、硫化物、Hg、SS
有机原料及合成材料	脂肪烃、芳香烃、醇、醛、酮、酸、烃类衍生物及合成树脂（塑料）、合成橡胶、合成纤维	油、硫化物、酚、氰、有机氯化物、芳香族胺、硝基苯、含氮杂环化合物、铅、铬、镉、砷
农药	敌百虫、敌敌畏、乐果、氧化乐果、甲基对硫磷、对硫磷、甲胺磷、马拉硫磷、磷胺	有机磷、甲醇、乙醇、硫化物、对硝基酚钠、NaCl、NH_3-N、NH_4Cl、粗酯
染料	染料中间体、原染料（含有机颜料）、商品染料、纺织染整助剂	卤化物、硝基物、氨基物、苯胺、酚类、硫化物、硫酸钠、NaCl、挥发酚、SS、六价铬
涂料	涂料：树脂漆、油脂漆；无机颜料：钛白粉、立德粉、铬黄、氧化锌、氧化铁、红丹、黄丹、金属粉、华兰	油、酚、醇、醛、SS、六价铬、铅、锌、镉
感光材料	三醋酸纤维素酯、三醋酸纤维素酯片基、乳胶制备及胶片涂布、照相有机物、废胶片及银回收	明胶、醋酸、硝酸、照相有机物、醇类、苯、银、二氯甲烷、卤化银、SS
焦炭、煤气粗制和精制化工产品	焦炉炭化进入集气管，用氨水喷洒冷却煤气产生剩余氨水 回收煤气中化工产品产生的煤气冷却水 粗制提取和精制蒸馏加工的产品分离水 煤气水封和煤气总管冷凝水	酚、氰化物、氨氮、COD_{Cr}、油类、硫化物
硫酸（硫铁矿制酸）	净化设备中产生的酸性废水	pH（酸性）、砷、硫化物、氟化物、悬浮物

第二节　化工废水的处理技术

废水处理，就是采用各种方法将废水中所含的污染物质分离出来，或将其转化为无害和稳定的物质，从而使废水❶得以净化。根据其作用原理可划分为四大类别，即物理法、化学法、物理化学法和生物处理法。

---

❶　废水和污水　在实际应用中，"废水"和"污水"两个术语的用法比较混乱。就科学概念而言，"废水"是指废弃外排的水，强调其"废弃"的一面；"污水"是指被脏物污染的水，强调其"脏污"的一面。但是，有相当数量的生产排水是并不脏的（如冷却水等），因而用"废水"一词统称所有的废水比较合适。在水质污浊的情况下，两种术语可以通用。

一、物理法

通过物理作用和机械力分离或回收废水中不溶解悬浮污染物质（包括油膜和油珠），并在处理过程中不改变其化学性质的方法称为物理法（或物理处理法）。

物理处理法一般较为简单，多用于废水的一级处理中，以保护后续处理工序的正常进行并降低其他处理设施的处理负荷。

1. 均衡与调节

多数废水（如工业企业排出的废水）的水质、水量常常是不稳定的，具有很强的随机性，尤其是当操作不正常或设备产生泄漏时，废水的水质就会急剧恶化，水量也大大增加，往往会超出废水处理设备的处理能力。这时，就要进行水量的调节与水质的均衡。调节和均衡主要通过设在废水处理系统之前的调节池来实现。

图4-1是长方形调节池的一种，它的特点是在池内设有若干折流隔墙，使废水在池内来回折流。配水槽设在调节池上，废水通过配水孔口溢流到池内前后各位置而得以均匀混合。起端入口流量一般为总流量的1/4左右，其余通过各投配孔口流入池内。

扫一扫

折流式调节池

图4-1　折流式调节池

2. 沉淀

沉淀是利用废水中悬浮物密度比水大，可借助重力作用下沉的原理而达到液固分离目的的一种处理方法。沉淀可分为四种类型，即自由沉淀、絮凝沉淀、拥挤沉淀和压缩沉淀，均是通过沉淀池来进行沉淀的。

沉淀池是一种分离悬浮颗粒的构筑物，根据构造不同可分为普通沉淀池和斜板斜管沉淀池。普通沉淀池应用较为广泛，按其水流方向的不同，可分为平流式、竖流式和辐射式三种。

图4-2所示的是一种带有刮泥机的平流式沉淀池。废水由进水槽通过进水孔流入池中，进口流速一般应低于25mm/s，进水孔后设有挡板能稳流使废水均匀分布，沿水平方向缓缓流动，水中悬浮物沉至池底，由刮泥机刮入污泥斗，经排泥管借助静水压力排出。沉淀池出水处设置浮渣收集槽及挡板以收集浮渣，清水溢过沉淀池末端的溢流堰，经出水槽排出池外。

图4-2 设行车刮泥机的平流式沉淀池

1—行车；2—浮渣刮板；3—浮渣槽；4—刮泥板

为了防止已沉淀的污泥被水流冲起，在有效水深下面和污泥区之间还应设一缓冲区。平流式沉淀池的优点是构造简单、沉淀效果好、性能稳定，缺点是排泥困难、占地面积大。

3. 筛除与过滤

利用过滤介质截留废水中的悬浮物，也叫筛滤截留法。这种方法有时用于废水处理，有时作为最终处理，出水供循环使用或循序使用。筛滤截留法的实质是让废水通过一层带孔眼的过滤装置或介质，尺寸大于孔眼尺寸的悬浮颗粒则被截留。当使用到一定时间后，过水阻力增大，就需将截留物从过滤介质中除去，一般常用反洗法来实现。过滤介质有钢条、筛网、滤布、石英砂、无烟煤、合成纤维、微孔管等，常用的过滤设备有格栅、栅网、微滤机、砂滤器、真空滤机、压滤机等（后两种滤机多用于污泥脱水）。

（1）格栅 格栅是由一组平行钢质栅条制成的框架，缝隙宽度一般在15～20mm之间，倾斜架设在废水处理构筑物前或泵站集水池进口处的渠道中，用以拦截废水中大块的漂浮物，以防堵塞构筑物的孔洞、闸门和管道，或损坏水泵的机械设备。因此，格栅实际上是一种起保护作用的安全设施。

格栅的栅条多用圆钢或扁钢制成。扁钢断面多采用50mm×10mm或40mm×10mm，其特点是强度大，不易弯曲变形，但水头损失较大；圆钢直径多用10mm，其特点恰好与扁钢相反。被拦截在栅条上的栅渣有人工和机械两种清除方法。图4-3是一种移动伸缩臂式格栅除

图4-3 移动伸缩臂式格栅除污机

1—格栅；2—耙斗；3—卸污板；4—伸缩臂；5—卸污调整杆；6—钢丝绳；7—臂角调整机构；8—卷扬机构；9—行走轮；10—轨道；11—皮带运输机

污机，主要用于粗、中格栅，深度中等的宽大格栅。其优点是设备全部在水面上，钢绳在水面上运行，寿命长，可不停水检修；缺点是移动较复杂，移动时耙齿与栅条间隙对位困难。

（2）筛网　筛网用金属丝或纤维丝编织而成。与格栅相比，筛网主要用来截留尺寸较小的悬浮固体，尤其适宜于分离和回收废水中细碎的纤维类悬浮物（如羊毛、棉布毛、纸浆纤维和化学纤维等），也可用于城市污水和工业废水的预处理以降低悬浮固体含量。筛网可以做成多种形式，如固定式、圆筒式、板框式等。表4-4是几种常用筛网除渣机的比较。

表4-4　常用筛网除渣机的比较

类型		适用范围	优点	缺点
筛网	固定式	从废水中去除低浓度固体杂质及毛和纤维类，安装在水面以上时，需要水头落差或水泵提升	平面筛网构造简单，造价低；梯形筛丝筛面，不易堵塞，不易磨损	平面筛网易磨损，易堵塞，不易清洗；梯形筛丝筛面构造复杂
	圆筒式	从废水中去除中低浓度杂质及毛和纤维类，进水深度一般小于1.5m	水力驱动式构造简单，造价低；电动梯形筛丝转筒筛不易堵塞	水力驱动式易堵塞；电动梯形筛丝转筒筛构造较复杂，造价高
	板框式	常用深度1～4m，可用深度10～30m	驱动部分在水上，维护管理方便	造价高，更换较麻烦；构造较复杂，易堵塞

4. 隔油

隔油主要用于对废水中浮油的处理，是利用水中油品与水密度的差异将油与水分离并加以清除的过程。隔油过程在隔油池中进行，目前常用的隔油池有两类——平流式隔油池与斜流式隔油池。

平流式隔油池除油率一般为60%～80%，粒径150μm以上的油珠均可除去。优点是构造简单，运行管理方便，除油效果稳定。缺点是体积大、占地面积大、处理能力低、排泥难，出水中仍含有乳化油和吸附在悬浮物上的油分，一般很难达到排放要求。

图4-4所示的是一种CPI型波纹板式隔油池。池中以45°倾角安装许多塑料波纹板，废水在板中通过，使所含的油和泥渣进行分离。斜板的板间距为2～4cm，层数为24～26层。设计中采用的雷诺数 Re 为360～400，板间水流处于层流状况。

经预处理（除去大的颗粒杂质）后的废水，通过溢流堰和整流板进入波纹板间，油珠上浮到上板的下表面，经波纹板的小沟上浮，然后通过水平的撇油管收集，回收的油流到集油池。污泥则沉到下板的上表面，通过小沟下降到池底，然后通过排泥管排出。

另外，近年来国内外对含油废水处理取得不少新进展，出现了一些新型除

图4-4　CPI型波纹板式隔油池

1—撇油管；2—泡沫塑料浮盖；3—波纹板；4—支撑；5—出水管；6—整流板

油技术和设备。主要有粗粒化装置和多层波纹板式隔油池（MWS型）。粗粒化装置是一种小型高效的油水分离装置，目前已广泛用于化工、交通、海洋、食品等行业含微量油或含乳化油废水处理。多层波纹板式隔油池（MWS型）装置设计原理与CPI型波纹板式隔油池相同，但它是用多层波纹板把水池分成许多相同的小水池，而不是分成带状空间，油滴上浮和油泥的沉降分别在池的两端进行，避免了返混，使出水保持干净。该装置结构简单，占地面积小，易管理，能除去水中粒径为15μm以上的油粒。

5．离心分离

废水中的悬浮物借助离心设备的高速旋转，在离心力作用下与水分离的过程叫离心分离。

离心分离设备按离心力产生的方式不同可分为水力旋流器和高速离心机两种类型。水力旋流器有压力式（见图4-5）和重力式两种，其设备固定，液体靠水泵压力或重力（进出水头差）由切线方向进入设备，造成旋转运动产生离心力。高速离心机依靠转鼓高速旋转，使液体产生离心力。压力式水力旋流器，可以将废水中所含的粒径5μm以上的颗粒分离出去。进水的流速一般应在6～10m/s，进水管稍向下倾3°～5°，这样有利于水流向下旋转运动。

图4-5　压力式水力旋流器

1—圆筒；2—圆锥体；3—进水管；4—上部清液排出管；5—底部清液排出管；6—放气管；7—顶盖

压力式水力旋流器具有体积小、单位容积的处理能力高、构造简单、使用方便、易于安装维护等优点。缺点是水泵和设备易磨损，所以设备费用高，耗电较多。一般只用于小批量的、有特殊要求的废水处理。

二、化学法

化学法（或化学处理法）是利用化学作用处理废水中的溶解物质或胶体物质，可用来去除废水中的金属离子、细小的胶体有机物、无机物、植物营养素（氮、磷）、乳化油、色度、臭味、酸、碱等，对于废水的深度处理也有着重要作用。

化学法包括中和法、混凝法、氧化还原、电化学等方法。在此主要介绍中和法和氧化还原法。

1. 中和法

中和就是酸碱相互作用生成盐和水，也称pH调整或酸碱度调整。酸、碱废水的中和方法有酸、碱废水互相中和、药剂中和及过滤中和。

（1）酸、碱废水互相中和　酸、碱废水互相中和是一种以废治废、既简便又经济的办法。如果酸、碱废水互相中和后仍达不到处理要求，还可以补加药剂进行中和。

酸、碱废水互相中和的结果应该是混合后的废水达到中性。若酸性废水的摩尔浓度为$c(B_1)$、水量为Q_1，碱性废水的摩尔浓度为$c(B_2)$、水量为Q_2，则二者完全中和的条件根据化学反应基本定律——等物质的量规则就为：

$$c(B_1)Q_1=c(B_2)Q_2 \qquad (4-1)$$

酸、碱废水如果不加以控制，一般情况下不一定能完全中和，则混合后的水仍具有一定的酸性或碱性，其酸度或碱度为$c(P)$，则有

$$c(P)=\frac{|c(B_1)Q_1-c(B_2)Q_2|}{Q_1+Q_2} \qquad (4-2)$$

若$c(P)$值仍高，则需用其他方法再进行处理。

（2）药剂中和　药剂中和可以处理任何浓度、任何性质的酸碱废水，可以进行废水的pH调整，是应用最广泛的一种中和方法。

① 酸性废水的中和　药剂中和的一般流程如图4-6所示。中和反应一般都设沉淀池，沉淀时间为1～1.5h。

酸性废水的中和剂有石灰（CaO）、石灰石（$CaCO_3$）、碳酸钠（Na_2CO_3）、苛性钠（NaOH）等。石灰是最常用的中和剂。采用石灰可以中和任何浓度的酸性废水，且氢氧化钙对废水中的杂质具有凝聚作用，有利于废水处理。

酸碱中和的反应速率很快，因此，混合与反应一般在一个设有搅拌设备的

图4-6 酸性废水的药剂中和流程

池内完成。混合反应时间一般情况下应根据废水水质及中和剂种类来确定，然后再确定反应器容积，其计算公式如下。

$$V=Qt \quad (4\text{-}3)$$

式中　t——混合反应时间，h；

　　　V——混合反应池的容积，m^3；

　　　Q——废水实际流量，m^3/h。

中和药剂的理论计算用量可以根据化学反应式及等物质的量规则求得，然后考虑所用药剂产品或工业废料的纯度及反应效率，综合确定实际投加量。

如果酸性废水中只含某一类酸时，中和药剂的消耗量可按式（4-4）计算。

$$G=\frac{Q\rho_S\alpha_S K}{1000\alpha} \quad (4\text{-}4)$$

式中　G——中和药剂的消耗量，kg/h；

　　　Q——废水流量，m^3/h；

　　　ρ_S——废水中酸的质量浓度，mg/L；

　　　α_S——中和剂的比耗量，即中和1g酸所需碱性中和剂的质量，g，由表4-5查得；

　　　K——反应不均匀系数（反应效率的倒数），一般采用1.1～1.2，但以石灰中和硫酸时，干投采用1.4～1.5，湿投采用1.05～1.10，中和盐酸、硝酸时采用1.05；

　　　α——药品纯度，以%计。一般生石灰中含有效CaO为60%～80%，熟石灰中Ca(OH)$_2$为65%～75%。

表4-5　碱性中和剂的比耗量α_S

酸的名称	比耗量（α_S）/g				
	CaO	CaCO$_3$	MgCO$_3$	Ca(OH)$_2$	CaCO$_3$·MgCO$_3$
H$_2$SO$_4$	0.570	1.02	0.860	0.755	0.946
HCl	0.770	1.38	1.15	1.01	1.27
HNO$_3$	0.445	0.795	0.668	0.590	0.735
CH$_3$COOH	0.466	0.840	0.702	0.616	—

在实际情况下，工业废水中所含酸的成分可能比较复杂，并不只是单纯一种，不能直接应用化学反应式计算。这时需要测定废水的酸度，然后根据等物质的量原理进行计算。

② 碱性废水的中和　碱性废水的中和剂有硫酸、盐酸、硝酸，常用的为工业硫酸。烟道中含有一定量的CO_2、SO_2、H_2S等酸性气体，也可以用作碱性废水的中和剂，但杂质太多，易引起二次污染。

碱性废水中和药剂的计算方法与酸性废水相同。酸性中和剂的比耗量（中和1g碱所需酸性物质的质量）见表4-6。

表4-6　酸性中和剂的比耗量α_S

碱的名称	比耗量（α_S）/g					
	H_2SO_4		HCl		HNO_3	
	100%	98%	100%	36%	100%	65%
NaOH	1.22	1.24	0.91	2.53	1.37	2.42
KOH	0.88	0.90	0.65	1.80	1.13	1.74
$Ca(OH)_2$	1.32	1.34	0.99	2.74	1.70	2.62
NH_3	2.88	2.93	2.12	5.90	3.71	5.70

（3）中和法的应用实例

① 钛白粉厂酸性废水的处理实例　采用硫酸法生产钛白粉会产生大量的酸性废水，废水中含有大量的Fe^{2+}、SO_4^{2-}、H^+，少量的Ti^{3+}、Ca^{2+}、Mg^{2+}、Cr^{3+}，pH一般为1～3，色度为800～1000倍，对环境的污染极大。

目前钛白粉厂酸性废水通常采用$CaCO_3$和CaO或NaOH中和及混凝沉淀法处理。该方法缺点是出水悬浮物含量超标、回用水量低、石灰用量大、带来废渣的二次污染、增加处理成本等。

采用分段曝气中和+混凝沉淀工艺处理钛白粉厂酸性废水，中和药剂采用石灰石和石灰混用，中和剂投加工艺流程如图4-7所示。

图4-7　中和剂投加工艺流程

采用该工艺处理出水可达到GB 8978—1996《污水综合排放标准》的一级排放要求，并可有效地降低处理成本，去除废水中的Fe^{2+}、SO_4^{2-}。

② 高浓度含钒碱性废水的处理实例　钒（Ⅴ）是优良的合金元素，广泛用于汽车、机械、铁路等行业。但是，钒的化合物毒性很大，钒只能够微量存在

于人体中，人体如果吸入过多的钒，可刺激呼吸、消化及神经系统，也可损害皮肤、心脏和肾脏，还可抑制三磷酸腺苷酶及磷酸酶的活性，使皮肤出现炎症并引起变态性疾病。随着钒工业的发展，含钒废水更多地污染地下水，影响人类健康。

含钒废水中钒的质量浓度一般在0.2g/L以下。工业上对于含钒废水的处理主要采用化学沉淀法和离子交换法。其中还原中和法在工业上应用最为广泛。对于高浓度含钒碱性废水的处理有研究采用硫酸亚铁还原-氢氧化钠中和法，取得了较好的效果，处理工艺流程见图4-8。

图4-8 含钒碱性废水的处理工艺流程

采用硫酸亚铁沉淀-氢氧化钠中和-PAM絮凝法处理高浓度含钒碱性工业废水，最优工艺条件为：还原反应pH为2，还原反应时间为30min，$FeSO_4 \cdot 7H_2O$按$n(Fe):n(V)=4:1$投加，中和沉淀反应pH为9，室温搅拌，助凝剂投加质量浓度为4mg/L，处理后水中钒含量达到国家排放标准要求。

2. 氧化还原法

氧化还原法是指加入氧化剂或还原剂将污水中有害物质氧化或还原为无害物质的方法。在化工废水处理中，常用的方法主要有臭氧氧化法、湿式催化氧化法、电解氧化法、药剂还原法、电解还原法等。具体方法分类见表4-7。

表4-7 氧化还原法分类

分类		方法
氧化法	常温常压	空气氧化法、氯氧化法（液氯、NaClO、漂白粉等）、Fenton氧化法、臭氧氧化法、电解（阳极）法、光氧化法、光催化氧化法
	高温高压	湿式催化氧化、超临界氧化、燃烧法
还原法		药剂还原法（亚硫酸钠、硫代硫酸钠、硫酸亚铁、二氧化硫）、金属还原法（金属铁、金属锌）、电解（阴极）法

（1）臭氧氧化法 臭氧是一种强氧化剂，氧化能力在天然元素中仅次于氟，位居第二位。臭氧可用于水的消毒杀菌，除去水中的酚、氰等污染物质，除去水中铁、锰等金属离子，脱色等。

① 臭氧的物理化学性质

a.强氧化剂。氧化还原电位与pH有关，在酸性溶液中为2.07V，仅次于氟

（3.06V），在碱性溶液中为1.24V。

b.在水中的溶解度较低，只有3～7mg/L（25℃）。臭氧化空气中臭氧只占0.6%～1.2%。

c.会自行分解为氧气。在水中的分解速度比在空气中的快。如水中的臭氧浓度为3mg/L时，在常温常压下，其半衰期仅5～30min。

d.有毒气体，对肺功能有影响，工作场所规定的最大允许浓度为0.1mg/L。

e.具有腐蚀性。除金和铂以外，臭氧化空气对所有的金属材料都有腐蚀，一般工程应用中采用不锈钢材料，对非金属材料也有强烈的腐蚀作用，不能用普通橡胶作密封材料。

② 臭氧氧化法的机理　臭氧在水和废水中的反应可以分为直接反应和间接反应。直接反应是臭氧分子直接和其他化学物质的反应；间接反应是指臭氧分解产生的羟基自由基与其他化合物的反应。

直接反应：污染物+O_3 $\longrightarrow$ 产物或中间物，有选择性。

间接反应：污染物+HO· $\longrightarrow$ 产物或中间物，无选择性，HO·电位高（E_0=2.8V），反应能力强，速度快。

③ 臭氧氧化法的特点

a.优点：氧化效果好，不生成化学污泥，不易引起二次污染，臭氧发生器简单紧凑、占地小、容易实现自动化控制。

b.缺点：投资高、运行费用高。

④ 臭氧氧化法在化工废水处理中的应用　随着臭氧发生设备性能的提高，臭氧氧化技术在废水处理尤其是针对难生物降解或有毒有害废水的治理中应用越来越多。除了和其他处理单元如絮凝、气浮、生化等联合使用外，臭氧氧化法由最初的直接氧化、经碱催化氧化发展形成光催化、多相催化氧化等高级氧化工艺形式。

a.焦化废水的处理：焦化废水经生物处理后，出水的COD_{Cr}约为150mg/L、总有机碳（TOC）约为40mg/L，常含有生物毒性强、环境危害大的物质，如呋喃、哌啶、吡啶、咪唑、噻唑、多氯联苯、喹啉、萘胺、苯酚类等50多种多环芳烃与杂环有机物。

广东韶关某公司焦化厂采用生物处理，处理规模为2000m³/d，出水水质见表4-8。

表4-8　生物处理出水水质

污染指标	pH	COD_{Cr} /（mg/L）	BOD_5 /（mg/L）	TOC /（mg/L）	TTC脱氢酶活 /（μg/L）	氨氮 /（mg/L）	色度 （Pt-Co）/度
监测数据	6.0～7.0	120～200	9.1	35～50	7.12	8.4～20.6	300～400

采用臭氧催化氧化法进行该废水的处理，工艺流程见图4-9。

用5%硫酸和10%NaOH调节焦化废水至适当pH，采用Co^{2+}、Cu^{2+}、Fe^{2+}、Mn^{2+}等金属离子均相和非均相O_3催化氧化处理该废水取得了较好的有机物降解效果，脱色时间短，TOC去除率明显提高，如图4-10和图4-11所示。

图4-9　臭氧催化氧化反应装置工艺流程

图4-10　金属离子（M^{2+}）均相催化下　　图4-11　金属离子（M^{2+}）非均相催化下TOC
　　　　　TOC去除率　　　　　　　　　　　　　　　去除率

b.制浆造纸废水的处理：制浆造纸废水是指化学法制浆产生的蒸煮废液（又称黑液、红液）、洗浆漂白过程中产生的中段水及抄纸工序中产生的白水，其中含有木质素、糖的衍生物以及有机氯化物等，这些有机物中含有大量的发色基团，使废水色度非常高。

镇江某造纸工厂中段二级生化处理后的废水采用臭氧深度氧化处理，原水COD_{Cr}为320mg/L，色度400倍。臭氧氧化工艺处理流程如图4-12所示。

结果表明，臭氧法深度处理制浆造纸废水的最佳工艺参数为：处理时间5min，pH在8左右，臭氧浓度为42.55mg/L。此时，废水COD_{Cr}的去除率为80%，色度的去除率为93%。用臭氧深度处理制浆造纸中段废水，色度和COD_{Cr}的去除率较高，基本能达到排放标准。

图4-12 臭氧氧化工艺处理废水流程

c.印染废水的处理：印染加工的四个工序都要排出废水，预处理阶段（包括退浆、煮炼、漂白、丝光等工序）要排出退浆废水、煮炼废水、漂白废水和丝光废水，染色工序排出染色废水，印花工序排出印花废水和皂液废水，整理工序则排出整理废水。印染废水是以上各类废水的混合废水，或除漂白废水以外的综合废水。

印染废水的水质随采用的纤维种类和加工工艺的不同而异，污染物组分差异很大。一般印染废水pH为6～10，COD为400～1000mg/L，BOD为100～400mg/L，SS为100～200mg/L，色度为100～400倍。印染废水整体呈现色度大、有机物含量高、COD变化大、碱性大、水温水量变化大等特点，生化处理难。

广东省某印染厂废水处理站的二级处理出水采用臭氧深度氧化处理，该印染厂主要使用活性染料对棉布、针织物进行印染，废水中溶解性有机碳（DOC）为14.58mg/L，COD为46.5mg/L，UV_{254}为1.536，UV_{400}为0.143。

结果表明：臭氧氧化法对印染废水二级出水处理效果较好，特别是在色度的去除方面，当比臭氧消耗量（一定反应时间内消耗的臭氧质量与进水中溶解性有机碳质量的比）为6.5mg/mg时，A_{400}减少率达90%以上，A_{254}减少率达85%以上，DOC为11.23mg/L、COD为16.3mg/L，出水水质满足DB44/26—2001《水污染物排放限值》。

（2）湿式氧化法　湿式氧化（wet oxidation，WO）是在高温（150～350℃）高压（2～20MPa）条件下，以空气（或纯氧）为氧化剂处理有机废水的工艺，一般反应停留时间为15～120min，COD去除率为75%～90%。高温条件有利于提高有机物氧化反应速率，减小液体黏度，增加氧气的传质速率；而高压条件则保证了反应在液相进行，同时提高了氧的溶解度，从而加快氧化反应的速率。一般来说，WO适于处理的有机废水COD_{Cr}范围为10～200g/L。

湿式氧化技术从1958年Zimmeramn用以处理造纸黑液取得良好的效果以来，在造纸废水、焦化废水、乳化废水、石化废水处理以及活性污泥调理和活性炭再生等方面均有应用。

20世纪80年代国外学者对酚和取代酚的湿式氧化过程及其终产物的毒性进行了研究。研究表明：终产物的毒性是原始物毒性的1/20～1/10，并且投加催化剂后湿式氧化的处理效果显著提高。此外，有人在150～180℃，氧分压为0.3～1.5MPa条件下用WO技术处理含酚废水，发现COD的去除率可达90%以上，酚类分子结构破坏率接近100%；在温度为150～230℃，氧分压为0～2.5MPa的条件下，WO技术处理酒精蒸馏废水的动力学反应式是分两步进行的，氧反应指数为1。当氧分压<1MPa时，氧反应指数在0.3～0.6之间；当温度在200℃时，氧的溶解度增加，氧化速率也相应增大，反应活化能为45.34kJ/mol。

湿式氧化要求在高温高压下进行，一方面需耗费大量的能量，另一方面高温高压的反应条件对反应器的材质选择有很高的要求。为缓和WO所要求的苛刻的反应条件，降低反应温度和压力，使反应尽可能在"温和"的条件下进行，在WO反应体系中引入了催化剂，即催化湿式氧化（catalytic wet oxidation，CWO）。

采用催化湿式氧化法对含硫废水、碱渣废水及某农药废水进行处理，处理效果见表4-9。

表4-9　催化湿式氧化法对含硫废水、碱渣废水及某农药废水的处理效果

废水种类	$T/℃$	p/MPa	空速/h^{-1}	气/H_2O（体积）	COD去除率/%	S去除率/%	BOD_5/COD_{Cr}	可生化性
含硫废水	265	7.0	1.0	200	77.1	—	0.64	良好
碱渣废水	230	6.5	8	—	78	99	>0.8	—
农药废水	245	4.2	20	300	91.3	—	>0.5	良好

（3）药剂还原法　指向废水中投加还原剂，使废水中的有害有毒物质转变为无毒或毒性小的新物质的方法。

常用的还原剂有亚硫酸钠、亚硫酸氢钠、焦亚硫酸钠、硫代硫酸钠、硫酸亚铁、二氧化硫、水合肼、铁粉等。现简单介绍一下亚硫酸盐、硫酸亚铁、铁屑还原法在废水处理中的应用。

① 亚硫酸盐还原法　目前常用亚硫酸钠和亚硫酸氢钠，也有用焦亚硫酸钠。以含铬废水的处理为例，六价铬与亚硫酸氢钠的反应为：

$$2H_2Cr_2O_7+6NaHSO_3+3H_2SO_4 = 2Cr_2(SO_4)_3+3Na_2SO_4+8H_2O$$

六价铬与亚硫酸钠的反应为：

$$H_2Cr_2O_7+3Na_2SO_3+3H_2SO_4 = Cr_2(SO_4)_3+3Na_2SO_4+4H_2O$$

还原后用NaOH中和至pH为7～8，生成$Cr(OH)_3$沉淀，然后过滤回收铬污泥。反应如下：

$$Cr_2(SO_4)_3+6NaOH = 2Cr(OH)_3\downarrow +3Na_2SO_4$$

亚硫酸盐还原法的基本工艺设计参数如下：

a.废水六价铬浓度一般在100 ~ 1000mg/L范围内。

b.废水pH为2.5 ~ 3，如果CrO_3浓度大于0.5g/L，还原要求pH=1，还原反应后要求pH保持在3左右。

c.还原剂用量与Cr^{6+}浓度和还原剂种类有关。电镀废水在通常的Cr^{6+}浓度范围内，还原剂理论用量（质量比）六价铬为1时，亚硫酸氢钠、亚硫酸钠、焦亚硫酸钠分别为4、4、3。投量不宜过大，否则既浪费药剂，又会生成$[Cr_2(OH)_2SO_3]^{2+}$，难以沉淀。

d.还原反应时间约30min。

e.氢氧化铬沉淀pH控制在7 ~ 8范围内。

f.沉淀剂可用NaOH、石灰、碳酸钠，根据实际情况选用。一般常用20%NaOH溶液。

② 硫酸亚铁还原法　硫酸亚铁还原法处理含铬废水是一种成熟的方法，药剂来源容易，可用钢铁酸洗废液的硫酸亚铁，成本较低，除铬效果也较好。

在硫酸亚铁中主要是亚铁离子起还原作用。在酸性条件下，pH为2 ~ 3，此时废水中六价铬主要以重铬酸根离子形式存在。其还原反应为：

$$H_2Cr_2O_7+6FeSO_4+6H_2SO_4 = Cr_2(SO_4)_3+3Fe_2(SO_4)_3+7H_2O$$

用硫酸亚铁还原六价铬，最终废水中同时有Fe^{3+}、Cr^{3+}，所以中和沉淀时Cr^{3+}和Fe^{3+}一起沉淀，沉淀的污泥是铬氢氧化物和铁氢氧化物的混合物。若用石灰乳进行中和沉淀，污泥中还有$CaSO_4$沉淀：

$$Cr_2(SO_4)_3+3Ca(OH)_2 = 2Cr(OH)_3\downarrow +3CaSO_4\downarrow$$

此法又称为硫酸亚铁石灰法。生成的污泥量比亚硫酸盐还原法大3倍以上，基本上没有回收利用价值，需要妥善处理，以防止二次污染，这是本法最大的缺点。

硫酸亚铁石灰法的主要工艺设计参数为：

a.废水六价铬浓度50 ~ 100mg/L；

b.还原时废水pH为1 ~ 3；

c.还原剂用量Cr^{6+}：$FeSO_4 \cdot 7H_2O$=1：（25 ~ 30）；

d.反应时间不小于30min；

e.中和沉淀pH为7 ~ 9。

③ 铁屑还原法　通过铁屑还原槽中铁炭微电池的电化学作用和填料的吸附作用，以及其他各种协同作用来处理废水的方法称为铁屑还原法。

铁屑还原法适合高浓度酸性印染废水的处理，色度去除率可达98%以上，对COD_{Cr}亦有较高的去除率，能较显著地改善废水的可生化性，且成本低廉，在有工业废酸可以利用的地区值得推广使用。

（4）电解氧化还原法　电解质溶液在电流的作用下，发生电化学反应的过程称为电解。废水进行电解反应时，废水中的有毒物质在阳极和阴极分别进行氧化还原反应，产生的新物质或沉积于电极表面，或沉淀下来，或生成气体从水中逸出，从而降低了废水中有毒物质的浓度。

① 电解还原法处理含铬废水　在电解槽中一般放置铁电极，在电解过程中铁板阳极溶解产生亚铁离子。亚铁离子是强还原剂，在酸性条件下，可将废水中的六价铬还原为三价铬，其离子反应方程式如下：

$$Fe-2e^- \longrightarrow Fe^{2+}$$
$$Cr_2O_7^{2-}+6Fe^{2+}+14H^+ \longrightarrow 2Cr^{3+}+6Fe^{3+}+7H_2O$$
$$CrO_4^{2-}+3Fe^{2+}+8H^+ \longrightarrow Cr^{3+}+4H_2O+3Fe^{3+}$$

在阴极氢离子获得电子生成氢，废水中的六价铬直接还原为三价铬。离子反应为：

$$2H^++2e^- \longrightarrow H_2 \uparrow$$
$$Cr_2O_7^{2-}+6e^-+14H^+ \longrightarrow 2Cr^{3+}+7H_2O$$
$$CrO_4^{2-}+3e^-+8H^+ \longrightarrow Cr^{3+}+4H_2O$$

实验证明，电解时阳极溶解产生的亚铁离子是六价铬还原为三价铬的主要因素，而阴极直接将六价铬还原为三价铬是次要的。因此，为了提高电解效率，采用铁阳极并在酸性条件下进行电解。

② 电解氧化法处理含氰废水　当不加食盐电解质时，氰化物在阳极发生氧化反应，产生二氧化碳和氮气，其反应式如下：

$$CN^-+2OH^--2e^- == CNO^-+H_2O$$
$$CNO^-+2H_2O == NH_4^++CO_3^{2-}$$
$$2CNO^-+4(OH)^--6e^- == 2CO_2 \uparrow +N_2 \uparrow +2H_2O$$

当电解槽投加食盐后，Cl^-在阳极放出电子成为游离氯［Cl］，并促进阳极附近的CN^-氧化分解，而后又形成Cl^-，继续放出电子再去氧化其他CN，其反应式如下：

$$2Cl^--2e^- == 2［Cl］$$
$$CN^-+2［Cl］+2OH^- == CNO^-+2Cl^-+H_2O$$
$$2CNO^-+6［Cl］+4OH^- == 2CO_2 \uparrow +N_2 \uparrow +2H_2O+6Cl^-$$

③ 电解氧化法处理含酚废水　电解除酚时，一般以石墨做阳极，电极附近的反应十分复杂：既有阳极的直接氧化作用，使酚氧化为邻苯二酚、邻苯二醌，进而氧化为顺丁烯二酸，也有间接的氧化作用，即阳极产物OCl^-与酚反应，开始有氯代酚生成，接着使酚氧化分解。

为强化氧化反应和降低电耗，通常都投加食盐，食盐的投加量为20g/L，电流密度采用$1.5 \sim 6A/dm^2$，经$6 \sim 38min$的电解处理后，废水酚浓度可从$250 \sim 600mg/L$降到$0.8 \sim 4.3mg/L$。

三、物理化学法

废水经过物理方法处理后，仍会含有某些细小的悬浮物以及溶解的有机物。为了进一步去除残存在水中的污染物，可以进一步采用物理化学方法进行处理。常用的物理化学方法有吸附、浮选、混凝、电渗析、反渗透、超滤等。

1. 吸附法

（1）吸附过程原理　吸附是利用多孔性固体吸附剂的表面活性，吸附废水中的一种或多种污染物，达到废水净化的目的。根据固体表面吸附力的不同，吸附可分为以下三种类型。

① 物理吸附　吸附剂和吸附质之间通过分子间力产生的吸附称为物理吸附。被吸附的分子由于热运动还会离开吸附剂表面，这种现象称为解吸，是吸附的逆过程。降温有利于吸附，升温有利于解吸。

② 化学吸附　吸附剂和吸附质之间发生由化学键力引起的吸附称为化学吸附。化学吸附一般在较高温度下进行，吸附热较大。一种吸附剂只能对某种或几种吸附质发生化学吸附，因此化学吸附具有选择性。化学吸附比较稳定，当化学键力大时，化学吸附是不可逆的。

③ 离子交换吸附　离子交换吸附就是通常所指的离子交换。

（2）活性炭吸附　活性炭是一种非极性吸附剂，是由含碳为主的物质作原料，经高温炭化和活化制得的疏水性吸附剂。其外观是暗黑色，有粒状和粉状两种，目前工业上大量采用的是粒状活性炭。主要成分除碳以外，还有少量的氧、氢、硫等元素，以及水分、灰分。活性炭具有良好的吸附性能和稳定的化学性质，可以耐强酸、强碱，能经受水浸、高温、高压作用，不易破碎。

与其他吸附剂相比，活性炭具有巨大的比表面积，通常可达$500 \sim 1700m^2/g$，因而形成了强大的吸附能力。但是，比表面积相同的活性炭，其吸附容量并不一定相同。因为吸附容量不仅与比表面积有关，而且还与微孔结构和微孔分布，以及表面化学性质有关。粒状活性炭的孔径（半径）大致分为以下三种：

① 大孔　$10^{-7} \sim 10^{-5}m$；

② 过渡孔　$2 \times 10^{-9} \sim 10^{-7}m$；

③ 微孔　$<2 \times 10^{-9}m$。

活性炭是目前废水处理中普遍采用的吸附剂，已广泛用于化工行业如印染、氯丁橡胶、腈纶、三硝基甲苯等的废水处理和水厂的污染水源净化处理（见表4-10）。

表 4-10　粒状活性炭用于污染水源净化实例

水厂名称	处理量 /（m³/d）	处理工艺流程	活性炭滤池的个数与参数	再生装置情况	活性炭的作用
美国新英格兰曼彻斯特市水厂	114000	高速混合、混凝沉淀、砂滤和活性炭滤池	4个滤池，4.9m×33.6m，炭层1.2m	—	除味及有机物
日本柏井净水厂	750000	流化床活性炭吸附装置	—	设流化床再生炉	除味及有机物
法国梅利水厂	100000	预氯化、混凝沉淀、粒状活性炭、臭氧消毒、后氧化	6个滤池，接触时间15min	再生周期12个月	除味、氯及有机物
中国某有色金属公司动力厂	30000	砂滤池、活性炭吸附塔	6个吸附塔，直径4.5m，高7.6m	1kg活性炭处理11～14m³水直接电流法再生	除味及有机物

2. 混凝法

混凝法处理的对象是废水中利用自然沉淀法难以沉淀除去的细小悬浮物及胶体微粒，可以用来降低废水的浊度和色度，去除多种高分子有机物、某些重金属和放射性物质；此外，混凝法还能改善污泥的脱水性能，因此，混凝法在废水处理中应用广泛。

混凝法的优点是设备简单，操作易于掌握，处理效果好，间歇或连续运行均可以。缺点是运行费用高，沉渣量大，且脱水较困难。

（1）混凝原理　对混凝过程的作用原理有三种说法：一种是双电层作用；另一种是吸附架桥作用；还有一种是网捕或卷扫作用。

① 双电层作用　这一原理主要考虑低分子电解质对胶体微粒产生电中和作用，以引起胶体微粒凝聚。以废水中胶体带负电荷，投加低分子电解质硫酸铝 $[Al_2(SO_4)_3]$ 作混凝剂进行混凝为例说明。

a. 硫酸铝 $[Al_2(SO_4)_3]$ 首先在废水中离解，产生正离子 Al^{3+} 和负离子 SO_4^{2-}：

$$Al_2(SO_4)_3 \longrightarrow 2Al^{3+} + 3SO_4^{2-}$$

Al^{3+} 是高价阳离子，大大增加了废水中的阳离子浓度，在带负电荷的胶体微粒吸引下 Al^{3+} 由扩散层进入吸附层，使 ζ 电位降低。于是带电的胶体微粒趋向电中和，消除了静电斥力，降低了它们的悬浮稳定性，当胶体再次相互碰撞时，即凝聚结合为较大的颗粒而沉淀。

b. Al^{3+} 在水中水解后最终生成 $Al(OH)_3$ 胶体：

$$Al^{3+} + 3H_2O \Longrightarrow Al(OH)_3(胶体) + 3H^+$$

$Al(OH)_3$ 是带电胶体，当 pH<8.2 时，带正电。它与废水带负电的胶体微粒互相吸引，中和其电荷，使胶体凝结成较大的颗粒而沉淀。

c. $Al(OH)_3$ 胶体具有长条形结构，表面积很大，活性较高，可以吸附废水中的悬浮颗粒，使呈分散状态的颗粒形成网状结构，成为更粗大的絮凝体（矾花）而沉淀。

② 吸附架桥作用　当废水中加入少量的高分子聚合物时，聚合物即被迅速吸附结合在胶体微粒表面上。开始时，高聚物分子链节的一端吸附在一个微粒表面上，未被吸附的一端就伸展到溶液中去，这些伸展的分子链节又会被其他的微粒所吸附，于是形成一个高分子链状物同时吸附在两个以上的胶体微粒表面的情况。各微粒依靠高分子的连接作用构成某种聚集体，结合为絮状物，这种作用称为吸附架桥作用。

③ 网捕或卷扫作用　当铝盐或铁盐混凝剂投量很大而形成大量氢氧化物沉淀时，可以网捕、卷扫水中胶粒以致产生沉淀分离，称卷扫或网捕作用。这是一种机械作用，所需混凝剂量与原水杂质含量成反比，即原水胶体杂质含量少时，所需混凝剂量多，反之亦然。

（2）混凝剂分类　在废水的混凝沉淀处理中，影响混凝效果的因素很多，主要有pH、温度、药剂种类和投加量、搅拌强度及反应时间等。常用的混凝剂可分为无机、有机和微生物类，见表4-11。

表4-11　混凝剂分类

分类			混凝剂
无机类	低分子	无机盐类 酸、碱类 金属 电解产物	硫酸铝、硫酸铁、硫酸亚铁、铝酸钠、氯化铁、氯化铝、碳酸钠、氢氧化钠、氧化钙、硫酸、盐酸 氢氧化铝、氢氧化铁
	高分子	阳离子型 阴离子型	聚合硫酸铝、聚合氯化铝 活性硅酸
有机类	表面活性剂	阴离子型 阳离子型	月桂酸钠、硬脂酸钠、油酸钠、松香酸钠、十二烷基苯磺酸钠 十二烷胺乙酸、十八烷胺乙酸、松香胺乙酸、烷基三甲基氯化 铵、氯化铵、十八烷基二甲基二苯乙二酮
	低聚合度高分子（分子量约一千至数万）	阴离子型 阳离子型 非离子型 两性型	藻朊酸钠、羧甲基纤维素钠盐 水溶性苯胺树脂盐酸盐、聚亚乙基亚胺 淀粉、水溶性脲醛树脂 动物胶、蛋白质
	高聚合度高分子（分子量十万至数百万）	阴离子型 阳离子型 非离子型	聚丙烯酸钠、聚丙烯酰胺、马来酸共聚物 聚乙烯吡啶盐、乙烯吡啶共聚物 聚丙烯酰胺、聚氧化乙烯
微生物类			糖蛋白、多糖、蛋白质、纤维素和DNA

（3）混凝过程及投药方法　混凝沉淀处理流程包括投药、混合、反应及沉淀分离几个部分。其流程如图4-13所示。

图4-13　混凝沉淀流程示意图

混凝沉淀分为混合、反应、沉淀三个阶段。混合阶段的作用主要是将药剂迅速、均匀地投加到废水中，以压缩废水中胶体颗粒的双电层，降低或消除胶粒的稳定性，使废水中胶体能互相聚集成较大的微粒——绒粒。混合阶段需要快速地进行搅拌，作用时间要短，以达到瞬时混合效果最好的状态。

反应阶段的作用是促使脱稳的胶体粒子碰撞结合，成为可见的矾花微粒，所以反应阶段需要足够的时间，而且需保证必要的速度、梯度。在反应阶段，由聚集作用所生成的微粒与废水中原有的悬浮微粒之间或相互之间，由于碰撞、吸附、架桥作用生成较大的绒体，然后送入沉淀池进行分离。

投药方法有干法和湿法。干法是把经过破碎、易于溶解的药剂直接投入废水中。干法操作占地面积小，但对药剂的粒度要求高，投量控制较严格，同时劳动条件也较差，目前国内应用较少。湿法是将混凝剂和助凝剂配成一定浓度的溶液，然后按处理水量大小定量投加。

3. 浮选法

浮选法就是利用高度分散的微小气泡作为载体去黏附废水中的污染物，使其密度小于水而上浮到水面，实现固液或液液分离的过程。在废水处理中，浮选法已广泛应用于：①分离地表水中的细小悬浮物、藻类及微絮体；②回收工业废水中的有用物质，如造纸厂废水中的纸浆纤维及填料等；③代替二次沉淀池，分离和浓缩剩余活性污泥，特别适用于那些易于产生污泥膨胀的生化处理工艺中；④分离回收油废水中的可浮油和乳化油；⑤分离回收以分子或离子状态存在的污染物，如表面活性剂和金属离子等。

（1）浮选法的基本原理　浮选法的根据是表面张力的作用原理。当液体和空气相接触时，在接触面上的液体分子由于与液体内部液体分子的引力，而被拉向液体的内部，引起液体表面收缩至最小，使得液珠总是呈圆球形存在。这种企图缩小表面面积的力，称为液体的表面张力，单位为N/m。

将空气注入废水时，空气、废水与废水中存在的细小颗粒物质，共同组成三相系统。细小颗粒黏附到气泡上时，使气泡界面发生变化，引起界面能的变化。在颗粒黏附于气泡之前和黏附于气泡之后，气泡单位界面面积上的界面能之差以ΔE表示。如果$\Delta E>0$，说明界面能减少了，颗粒为疏水物质，可与气泡黏附；反之，如果$\Delta E<0$，则颗粒为亲水物质，不能与气泡黏附。

浮选剂的种类很多，如松香油、石油及煤油产品、脂肪酸及其盐类、表面活性剂等。

（2）浮选法设备及流程　浮选法的形式比较多，常用的气浮方法有加压溶气气浮、曝气气浮、真空气浮、电解气浮和生物气浮等。

加压浮选法在国内应用比较广泛。其操作原理是，在加压的情况下将空气通入废水中，使空气在废水中溶解达饱和状态，然后由加压状态突然减至常压，这时水中空气迅速以微小的气泡析出，并不断向水面上升。气泡在上升过程中，将废水中的悬浮颗粒黏附带出水面，然后在水面上将其加以去除。

加压溶气浮选法有全部进水加压溶气、部分进水加压溶气和部分处理水加压溶气三种基本流程。全部进水加压溶气气浮流程的系统配置如图4-14所示。全部原水由泵加压至0.3～0.5MPa，压入溶气罐，用空压机或射流器向溶气罐压入空气。溶气后的水气混合物再通过减压阀或释放器进入气浮池进口处，析出气泡进行气浮。在分离区形成的浮渣用刮渣机将浮渣排入浮渣槽，这种流程的缺点是能耗高、溶气罐较大。

图4-14　全部进水加压溶气气浮流程图

1—吸水井；2—加压泵；3—空压机；4—压力溶气罐；5—减压释放阀；6—分离室；
7—原水进水管；8—刮渣机；9—集水系统；10—填料层；11—隔板；12—接触室

（3）浮选净水新工艺　浮选净水新工艺主要包括传统的加压溶气气浮的改进、高效浅层气浮工艺、涡凹气浮工艺、电凝聚气浮技术、逆流共聚气浮工艺、FBZ工艺超声波气浮技术等。其中针对传统加压溶气气浮的改进工艺包括溶气泵气浮、高效加压溶气气浮、射流气浮、斜板溶气气浮等。在此主要介绍溶气泵气浮装置。

溶气泵气浮装置将气浮系统优化，不需另设循环泵、空压机、溶气罐，直接采用多相流体泵实现吸气、溶气过程。通过多相流混合泵所具有的特殊结构叶轮的高速旋转剪切作用，将吸入的空气剪切为直径微小的气泡，随后在泵的高压下溶于水，并在随后的减压阶段，溶解的气体以微气泡的形式释放出来。溶气泵产生的气泡直径一般在20～40μm，吸入空气最大溶解度达到100%，溶气水中最大含气量达到30%。该装置气泡产生设备简单，运行稳定，管理方便，但一般仅适用于小规模净水工程。

某含油污水采用多相流泵（溶气泵）溶气气浮处理，实验装置如图4-15所示，在最佳运行参数下，气浮除油率可达85%以上。

图4-15 溶气泵加压溶气气浮系统流程图

4. 膜分离法

水处理中的膜分离法一般是指微滤、超滤、反渗透、电渗析等以膜材料为核心工艺方法，利用特定膜材料的透过性能，在一定驱动力作用下，实现对水中颗粒、胶体、分子乃至离子的分离。微滤、超滤和反渗透是以压力差作为驱动力的膜分离法；电渗析是利用离子交换膜对水中离子的选择性，以电位差作为驱动力的膜分离法。

（1）电渗析

① 电渗析原理　电渗析（ED）技术是膜分离技术的一种。将阴、阳离子交换膜交替排列于正负电极之间，并用特制的隔板将其隔开，组成除盐（淡化）和浓缩两个系统。在直流电场作用下，以电位差为动力，利用离子交换膜的选择透过性，把电解质从溶液中分离处理，从而实现溶液的浓缩、淡化、精制和提纯。

② 电渗析法处理丙烯腈废水的实例　丙烯腈生产过程中排放的废水中含有高浓度、难降解的有机物。中国石化某丙烯腈车间排放的废水采用电渗析法处理，实验装置如图4-16所示。

该废水经过重力沉降、常压砂子过滤处理，含有硫酸铵质量分数为6%左右，颜色为黑褐色，COD约40000mg/L，有刺激性气味。

结果表明：脱盐率随流量的升高而降低，随电压的升高而升高，但达到一定值后，脱盐率基本不随电压的变化而变化。随着流量的增大，能耗降低；电

图4-16 电渗析流程

1—浓缩室；2—淡化室；3—汲水储槽；
4—计量泵；5—流量计；6—电渗析装置

压越高，能耗越高。电压为10V、流量为50L/h的操作条件下，能耗为16.81kJ/g左右，温度提高有利于电渗析过程的进行。

（2）超滤技术　超滤（UF）属于压力驱动型膜分离技术，其操作静压差一般为0.1～0.5MPa，被分离组分的直径大约为0.01～0.1μm，一般被分离的对象是分子量大于500～1000000的大分子和胶体粒子。

一般认为超滤是一种筛孔分离过程，在静压差推动力的作用下，原料液中溶剂和小溶质粒子从高压的料液侧透过膜流到低压侧，而大粒子组分被膜所阻拦，使它们在滤剩液中的浓度增大。

由于超滤技术具有压力低、无相变、能耗少、适用范围广、分离效率高等特点，近年来在废水处理领域中得到了较快的发展。在石油废水、含重金属废水、食品废水、造纸废水、纺织印染废水及其他工业废水的处理中得到了广泛的应用。

某味精废水采用超滤工艺处理，废水中菌体的质量分数为1%～2%，糖的质量分数<0.8%，Zn的质量浓度为3～5g/L，采用UF工艺处理后，废水的COD降低34%，菌体去除率达到99%，Zn的质量浓度降至2mg/L。

（3）反渗透　反渗透又称逆渗透，一种以压力差为推动力，从溶液中分离出溶剂的膜分离操作。对膜一侧的料液施加压力，当压力超过它的渗透压时，溶剂会逆着自然渗透的方向作反向渗透。从而在膜的低压侧得到透过的溶剂，即渗透液；高压侧得到浓缩的溶液，即浓缩液。渗透和反渗透的原理如图4-17所示。

(a) 渗透原理　　　　(b) 反渗透原理

图4-17 渗透和反渗透原理示意图

反渗透可使水中的无机盐和硬度离子以及有机物、细菌等去除率达到

97% ~ 98%，现已被广泛应用于医药、电子、食品、化工等行业。

　　某化肥厂碳酸钾生产采用离子交换法，其排放的废水中含有氨、氮等污染环境的有害物质。反洗开始10min和上钾过程中排放的废水浓度较低，平均氯化铵质量浓度为1000 ~ 10000mg/L，若送往蒸发处理，蒸汽消耗较大，另一方面产生的冷凝液也多，无法处理。采用反渗透对该低浓度废水进行处理，实验工艺流程如图4-18所示。

图4-18　反渗透工艺流程

　　该装置试车运行以来，实际处理废水量为低浓度废水100m³/h，高浓度废水40m³/h，产品浓水氯化铵质量浓度为50000 ~ 60000mg/L，产品淡水氯化铵质量浓度≤10mg/L。该装置投产后不仅实现了废水的零排放，而且每年可节约一次水$1 \times 10^7 m^3$，实现了水的综合利用和碳酸钾的清洁生产，每年可节约水费100万元。

四、生物处理法

生物处理法就是利用微生物新陈代谢功能，使废水中呈溶解和胶体状态的有机污染物被降解并转化为无害的物质，使废水得以净化。根据参与的微生物种类和供氧情况，生物处理法分为好氧生化法及厌氧生化法。

1. 好氧生化法

依据好氧微生物在处理系统中的生长状态可分为活性污泥法和生物膜法。

（1）活性污泥法　活性污泥是活性污泥法中曝气池的净化主体，生物相较为齐全，具有很强的吸附和氧化分解有机物的能力。

根据运行方式的不同，活性污泥法主要可分为普通活性污泥法（常规或传统活性污泥法）、逐步曝气活性污泥法、生物吸附活性污泥法（吸附再生曝气法）和完全混合活性污泥法（包括加速曝气法和延时曝气法）等。其中普通活性污泥法是处理废水的基本方法，其他各法均在此基础上发展而来。

普通活性污泥法（如图4-19所示）采用窄长形曝气池，水流是纵向混合的推流式，按需氧量进入空气，使活性污泥与废水在曝气池中互相混合，并保持4～8h的接触时间，将废水中的有机污染物转化为CO_2、H_2O、生物固体及能量。曝气池出水，活性污泥在二次沉淀池进行固液分离，一部分活性污泥被排出，其余的回流到曝气池的进口处重新使用。

图4-19　普通活性污泥法流程

1—初次沉淀池；2—曝气池；3—二次沉淀池

普通活性污泥法对溶解性有机污染物的去除效率为85%～90%，运行效果稳定可靠，使用较为广泛。其缺点是抗冲击负荷性能较差，所供应的空气不能充分利用，在曝气池前段生化反应强烈，需氧量大，后段反应平缓而需氧量相对减少，但空气的供给是平均分布的，结果造成前段供氧不足，后段氧量过剩的情况。

（2）生物膜法　污水的生物膜法是与活性污泥法并列的一种污水好氧生物处理技术。这种处理方法的实质是使细菌和菌类一类的微生物和原生动物、后生动物一类的微型动物附着在滤料或某些载体上生长繁育，并在其上形成膜状生物污泥——生物膜。污水与生物膜接触，污水中的污染物作为营养物质，为生物膜上的微生物所摄取，从而使污水得到净化。

生物膜法的工艺形式有生物滤池（普通生物滤池、高负荷生物滤池、塔式生物滤池）、生物转盘、生物接触氧化法和生物流化床等。生物滤池是早期出现，至今仍在发展中的污水生物处理技术。

① 生物滤池　普通生物滤池的工作原理是废水通过布水器均匀地分布在滤池表面，滤池中装满滤料，废水沿滤料向下流动，到池底进入集水沟、排水渠并

流出池外。在滤料表面覆盖着一层黏膜，在黏膜上长着各种各样的微生物，这层膜被称为生物膜。生物滤池的工作实质，主要靠滤料表面的生物膜对废水中有机物的吸附氧化作用。

扫一扫
生物滤池

生物滤池主要设计参数如下。

a.水力负荷，即每单位体积滤料或每单位面积滤池每天可以处理的废水水量。单位是m^3（废水）/[m^3（滤料）·d]或m^3（废水）/[m^2（滤池）·d]。

b.有机物负荷或氧化能力，即每单位体积的滤料每天可以去除废水中的有机物数量。单位是g/[m^3（滤料）·d]。

生物滤池除普通生物滤池外还包括高负荷生物滤池（见图4-20）、塔式生物滤池等。

高负荷生物滤池采用实心拳状复合式塑料滤料，旋转布水器进水，运行中多采用处理水回流。其优点是：增大水力负荷，促使生物膜脱落，防止滤池堵塞；稀释进水，降低有机负荷，防止浓度冲击，使系统工作稳定；向滤池连续接种污泥，促进生物膜生长；增加水中溶解氧，减少臭味；防止滤池滋生蚊蝇。缺点是：水力停留时间缩短；降低进水浓度，将减慢生化反应速率；回流水中难降解的物质产生积累；在冬季回流将降低滤池内水温。

图4-20　高负荷生物滤池

1—旋转布水器；2—滤料；3—集水沟；
4—总排水沟；5—渗水装置

塔式生物滤池（见图4-21）是根据化学工业填料塔的经验建造的。它的直径小而高度大（20m以上），使得废水与生物膜的接触时间长，生物膜增长和脱落快，提高了生物膜的更新速度，塔内通风得到改善。其上层滤料可去除大部分有机物，下层滤料起着改善水质的作用。因塔高且分层对进水的水量水质变化适应性强，对含酚、氰、丙烯腈、甲醛等有毒废水都有较好的去除效果。

② 生物转盘　生物转盘是20世纪60年代德国开创的一种污水生物处理技术，具有一系列的优点，在化纤、石化、印染、制革、造纸等废水处理中得到了广泛的应用。

(a) 塔式生物滤池 (b) 二段塔滤的吸收段示意图

图 4-21 塔式生物滤池

1—进水管；2—布水器；3—塔身；
4—滤料；5—填料支承；6—塔身底座；
7—吸收段进水管；8—吸收段填料

生物转盘是由盘片、接触反应槽、转轴及驱动装置所组成。盘片串联成组，中心贯以转轴，转轴两端安设在半圆形接触反应槽两端的支座上。转盘面积的40%左右浸没在槽内的污水中，转轴高出槽内水面 10～25cm。

接触反应槽内充满污水，转盘交替地和空气与污水相接触。在经过一段时间后，在转盘上即将附着一层栖息着大量微生物的生物膜。微生物的种属组成逐渐稳定，其新陈代谢功能也逐步地发挥出来，并达到稳定的程度，污水中的有机污染物为生物膜所吸附降解。

转盘转动离开污水与空气接触，生物膜上固着水层中的氧是过饱和的，固着水层从空气中吸收氧，并将其传递到生物膜和污水中，使槽内污水的溶解氧含量达到一定的浓度，甚至可能达到饱和。

在转盘上附着的生物膜与污水以及空气之间，除有机物（BOD、COD）与 O_2 外，还进行着其他物质如 NH_3、CO_2 的传递。如图4-22所示。

生物转盘除能有效地去除有机污染物外，如运行得当，还能够具有硝化、脱氮与除磷的功能。

③ 生物接触氧化法 生物接触氧化法是一种介于活性污泥法和生物滤池之间的生物处理技术。生物接触氧化处理技术的实质之一是在池内充填填料，已经充氧的污水浸没全部填料，并以一定的流速流经填料。在填料上布满生物膜，

(a) 侧面   (b) 断面

图 4-22 生物转盘净化反应过程与物质传递示意图

污水与生物膜广泛接触，在生物膜上微生物新陈代谢功能的作用下，污水中有机污染物得到去除，污水得到净化。另一实质是采用与曝气池相同的曝气方法，向微生物提供其他所需的氧，并起到搅拌与混合的作用，相当于在曝气池内充填供微生物栖息的填料。

生物接触氧化法基本流程见图4-23。

图4-23　生物接触氧化法的基本流程

该技术的主要特点：

a.生物固体浓度（10～20g/L）高于活性污泥法和生物滤池，容积负荷高[可达3.0～6.0kgBOD$_5$/（m^3·d）]；

b.不需要污泥回流，无污泥膨胀问题，运行管理简单；

c.对水量水质的波动有较强的适应能力；

d.污泥产量略低于活性污泥法。

④ 生物流化床　生物流化床是20世纪70年代开发的一种新型生物膜法处理工艺；以相对密度大于1的细小惰性颗粒如砂、焦炭、陶粒、活性炭等为载体；废水以较高的上升流速使载体处于流化状态；生物固体浓度很高，传质效率也很高，是一种高效的生物处理构筑物。

生物流化床用于污水处理具有BOD容积负荷率高、处理效果好、效率高、占地少以及投资省等优点，并可取得一定的脱氮效果。

生物流化床的构造主要包括床体、载体、布水装置、充氧装置和脱膜装置等。

从工艺类型上看，生物流化床按载体流化的动力来源可分为液流动力流化床（图4-24）、气流动力流化床（图4-25）和机械搅拌流化床（图4-26）；按需氧状态可分为好氧生物流化床和厌氧生物流化床。

2. 厌氧生化法

（1）厌氧生化法的基本原理　废水处理的厌氧生化法是指在无分子氧的条件下通过厌氧微生物（或兼氧微生物）的作用，将废水中的有机物分解转化为甲烷和二氧化碳的过程。厌氧过程主要依靠三大主要类群的细菌，即水解产酸细菌、产氢产乙酸细菌和产甲烷细菌的联合作用完成。因而应划分为三个连续的阶段，如图4-27所示。

图4-24　液流动力流化床（二相流化床）

图4-25　气流动力流化床（三相流化床）

　　第一阶段为水解酸化阶段。复杂的大分子有机物、不溶性的有机物先在细胞外酶的作用下水解为小分子、溶解性有机物，然后渗透到细胞体内，分解产生挥发性有机酸、醇类、醛类物质等。

　　第二阶段为产氢产乙酸阶段。在产氢产乙酸细菌的作用下，将第一阶段所产生的各种有机酸分解转化为乙酸和H_2，在降解有机酸时还形成CO_2。

　　第三阶段为产甲烷阶段。产甲烷细菌利用乙酸、乙酸盐、CO_2和H_2或其他一碳化合物，将有机物转化为甲烷。

　　上述三个阶段的反应速率因废水性质的不同而异。而且厌氧生物处理对环

图4-26 机械搅拌流化床（悬浮粒子生物膜处理工艺）

图4-27 厌氧发酵的三个阶段和COD

（化学需氧量）转化率

境的要求比好氧法要严格。一般认为，控制厌氧生物处理效率的基本因素有两类：一类是基础因素，包括微生物量（污泥浓度）、营养比、混合接触状况、有机负荷等；另一类是周围的环境因素，如温度、pH、氧化还原电位、有毒物质的含量等。

（2）厌氧生化法的工艺和设备　由于各种厌氧生物处理工艺和设备各有优缺点，究竟采用什么样的反应器以及如何组合，要根据具体的废水水质及处理需要达到的要求而定。表4-12列举了几种常见厌氧处理工艺的一般性特点和优缺点。

表4-12　常见厌氧处理工艺的比较

工艺类型	特点	优点	缺点
普通厌氧消化	厌氧消化反应与固液分离在同一个池内进行，甲烷和固液分离（搅拌或不搅拌）	可以直接处理悬浮固体含量较高或颗粒较大的料液，结构较简单	缺乏保留或补充厌氧活性污泥的特殊装置，消化器中难以保持大量的微生物；反应时间长，池容积大

工艺类型	特点	优点	缺点
厌氧接触法	通过污泥回流，保持消化池内较高污泥浓度，能适应高浓度和高悬浮物含量的废水	容积负荷高，有一定的抗冲击负荷能力，运行较稳定，不受进水悬浮物的影响，出水悬浮固体含量低，可以直接处理悬浮固体含量高或颗粒较大的料液	负荷高时污泥仍会流失；设备较多，需增加沉淀池、污泥回流和脱气等设备，操作要求高；混合液难以在沉淀池中进行固液分离
上流式厌氧污泥床	反应器内设三相分离器，反应器内污泥浓度高	有机容积负荷高，水力停留时间短；能耗低，不需混合搅拌装置，污泥床内不填载体，节省造价，无堵塞问题	对水质和负荷突然变化比较敏感；反应器内有短流现象，影响处理能力；如设计不善，污泥会大量流失；构造较复杂
厌氧滤池	微生物固着生长在滤料表面，滤池中微生物含量较高，处理效果较好。适用于悬浮物含量低废水	有机容积负荷高，且耐冲击；有机物去除速度快；不需污泥回流和搅拌设备；启动时间短	处理含悬浮物浓度高的有机废水，易发生堵塞，尤其进水部位更严重。滤池的清洗比较复杂
厌氧流化床	载体颗粒细，比表面积大，载体处于流化状态	具有较高的微生物浓度，容积负荷大，耐冲击，有机物净化速度快，占地少，基建投资省	载体流化能耗大，系统的管理技术要求比较高
两步厌氧法和复合厌氧法	酸化和甲烷化在两个反应器中进行。两个反应器内也可以采用不同的反应温度	耐冲击负荷能力强，消化效率高，尤其适于处理含悬浮固体多、难消化降解的高浓度有机废水，运行稳定	两步法设备较多，流程和操作复杂
厌氧转盘和挡板反应器	对废水的净化靠盘片表面的生物膜和悬浮在反应槽中的厌氧菌完成，有机物容积负荷高	无堵塞问题，适用于高浓度废水；水力停留时间短；动力消耗低；耐冲击能力强，运行稳定	盘片造价高

（3）厌氧工艺处理煤化工废水实例　煤化工废水主要由煤高温裂解产生，同时在煤气净化和化工产品回收过程中也会产生部分废水。煤化工废水有机污染物含量高，成分复杂，由于煤质以及工艺的不同，不同工厂的废水水质存在很大差别。据报道，煤化工废水生化处理的进水中共检出244种有机污染物，其中以酚类污染物为主，还含有萘、喹啉、吡啶等多环和杂环类难降解有机物。

东北某气化厂采用厌氧-好氧-生物脱氨-混凝沉淀工艺进行工艺改造。该厂煤化工综合废水包括生产废水和生活废水，其中生产废水主要为造气废水和甲醇废水，造气废水经过酚氨萃取后进入综合废水处理系统；生活废水主要为含酚雨水池废水和厂区生活污水。废水水质见表4-13。

表4-13　废水水质

废水水源	COD/（mg/L）	总酚/（mg/L）	氨氮/（mg/L）	pH
造气废水	4000～5000	700～900	200～300	5～9

废水水源	COD/（mg/L）	总酚/（mg/L）	氨氮/（mg/L）	pH
甲醇废水	5000 ~ 7000	—	—	5 ~ 7
含酚雨水	1000 ~ 1500	200 ~ 300	100 ~ 150	—
生活污水	200 ~ 300	—	25 ~ 40	7 ~ 8
综合废水	2000 ~ 2500	360 ~ 420	80 ~ 120	5 ~ 9

工艺流程见图4-28。

图4-28　废水处理工艺流程

运行四个月后，该系统的出水水质基本稳定，各项污染物的指标均达到排放标准，具体进出水水质及处理效果见表4-14。

表4-14　工艺处理效果

指标	进水/（mg/L）	出水/（mg/L）	去除率/%
COD	2024 ~ 2257	86 ~ 97	95.7
总酚	376 ~ 405	6 ~ 8	98.2
氨氮	81 ~ 103	10 ~ 14	87.0

注：进水pH为5 ~ 9，出水为7 ~ 8。

工程实践证明，采用厌氧-好氧-生物脱氮-混凝沉淀工艺处理煤化工废水，处理效果好，系统运行稳定，耐冲击负荷能力强。

3. 生物处理法的技术进展

（1）活性污泥法的新进展　在污泥负荷率方面，按照污泥负荷率的高低，分为低负荷率法、常负荷率法和高负荷率法；在进水点位置方面，出现了多点进水和中间进水的阶段曝气法和生物负荷法、污泥再曝气法；在曝气池混合特征方面，改革了传统的推流式，采用了完全混合法；为了提高溶解氧的浓度和氧的利用率、节省空气量，研究了渐减曝气法、纯氧曝气法和深井曝气法。

为了提高进水有机物浓度的承受能力，提高污水处理的效能，强化和扩大活性污泥法的净化功能，人们又研究开发了两段活性污泥法、粉末炭-活性污泥法、加压曝气法等处理工艺；开展了脱氮、除磷等方面的研究与实践；同时，采用化学法与活性污泥法相结合的处理方法，在净化含难降解有机物污水等方面也进行了探索。目前，活性污泥法正在朝着快速、高效、低耗等方向发展。

① 氧化沟　氧化沟（oxidation ditch）又名连续循环曝气池，是活性污泥法的一种变形。氧化沟污水处理工艺是在20世纪50年代由荷兰的帕斯维尔（Pasveer）研制成功的。自从1995年在荷兰的首次投入使用以来，由于其出水水质好、运行稳定、管理方便等技术特点，已经在国内外广泛应用于生活污水和工业污水的治理。至今，氧化沟技术已经历了半个多世纪的发展，在构造形式、曝气方式、运行方式等方面不断创新，出现了种类繁多、各具特色的氧化沟，如图4-29所示。

扫一扫
氧化沟

图4-29　不同氧化沟工艺

目前应用较为广泛的氧化沟类型包括：Pasveer氧化沟、Carrousel氧化沟、Orbal氧化沟、T型氧化沟（三沟式氧化沟）、DE型氧化沟和一体化氧化沟。

目前，欧洲已有的氧化沟污水处理厂超过2000座，北美超过800座。氧化沟的处理能力由最初的服务人口仅360人，到如今的500万～1000万人口当量。不仅氧化沟的数量在增长，而且其处理规模也在不断扩大，处理对象也发展到既能处理城市污水又能处理石油废水、化工废水、造纸废水、印染废水及食品加工废水等工业废水。目前在我国，采用氧化沟处理城市污水和工业废水的污水处理厂已有近百家，我国典型氧化沟类型及应用见表4-15，部分国内氧化沟污水处理厂类型及规模见表4-16。

表4-15 我国典型氧化沟类型及应用

氧化沟类型		实例污水处理厂
交替式	双沟交替式	东莞市塘厦污水处理厂
	三沟交替式	邯郸市东污水处理厂
	五沟交替式	南通污水处理厂
半交替式	DE型氧化沟	张家巷第二污水处理厂、济南水质净化二厂
合建式	侧沟式	四川新都污水处理厂、山东高密污水处理厂
	船式	信阳铁路污水处理厂
分建式	Pasveer氧化沟	珠海香洲水质净化厂、广东南海区污水处理厂
	Orbal氧化沟	北京大兴污水处理厂、山东莱西污水处理厂
	Carrousel氧化沟	桂林东区污水处理厂、昆明第一污水处理厂

表4-16 部分国内氧化沟污水处理厂类型及规模

污水处理厂名称	处理规模/（m³/d）	氧化沟类型	污水处理厂名称	处理规模/（m³/d）	氧化沟类型
广东南海区污水处理厂	10000	Pasveer型	抚顺石油二厂污水处理厂	288000	Orbal型
桂林东区污水处理厂	40000	Carrousel型	广州石化公司污水处理厂	20000	Orbal型
昆明市兰花沟污水处理厂	55000	Carrousel型	北京燕山石化公司污水处理厂	60000	Orbal型
福州市洋里污水处理厂	200000	Carrousel型	成都城北污水处理厂	10000	一体化氧化沟
山东银河纸业集团	50000	Carrousel型	四川新都污水处理厂	10000	一体化氧化沟
上海龙华肉联厂	1200	Carrousel型	山东高密污水处理厂	15000	一体化氧化沟
邯郸东污水处理厂	100000	T型氧化沟	山东泗水污水处理厂	40000	一体化氧化沟

② 序批式活性污泥法 序批式活性污泥法（sequencing batch reactor activated sludge process，SBR）具有如下特点：

a.在时间上属于理想推流式反应器，沉淀性能好；

b.在沉淀过程中没有水的扰动，处于理想沉淀状态，对有机物的去除效率高；

c.在运行过程中交替出现厌氧、缺氧、好氧状态，有利于提高难降解废水的处理效率，并且可以脱氮除磷；

d.具有选择性标准可以抑制丝状菌膨胀；

e.由于结构本身的特点使得该流程不需二沉池和污泥回流，因而占地少、投资低、能耗低。

这些特点使得该工艺得到较广泛的应用，成为目前一种流行的中小型污水处理厂的污水处理工艺。

SBR工艺通过在时间上的交替来实现传统活性污泥法的整个运行过程，在流程上只有一个基本单元，将调节池、曝气池和二沉池的功能集于一池，进行水质水量调节、微生物降解有机物和固液分离等。经典SBR反应器的运行过程为：进水→曝气→沉淀→滗水→待机。

中海油化肥项目污水处理采用SBR工艺，主要负责对化工城内的生活污水、生产废水、生产装置的事故排放废水及初期污染雨水进行收集处理。设计的废水水量为960m³/d（扩建后处理量为1920m³/d），进水水质为COD_{Cr} 350mg/L，BOD_5 180mg/L，SS 100mg/L，NH_3-N 50mg/L。废水处理工艺流程如图4-30所示。

图4-30　SBR工艺流程简图

工程经过调试及运行显示：SBR工艺能有效处理以大化肥装置为主的化工废水中的COD_{Cr}、BOD_5及SS，其出水水质可达到《污水综合排放标准》（GB 8978—1996）规定的一级排放标准。

③ AB法污水处理工艺　AB法污水处理工艺是吸附-生物降解工艺的简称。该法是由德国Bohnke教授20世纪80年代初开始在工程中实际应用。工程实践表明，AB工艺具有高效、低能耗、运转稳定等突出优点，且适应多种工业废水的处理，因此在废水处理领域中发展非常迅速。

AB法污水处理工艺流程如图4-31所示。

图4-31　AB法污水处理工艺流程

AB工艺的主要特征如下：

a.全系统共分为预处理段、A段、B段等三段。在预处理段设格栅、沉砂池等简易处理设备，不设初沉池。

b.A段由吸附池和中间沉淀池组成，B段则由曝气池及二次沉淀池所组成。

c.A段与B段各自拥有独立的污泥回流系统，两端完全分开，每段能够培育出各自独特的，适于本段水质特征的微生物种群。

具有吸附特性的A段吸附池以高负荷运行，通常为3.0 ~ 6.0kgBOD₅/（kgMLSS·d），污泥泥龄比较短，约为0.5d，水力停留时间一般在30min；B段曝气池以低负荷运行，污泥负荷通常为0.15 ~ 0.30kgBOD₅/（kgMLSS·d），泥龄在15 ~ 20d，水力停留时间为2 ~ 3h。

AB工艺中的曝气池可以选用完全混合式或推流式，B段曝气池还可以根据污水水质选择兼氧或好氧运行条件，以改善污水的可生化性能。

吴江万达化工有限公司是一家专业从事塑料颜料的化工企业，生产过程中产生的废水主要污染物为硝基苯类。该厂原有的废水处理工艺为混凝沉淀-吸附工艺，改进工艺为"酸析-压滤-沉淀-AB法"。改进工艺流程如图4-32所示。

图4-32　改进工艺流程

该厂废水水质为pH4.5，COD_{Cr}7.120g/L，苯胺19mg/L，硝基苯370mg/L，挥发酚15.03mg/L，色度3025倍。废水量80 ~ 100t/d。

改进工艺处理后的出水水质见表4-17。

表4-17　出水水质监测结果统计

采样位置	统计参数	pH	COD_{Cr} /（mg/L）	苯胺 /（mg/L）	硝基苯 /（mg/L）	挥发酚 /（mg/L）	色度 /倍
原水	平均值	4.5	7120	19	370	15.03	3025
集水池	平均值	2.86	2360	11	201	3.40	80
	去除率/%	—	66.9	42.1	45.7	77.4	97.4
中沉池出水	平均值	9.36	1690	127	0.8	2.7	400
	去除率/%	—	28.4	−91.3	99.6	20.6	−80

采样位置	统计参数	pH	COD$_{Cr}$ /（mg/L）	苯胺 /（mg/L）	硝基苯 /（mg/L）	挥发酚 /（mg/L）	色度 /倍
终沉池出水	平均值	6.52	87	0.33	0.6	0.010	50
	去除率/%	—	94.9	99.7	25	99.6	80
达标率/%		100	100	100	100	100	100

其主要污染物指标pH、COD$_{Cr}$、苯胺、硝基苯、挥发酚、色度等都能达到《污水综合排放标准》（GB 8978—1996）中表2的一级标准。

④ MBR工艺　膜生物反应器（MBR）是由膜分离组件及传统的生物反应器组成的处理系统，是通过超滤膜强化生化反应的污水处理新技术。由于MBR在很多方面都具有其他工艺所无可取代的出色性能，因此，对它的研究及应用在国内外受到了广泛的重视。

MBR工艺有以下特点：

a.处理效率高，出水可直接回用。膜生物反应器不仅对SS、COD去除效率高（SS和浊度接近于零，COD常在30mg/L以下，可实现污水资源化），而且可以去除NH$_3$-N、细菌、病毒等。

b.系统流程简单，设备少，占地小。生物反应器内微生物浓度高，污泥浓度（MLSS）常在8～13g/L，比常规工艺高3～6倍，装置容积负荷大，污泥负荷低，设备体积大大减小，同时由于省去了二沉池，使得系统占地小。

c.控制灵活，稳定。膜分离可使微生物完全截留在生物反应器内，实现了反应器水力停留时间和污泥龄的完全分离，因此更加便于控制。

d.泥龄长。这有利于增殖缓慢的微生物，如硝化细菌的截留和生长，系统硝化效率得以提高，同时可提高难降解有机物的降解效率。

e.污泥产率低，减少了污泥处理设施。由于泥龄可无限长，理论上可实现零污泥排放。

f.传质效率高，氧转移效率可达26%～60%。

g.易于实现自动控制，操作管理方便等。

但膜生物反应器也存在一些不足之处，如投资高、能耗高、膜易受到污染导致产水量降低等。

膜生物反应器的工艺组成主要有分置式和一体式两种，如图4-33所示。其中一体式又分为抽吸淹没式与重力淹没式。

天脊中化高平化工公司是一家以煤为原料，年产36万吨合成氨、4万吨甲醇、60万吨尿素的化工企业。其生产过程产生的废水主要由变换气脱硫冷凝液、甲醇精馏废水、煤气压缩废水、地面冲洗水和全厂生活污水组成。具有COD、NH$_3$-N、油脂浓度高，生化性差，水质水量波动大的特点，采用气浮+A/O+MBR工艺处理该废水，污水处理装置从2006年5月投用以来，处理效果良好。

| (a) 分置式MBR | (b) 一体式MBR |

图4-33　膜生物反应器的工艺组成

该公司产生的废水水量为60m³/h，废水处理后要求回用至循环冷却水作为补充水，进出水水质指标见表4-18，废水处理工艺流程见图4-34。

表4-18　设计废水水质及产水水质指标

项目	pH	NH₃-N/（mg/L）	CODcr/（mg/L）	BOD₅/（mg/L）	SS/（mg/L）
废水水质	6 ~ 9	≤240	≤1050	≤600	≤100
产水要求	6 ~ 9	<10	<60	<20	<10

图4-34　废水处理工艺流程

运行效果见表4-19。

表4-19　原水及出水水质对比

项目	pH	NH₃-N/（mg/L）	CODcr/（mg/L）	BOD₅/（mg/L）	SS/（mg/L·）
原水	6 ~ 9	181.6	455.4	309	86
出水	6.5 ~ 7.5	8.04	28.53	5.0	6

可见，废水经处理后各项指标均达到或低于设计指标，可回用作为循环水的补充水。

⑤ 生物脱氮除磷工艺　近些年来，随着工农业生产的高速发展和人们生活

水平的不断提高，含氮和磷的化肥、农药、洗涤剂的使用量不断上升。然而，我国现有的污水处理厂主要集中于有机物的去除，对氮、磷等营养物的去除率只达到10%～20%，其结果远达不到国家二级排放标准，造成大量氮磷污染物进入水体，引起水体的富营养化。对我国26个主要湖泊的富营养调查表明，其中贫营养湖1个，中营养湖9个，富营养湖16个，在16个富营养化湖泊中有6个总氮、总磷的负荷量极高，已进入异常营养型阶段。其中滇池、太湖、巢湖流域，水体富营养化更为严重。同时，我国沿海地区多次出现赤潮现象。

传统的除磷技术包括化学除磷法和生物除磷法。化学除磷法有混凝沉淀除磷技术与晶析法；生物除磷有A/O，A^2/O、Bardenpho、UCT、Phoredox、AB等除磷工艺。

传统的生物脱氮工艺有A/O，A^2/O、Bardenpho、UCT、Phoredox、改进的AB、TETRA深度脱氮、SBR、氧化沟等工艺。

传统的同步脱氮除磷工艺主要有A^2/O工艺及改进工艺、SBR工艺及改进工艺、AB工艺、氧化沟工艺等。

a. A^2/O工艺及改进工艺。A^2/O工艺流程见图4-35，其优点是工艺流程简单，厌氧、缺氧、好氧交替运行，可以达到同时去除有机物、脱氮、除磷的目的，还能够抑制丝状菌生长，基本不存在污泥膨胀问题，总水力停留时间短，不需外加碳源，缺氧、厌氧段只进行缓速搅拌，运行费用低。缺点是除磷效果受到污泥龄、回流污泥中的溶解氧和NO_3-N的限制，不可能十分理想；同时由于脱氮效果取决于混合液回流比，A^2/O工艺的混合液回流比不宜太高（≤200%），脱氮效果不能满足较高要求。

图4-35　A^2/O工艺流程图

为了控制厌氧区回流污泥中硝酸盐的含量，以消除其对除磷的影响，提高同步脱氮除磷的效果，研究者们在A^2/O工艺的基础上，通过改变混合液的回流方式或增加反硝化环节，开发了不少改良型工艺，包括UCT、MUCT、JHB等，各工艺流程如图4-36～图4-38所示。

b. 改进的SBR工艺。常规SBR工艺在一个池子中根据时间顺序，依次按进水、曝气、沉淀、排水排泥等工序进行，各工序都是间歇运行的，通过调整运行周期以及控制各工序的时间长短，实现对氮、磷等营养物的去除。间歇进水

图4-36 UCT工艺流程

图4-37 MUCT工艺流程

图4-38 JHB工艺流程

与排水给操作带来了很大的麻烦，为了克服常规SBR存在的缺点，研究者开发了众多改进工艺，如CASS，CAST，UNITANK等，各工艺流程如图4-39～图4-41所示。

（2）生物膜法的新进展　迄今为止，应用于污水处理的生物膜反应器各式各样，从传统的生物滤池、生物转盘和生物接触氧化、生物流化床到新型的移动床生物膜反应器及复合式生物膜反应器等，均得到了不同程度的研究应用。

① 移动床生物膜反应器（MBBR）　MBBR是1988年挪威某公司与SINTEF研究机构联合开发，具有耐冲击负荷、泥龄长、剩余污泥少、高效性和运转灵活性等优点。

MBBR污水处理工艺适合应用于中、小型生活污水和工业有机废水处理，特别是一体化或地埋式污水处理装置，在我国有很好的应用前景。

Chandler等采用塑料填料，应用两级MBBR对造纸厂废水回用处理进行中

图4-39　CASS工艺流程

图4-40　CAST工艺流程

1—生物选择区；2—兼氧区；3—主曝气区

图4-41　UNITANK工艺流程

1—生物选择区；2—兼氧区；3—主曝气区

试，结果表明，当HRT（水力停留时间）为3h时，可溶解性BOD去除率为93%以上，出水BOD平均浓度达到7.83mg/L。Johnson C.H.等在Valley Pride Pack污水处理厂的活性污泥处理系统前增加MBBR作为预处理工艺，当表面积负荷为20gCOD/（m^2·d）时，第一个反应器（MBBR）的可溶解性BOD去除率高于90%，第二个反应器去除氨氮速率达到0.38g/（m^2·d）。

② 微孔膜生物反应器　微孔膜生物反应器是一种很具有开发前景的技术，采用逆向扩散的方式，即含有挥发性有机物的污水与曝气营养物基质分开，有机物从微孔膜内侧向生物膜方向扩散，而O_2从微孔膜外侧向生物膜扩散，两者在生物膜内相聚并在微生物的作用下使有机物氧化分解。

微孔膜一般是透过性超滤膜，主要有中空纤维膜、活性炭膜和硅橡胶膜等。此法主要用来处理有机工业废水中毒性或挥发性的有机物，如酚、二氯乙烷和芳香族卤代物等。实际中采用微孔膜处理某含油废水，出水COD、SS和动植物油的去除率保持在85%以上。

③ 序批式生物膜反应器（SBBR） SBBR是将序批式的运作模式与生物膜法相结合的一种新型复合式生物膜反应器，既保持了生物膜法的优点，又能使系统操作简单方便。该工艺的生物膜载体有软纤维填料、聚乙烯填料和活性炭填料等。SBBR可用于脱氮除磷或抗冲击负荷等，当废水水质较差，如可生化性较差或基质浓度低时，该法特别有效。Daniel M White等用SBBR处理含有氰化物的金矿冶炼废水，在Fairbanks Alaska污水处理厂富集培养氰化物降解菌，在一个周期48h内，氰化物从20mg/L降低到0.5mg/L，去除率为97.5%。屠宰场废水采用SBBR处理，结果表明，各项污染指标的去除率为COD97%、BOD$_5$99%、TKN92%、油脂为82%，出水满足国家二级标准。

④ 曝气生物滤池（BAF） BAF是20世纪80年代末开发的新型粒状填料之后兴起的污水处理新工艺，如图4-42所示。其最大特点是集生物氧化和截留悬浮固体于一体，节省了后续二沉池，有去除SS、COD、BOD、硝化及脱氮除磷的作用。目前BAF在欧美和日本广为流行，已有上百座BAF处理设施投入运行。该工艺是以小粒径颗粒填料（如石英砂、陶粒及合成塑料等）作为过滤主体的池型反应器，可以同步发挥生物氧化和物理截留及吸附作用，具有处理效率高、出水水质好和负荷高等优点。

图4-42　曝气生物滤池构造示意图

英国Packington污水厂用BAF处理含工业废水的生活污水，在进水COD$_{Cr}$562mg/L、BOD$_5$ 286mg/L、SS 139mg/L的条件下，三者的去除率分别达到80%、91.3%、78%。国内利用BAF进行生活污水处理试验时发现BOD$_5$、COD$_{Cr}$和SS的平均去除率分别为95.3%、92.6%和96.7%，同步消化率可达91.5%。

作为一种全新的污水生物处理技术，BAF已经成为国内外研究的热点。随着现代生物监测技术和纳米测量技术的发展，BAF的处理机理研究有望取得突破，特别是生物膜生长和活性的研究将成为近期的前沿课题。BAF的硝化与反硝化功能以及同步除磷的研究是此技术的热点领域，采用物理化学手段对填料进行改性处理以增强其吸附性能也是研究重点。

第三节　典型废水的处理

一、炼油废水的处理

1. 炼油废水的来源、分类及性质

炼油厂的生产废水一般是根据废水水质进行分类分流的，主要是冷却废水、含油废水、含硫废水、含碱废水，有时还会排出含酸废水。

（1）冷却废水　是冷却馏分的间接冷却水，温度较高，有时由于设备渗漏等原因，冷却废水经常含油，但污染程度较轻。

（2）含油废水　直接与石油及油品接触，废水量在炼油厂中是最大的。主要污染物是油品，其中大部分是浮油，还有少量的酚、硫等。含油废水大部分来源于油品与油气冷凝油、油气洗涤水、机泵冷却水、油罐洗涤水以及车间地面冲洗水。

（3）含硫废水　主要来源于催化及焦化装置，精馏塔塔顶分离器、油气洗涤水及加氢精制等。主要污染物是硫化物、油、酚等。

（4）含碱废水　主要来自汽油、柴油等馏分的碱精制过程。主要含过量的碱、硫、酚、油、有机酸等。

（5）含酸废水　来自水处理装置、加酸泵房等。主要含硫酸、硫酸钙等。

（6）含盐废水　主要来自原油脱盐脱水装置，除含大量盐分外，还有一定量的原油。

2. 炼油废水的处理方法

炼油废水的处理一般都是以含油废水为主，处理对象主要是浮油、乳化油、挥发酚、COD、BOD及硫化物等。对于其他一些废水（如含硫废水、含碱废水）一般是进行预处理，然后汇集到含油废水系统进行集中处理。集中处理的方法以生化处理为主。含油废水要先通过上浮、气浮、粗粒化附聚等方法进行预处理，除去废水中的浮油和乳化油后再进行生化处理；含硫废水要先通过空气氧化、蒸汽汽提等方法，除去废水中的硫和氨等再进行生化处理。另外，用湿式空气氧化法来处理石油精炼废液也是一项较为理想的污染治理技术。

3. 炼油废水处理实例

某炼油厂废水量1200m³/h，含油300～200000mg/L，含酚8～30mg/L。采用隔油池、两级气浮、生物氧化、矿滤、活性炭吸附等组合处理工艺流程，见图4-43。废水首先经沉砂池除去固体颗粒，然后进入平流式隔油池去除浮油；隔油

池出水再经两级全部废水加压气浮，以除去其中的乳化油；二级气浮池出水流入推流式曝气池进行生化处理。曝气池出水经沉淀后基本上达到国家规定的工业废水排放标准。为达到地表水标准和实现废水回用，沉淀池出水经砂滤池过滤后一部分排放，一部分经活性炭吸附处理后回用于生产。炼油废水净化效果见表4-20。

图4-43　炼油废水处理流程

1—沉砂池；2—调节池；3—隔油池；4—溶气罐；5——级浮选池；6—二级浮选池；
7—生物氧化池；8—沉淀池；9—砂滤池；10—吸附塔；11—净水池；12—渣池

表4-20　炼油废水净化效果

取样点	主要污染物浓度/（mg/L）				
	油	酚	硫	COD$_{Cr}$	BOD$_5$
废水总入口	300 ~ 200000	8 ~ 30	5 ~ 9	280 ~ 912	100 ~ 200
隔油池出口	50 ~ 100				
一级气浮池出口	20 ~ 30				
二级气浮池出口	15 ~ 20				
沉淀池出口	4 ~ 10	0.1 ~ 1.8	0.01 ~ 1.01	60 ~ 100	30 ~ 70
活性炭塔出口	0.3 ~ 4.0	未检出 ~ 0.05	未检出 ~ 0.01	< 30	< 5

　　隔油池的底泥、气浮池的浮渣和曝气池的剩余污泥经自然浓缩、投加铝盐和消石灰絮凝、真空过滤脱水后送焚烧炉焚烧。隔油池撇出的浮油经脱水后作为燃料使用。

　　该废水处理系统的主要参数如下：

　　① 隔油池，停留时间2 ~ 3h，水平流速2mm/s。

　　② 气浮系统，采用全溶气两级气浮流程，废水在气浮池停留时间为65min，一级气浮铝盐投量为40 ~ 50mg/L，二级气浮铝盐投量为20 ~ 30mg/L。进水释

放器为帽罩式。溶气罐溶气压力294～441kPa，废水停留时间2.5min。

③ 曝气池，推流式曝气池废水停留时间4.5h，污泥负荷（每日每千克混合液悬浮固体能承受的BOD_5）$0.4kgBOD_5/(kg \cdot d)$，污泥浓度为2.4g/L，回流比为40%，标准状态下相对于BOD_5的空气量为99m³/kg，相对于废水的空气量为17.3m³/m³。

④ 二次沉淀池，表面负荷2.5m³/（m²·h），停留时间1.08h。

⑤ 活性炭吸附塔，处理能力为500m³/h，失效的活性炭用移动床外热式再生炉进行再生。

二、城市污水的处理

城市污水是指工业废水和生活污水在市政排水管网内混合后的污水。城市污水处理是以去除污水中的有机物质为主要对象的，其处理系统的核心是生物处理设备（包括二次沉淀池），城市污水处理流程如图4-44所示。污水先经格栅、沉砂池，除去较大的悬浮物质及砂粒杂质，然后进入初次沉淀池，去除呈悬浮状的污染物后进入生物处理构筑物（采用活性污泥曝气池或生物膜构筑物）处理，使污水中的有机污染物在好氧微生物的作用下氧化分解，生物处理构筑物的出水进入二次沉淀进行泥水分离，澄清的水排出二沉池后再进入接触池消毒后排放；二沉池排出的污泥首先应满足污泥回流的需要，剩余污泥再经浓缩、污泥消化、脱水后进行污泥综合利用；污泥消化过程产生的沼气可回收利用，用作热源能源或沼气发电。

图4-44 城市污水处理流程图

一般城市污水（含悬浮物约220mg/L，BOD₅约200mg/L）的处理效果如表4-21所示。

表4-21　城市污水处理效果

处理等级	处理方法	悬浮物		BOD₅		氮		磷	
		去除率/%	出水浓度/（mg/L）	去除率/%	出水浓度/（mg/L）	去除率/%	出水浓度/（mg/L）	去除率/%	出水浓度/（mg/L）
一级处理	沉淀	50～60	90～110	25～30	140～150	—	—	—	—
二级处理	活性污泥法或生物膜法	85～90	20～30	85～90	20～30	50	15～20	30	3～5

三、氮肥厂废水的处理

在化工生产中，氮肥厂是耗水大户，同时又是水污染大户。由于氮肥厂废水成分复杂，废水经过常规工艺处理后各项指标同时达标仍有困难。这里介绍处理氮肥厂废水效果显著的周期循环活性污泥法（CASS法）工艺流程及工程设计。

1. 废水来源及水质水量

某化肥厂目前年产合成氨1.5万吨，属于小型化肥厂。该厂合成氨的原料为煤、焦炭，生产过程分三步：第一步为N_2、H_2的制造；第二步为N_2、H_2的净化；第三步为N_2、H_2压缩及NH_3的合成。在以上生产工艺过程中有大量的工艺废水排放，废水水量约为60～80t/h，24h排放，每天最大排水量约1920t。经监测，废水中含有氰化物、硫化物、氨氮、酚及悬浮物，水质监测数据见表4-22。

表4-22　某化肥厂废水水质及要求处理后出水达到的指标　单位：mg/L

项目	pH（无量纲）	COD	硫化物	氰化物	挥发酚	悬浮物	氨氮
原废水	7～9	420	1.0	0.02	27	400	250
出水指标	6～9	≤150	≤1.0	≤0.4	≤0.2	≤150	≤50

2. 工艺流程

（1）CASS工艺介绍　如图4-45所示，该工艺在CASS池前部设置了预反应区，在CASS池后部安装了可升降的自动撇水装置。曝气、沉淀、排水均在同一池子内周期性地循环进行，取消了常规活性污泥法的二沉池。实际工程应用表明，CASS工艺具有如下特点。

① 建设费用低，比普通活性污泥法省25%，省去了初沉池、二沉池。

② 占地面积省，比普通活性污泥法省20%～30%。

③ 运行费用低，自动化控制程度高，管理方便，氧的吸收率高，除氮

图 4-45　CASS 池示意图

1—射流曝气器；2—撇水器

效果好。

④ 运行可靠，耐负荷冲击能力强，不产生污泥膨胀现象。

（2）流程及主要构筑物　该化肥厂废水处理工艺流程如图 4-46 所示。废水首先通过格栅去除机械性杂物及大颗粒悬浮物，然后进入调节池（原有的两个沉淀池改造为调节池），水质水量均化后的废水经提升泵进入砂水分离器。原生物塔滤池在运行过程中由于水中悬浮物含量高，会造成滤料堵塞，因此本设计中增设砂水分离器依靠重力旋流把密度较大的砂粒除去。除去砂粒后的废水进入生物滤塔（利用原生物滤塔进行改造），最后进入 CASS 池。CASS 池是废水处理厂的中心构筑物，其设计尺寸为：平面尺寸 22.8m × 10.9m（分两格），池深4.5m，水深 4.0m。CASS 池每格设水下射流曝气器 5 台，每台功率为 3.7kW；每格中设排泥泵 1 台，功率为 1.1kW，流量为 15m³/h，扬程为 7m；每格设撇水器 1台，功率为 2.2kW。

图 4-46　废水处理工艺流程

CASS 池的运行是由程控器控制的，每个运行周期分为曝气、沉淀、排水、延时等阶段。运行中可以随时根据水质水量变换运行参数。在曝气阶段通过监测主反应区和预反应区的溶解氧控制曝气量，以达到脱氮效果。由于 CASS 池独特的反应机理和运行方式，废水中的有机物在微生物的作用下进行较好的氧化分解，大幅度降解有机污染物；同时，池中交替出现厌氧-缺氧-好氧状态，因此有较好的脱氮效果。

3. 工程投资

本工程投资为三部分，即土建、设备和其他，如表 4-23 所示。

表4-23 工程投资预算

项目		数量	价格/万元
土建	调节池（135m³）	1个	
	CASS池（696m³）	1个	
	改造部分		
	小计		18.5
设备	机械格栅	1个	1.5
	除砂器	1台	6.0
	撇水泵	2台	1.0
	风机	3台	6.0
	提升泵	2台	0.8
	自控装置	1套	3.0
	管道阀门	若干	1.2
	电线电缆	若干	1.8
	菌种恢复		1.0
其他	设计费		3.4
	调试费		2.8
	利润		2.8
	不可预见费		1.0
总计			50.8

4. 运行成本分析

设备运行功率：38kW；

电费：0.6元/（kW·h）；

日耗电费：38×24×0.6=547（元）；

管理及分析化验人员工资：4000元/月（合133元/日）；

日运行费：680元（日处理水量1920t）；

处理1t废水的运行费：680元/1920t=0.35元/t。

5. 结论

① 该设计针对某化肥厂水质水量情况，采用CASS工艺，占地面积小，节省投资，运行管理方便，废水经过处理后能够达标排放。

② CASS工艺的运行方式决定了该工艺具有独特的脱氮效果，根据水源情况可以通过调整运行参数，达到脱氮的目的。

四、化工园区废水废液的无害化处理

某化工园区将产生的废水废液从源头分质，分别采用超临界、湿式氧化、生化等技术进行无害化处理（图4-47），达到工业废水零排放，水和无机盐回用于生产过程，灰渣用作建材，实现资源循环利用。

图4-47 工业废液整体解决方案示意图

1. 超临界水氧化技术

超临界水氧化（supercritical water oxidation，简称SCWO）技术是一种可实现对多种有机废物进行深度氧化处理的技术。超临界水氧化是通过氧化作用将有机物完全氧化为清洁的H_2O、CO_2和N_2等物质，S、P等转化为最高价盐类稳定化，重金属氧化稳定固相存在于灰分中。其工艺流程如图4-48所示。

（1）工艺原理　所谓超临界，是指流体物质的一种特殊状态。当把处于汽液平衡的流体升温升压时，热膨胀引起液体密度减小，而压力的升高又使汽液两相的相界面消失，成为均相体系，此时的温度和压力就是临界点。当流体的温度、压力分别高于临界温度和临界压力时就称为处于超临界状态。超临界流体具有类似气体的良好流动性，但密度又远大于气体，因此具有许多独特的理化性质。

水的临界点是温度374.3℃、压力22.064MPa，如果将水的温度、压力升高到临界点以上，即为超临界水，其密度、黏度、电导率、介电常数等基本性能均与普通水有很大差异，表现出类似于非极性有机化合物的性质。因此，超临界水能与非极性物质（如烃类）和其他有机物完全互溶，而无机物特别是盐类，在超临界水中的电离常数和溶解度却很低。同时，超临界水可以和空气、氧气、

图4-48 超临界水氧化工艺流程简图

氮气和二氧化碳等气体完全互溶。

由于超临界水对有机物和氧气均是极好的溶剂，因此有机物的氧化可以在富氧的均一相中进行，反应不存在因需要相位转移而产生的限制。同时，400～600℃的高反应温度也使反应速度加快，在几秒的反应时间内，即可达到99%以上的破坏率。有机物在超临界水中进行的氧化反应，可以简单表示为：

$$酸 + NaOH \longrightarrow 无机物$$

超临界水氧化反应完全彻底时，有机碳转化为CO_2，氢转化为H_2O，卤素原子转化为卤离子，硫和磷分别转化为硫酸盐和磷酸盐，氮转化为硝酸根和亚硝酸根离子或氮气。而且超临界水氧化反应在某种程度上和简单的燃烧过程相似，在氧化过程中释放出大量的热量。

（2）工艺特点 该工艺效率高，处理彻底，有机物在适当的温度、压力和一定的保留时间下，能完全被氧化成二氧化碳、水、氮气以及盐类等无毒的小分子化合物，有毒物质的清除率达99.99%以上，符合全封闭处理要求；由于SCWO是在高温高压下进行的均相反应，反应速率快，停留时间短（可小于1min），所以反应器结构简洁，体积小；适用范围广，可以适用于各种有毒物质、废水废物的处理；不形成二次污染，产物清洁不需要进一步处理，且无机盐可从水中分离出来，处理后的废水可完全回收利用；当有机物含量超过20%时，就可以依靠反应过程中自身氧化放热来维持反应所需的温度，不需要额外供给热量，如果浓度更高，则放出更多的氧化热，这部分热能可以回收。

2. 湿式氧化法

湿式氧化技术（wet air oxidation）简称 WAO，是指在高温（120～320℃）和高压（0.5～20MPa）的条件下，利用气态的氧气（通常为空气）作氧化剂，将水中有机物氧化成小分子有机物或无机物。WAO工艺最初由美国的Zimmermann在1944年研究提出，并取得了多项专利，故也称齐默尔曼法。

湿式氧化工艺流程如图4-49所示。待处理的废水经高压泵增压在热交换器内被加热到反应所需的温度，然后进入反应器；同时空气或纯氧经空压机压入反应器内。在反应器内，废水中可氧化的污染物被氧气氧化。反应产物排出反应器后，先进入热交换器，被冷却的同时加热了原水；然后，反应产物进入气液分离器，气相（主要为N_2、CO_2和少量未反应的低分子有机物）和液相分离后分别排出。

图4-49　湿式氧化工艺流程简图

第四节　水污染的综合防治

水污染综合防治是指从整体出发综合运用各种措施，对水环境污染进行防治。包括工业废水和城市污水污染综合防治与整个水系的水污染综合防治（或某一水域的污染综合防治）。就水污染综合防治的实际效果而言，应当从控制措施和废水利用两个方面入手。

一、控制措施

1. 改革或改进工艺，减少污染

改革和改进生产工艺是实施清洁生产的重要途径。从水污染防治角度讲主

要包括以下几方面。

（1）对污染严重的生产工艺进行改革　目前中国各工业产品用水单耗指标与世界先进水平相比差距很大，原因是大多工业企业生产设备和工艺陈旧。生产过程大量污染物的产生主要也是工艺过程的不完善而造成的，不从改革生产工艺着手，单纯进行末端治理就不能从根本上解决污染问题。积极的办法应该是改革旧工艺，包括采用新的流程，建立连续、闭路生产线；优化工艺操作参数，适当改变操作条件，如浓度、温度、压力、时间等；采用最新的科学技术成果，如机电一体化技术、高效催化技术、生化技术、膜分离技术等；配套自动控制装置，实现过程的优化控制等。

（2）加速产品的更新换代　许多工业产品，特别是有些化工产品在生产和使用中会产生剧毒、有害物质，污染环境，需要采取改变产品品种的措施。如化学农药是用以消除病虫害的，但是其残留毒性对环境会造成很大的危害，如无机砷、有机汞农药分解为元素时，具有单质态的毒性，可造成人、畜和水生生物的中毒。鉴于汞制剂的残留毒性，一些国家已禁止或限制使用汞制剂。中国早已禁止生产和停止进口有机汞农药，并积极研制非汞杀菌剂，可以有效地防治水稻、小麦、棉花等农作物的多种病害，代替了有残留毒性的汞制剂杀菌剂。

（3）改造设备和改进操作　为了减少和消除污染，需要对污染环境的生产设备进行改造，选用合适的设备。如在冷却、洗涤操作上，一般沿用气-液直接接触式设备，从而产生大量废水。其实在很多情况下，都可以改成间接式。例如，电解食盐水时产生的氯气，过去用直接淋水冷却的办法去除氯气内水蒸气，在喷淋过程中水与氯气直接接触，有一部分氯气溶解于水，使排放出的废水含氯。现在改用钛材列管冷却器，氯气通过钛管，被管外的水或冷冻盐水间接冷却，使氯气内水蒸气直接冷凝下来，不与冷却用水接触，消除了排出水含氯的问题，并可以减少氯气的损失。

（4）减少系统泄漏　从控制污染的观点考虑，除了使系统少排出"三废"以外，提高设备和管道的密闭性，减少反应物料的泄漏也是十分重要的。"跑、冒、滴、漏"往往是造成工厂环境污染的一个重要原因。

（5）控制排水　首先要严格执行国家颁布的废水排放标准。对于有多种产品和不同工艺的化工厂，所排放的废水或进行均化，或按比例排放。同时要注意排水系统的清污分流。把生产工艺排水，特别是有严重污染的废水，与间接冷却排水、雨水等分开。对于新厂，从设计上就要考虑这一问题。目前，一些老厂的生产工艺废水、冷却水以及生活污水都流经同一条管道排放，应该创造条件，积极予以改造，做到清污分流，分质排放。

2. 加强对水体及污染源的监测与管理

要保护水源、保证水质、控制污染源，必须大力加强水质监测和水质监督，通过定期监测、自动监测和巡回监测三种方式在公共水域建立完整的监测体系，以对污染源进行严密的监督和控制。

（1）对水体及污染源的监测

① 要注意对水样的采集和保存　对湖泊、水库，除入口、出口布点外，可以在每2km²内设一采样点。流经城市的河流，应在城市的上游、中游和下游各阶段设一断面，城市供水点上游1km处至少设一采样点，河流交叉口上游和下游也应设一采样点。河宽在50m以上的河流，应在监测断面的左、中、右设置采样点。一般可同时取表层（水面下20～50cm）和底层（距河底2m）两个水样。采样的时间、次数应根据水的流量变化、水质变化来确定。

水样保存的目的是使水样在存放期间内尽量减少因样品组分变化而造成的损失。水样的保存方法一般为控制溶液的pH、加入化学试剂及冷藏冷冻等。表4-24和表4-25分别给出保存剂的作用、应用范围和部分监测项目水样的保存方法。

表4-24　各类保存剂的作用和应用范围

保存剂	作用	应用范围
$HgCl_2$	细菌抑制剂	各种形式的氮，各种形式的磷
HNO_3	金属溶剂防止沉淀	含铜、铅、锌、镉等水样
H_2SO_4	细菌抑制剂和有机碱类生成盐	有机水样（COD，油，油脂），氨、胺类
NaOH	与挥发化合物形成盐类	含氰化物、有机酸类的水样
冷冻	抑制细菌，减慢化学反应速率	酸度、碱度、有机物、BOD、色、嗅、有机磷、有机氮等

表4-25　部分监测项目水样的保存方法

监测项目	保存温度/℃	保存剂	最长保存时间	备注
酸度、碱度	4		24h	
生化需氧量	4	−20℃冷冻	30d	
化学需氧量	4	加H_2SO_4至pH≤2	2d	
总有机碳		加H_2SO_4至pH≤2	7d	
硬度			7d	
溶解氧（文克尔法）	4	加1mL$MnSO_4$，再加2mL碱性碘化钾	48h	现场固定
氟化物	4		7d	
氯化物			7d	
氰化物	4	加NaOH至pH≥9	7d	
氨氮	4	加H_2SO_4至pH≤2	24h	
硝酸盐	4	加H_2SO_4至pH≤2	24h	

监测项目	保存温度/℃	保存剂	最长保存时间	备注
亚硝酸盐	4		24h	
硫酸盐	4		7d	
硫化物		1L水样加NaOH至pH约为9，加入5%抗坏血酸5mL，饱和EDTA溶液3mL，滴加饱和Zn（AC）₂至胶体产生	24h	现场固定
亚硫酸盐	4			
砷		加HNO_3至$pH \leqslant 2$	6个月	
硒		加HNO_3至$pH \leqslant 2$	7d	
总金属		加HNO_3至$pH \leqslant 2$		
硅	4		7d	
总汞		加HNO_3至$pH \leqslant 2$	13d	
溶解汞		过滤	13d	
六价铬		加HNO_3至$pH \leqslant 2$，每升多加5mL	当天测定	
总铬		加HNO_3至$pH \leqslant 2$，每升多加5mL	当天测定	
酚类	4	加H_3PO_4至$pH \leqslant 2$和$1gCuSO_4/L$	7d	
油和脂	4	加H_2SO_4至$pH \leqslant 2$	7d	
有机氯农药（DDT，六六六）		加水样量的$1\%H_2SO_4$	24h	

② 及时对水样进行预处理　在实际监测分析中，如废水样品往往由于存在悬浮物和有机物而浑浊、呈色，且样品本身组成复杂，这些因素对分析测定会产生干扰，因此必须对样品进行预处理。

a.有机物的消化　当样品中所含有机物对测定组分有影响时，需将有机物破坏或分解成相应的无机化合物。通常采取加入适当的氧化剂进行氧化分解的方法，称为消化法。常用的消化剂有硝酸-硫酸、硝酸-高氯酸、高锰酸钾等。

b.浓缩和分离　在环境监测中，被测组分往往含量极低，且存在干扰物质。因此，需对样品进行富集和分离，以消除干扰，提高测定方法的灵敏度和选择性。常用方法有浓缩、蒸馏、萃取、离子交换等。

③ 准确测定水中污染物　水体中污染物质繁多，测定方法、原理各异。水中主要污染物的测定方法参考第七章表7-4。值得说明的是：除了表7-4所列出的一些有害物质测定方法外，还有许多特定的测定仪器。如溶解氧测定仪用于测定废水和生物处理后出水的溶解氧值；水质测定仪可同时测定废水的溶解氧值、pH及浊度等污染指标。

（2）对水体及污染源的管理

① 健全法制，加强管理　我国颁布了《中华人民共和国水污染防治法》《中

华人民共和国海洋环境保护法》《中华人民共和国水土保持法》等法规，在水资源管理中要严格执行，协调关系，提高水资源开发利用的综合效益。

根据国外经验，采取总体性的战略措施，开展区域性的全面规划综合治理，可以达到最经济、最有效的防治污染的目的。以水系为对象在调查已有污染源的基础上，综合考虑该地区的区域规划、资源利用、能源改造、有害物质的净化处理和自净能力等因素，应用系统工程学的理论和方法对复杂的水环境进行综合的系统分析与数字模拟，提出最优的治理方案，从总体上解决水污染问题。

② 建立水源保护区　水质好坏直接影响供水的质量和数量，影响人们的健康和产品的使用价值。为了确保安全供水首先要建立水源保护区，在水源地区内严禁建立有污染性的企业。对已有的污染源要限期拆迁或根治，违者追究法律责任和赔偿经济损失。

③ 合理开发利用水资源　人类对水资源的合理开发利用，对保护环境、维持生态平衡、保持水体自净能力等是极其重要的。地下水自然补给的速度是较慢的，超采地下水可造成地下水降落漏斗，其降落漏斗范围内会出现地面下沉、水质恶化，给工业生产、市政交通和人民生活带来重大危害。例如上海由于长期开采地下水，结果建筑物发生不均匀的沉降，地下管道遭到破坏、海水上涨登陆等。在国外有许多城市如东京、大阪、墨西哥城、曼谷也都发生过地面沉降现象。因此，必须合理开发地下水资源，使取用量和自然补给量保持平衡。

调节水源流量与开发水资源也是同等重要的。汛期洪水威胁很大，在上游各支流兴建水利工程建造水库，把丰水期多余的水储存在库内，不仅可提高水源供水能力，还可以为防洪、发电、发展水产等多种用途服务。跨流域调水是把多余的水源引到缺水的地区以补其不足，这是一项比较复杂的水源开发工程。

④ 科学用水和节约用水　开展全国性的科学用水和节约用水宣传，提倡"增产不增水""在节水中求发展"，探索开发科学用水和节约用水的新技术。例如，在农业灌溉方面采用防渗管道输送水比明渠输送水增加用水量近50%，喷灌比漫灌节水50%，地膜覆盖也可以节约大量用水，森林能增加蓄水量的30%左右，减少蒸发20%～30%。在工业上节约用水主要是提高水的循环利用率，回用冷却用水，推广污水冷却和咸水冷却技术；在生活上节水主要是取消用水包费制，实行分户安装水表、用水计量、按量收费以及加强维修、抢修、检漏和防漏。在制定工农业规划和城市规划时，要考虑水资源因素，不要在缺水地区兴建耗水量大的工业项目，或者种植需水量大的农作物，同时要适当地控制城市人口的过度集中。

3. 提高废水处理技术水平

工业废水的处理，正向设备化、自动化的方向发展。传统的处理方法，包括用来进行沉淀和曝气的大型混凝池也在不断地更新。近年来广泛发展起来的气浮、高梯度电磁过滤、臭氧氧化、离子交换等技术，都为工业废水处理提供了新的方法。

目前，废水处理装置自动化控制技术得到了广泛应用和发展，在提高废水处理装置的稳定性和改善出水水质方面将起到重要作用。

另外，还应有效提高城市污水处理技术水平。目前，我国对城市污水所采用的处理方法，大多是二级处理就近排放。此法不仅基建投入大，而且占地多，运行费用高，很多城市难以负担。而国外发达国家，大都采用先进的污水排海工程技术来处置沿海城市污水。

4. 充分利用水体的自净能力

在水体环境容量可以承受的情况下，受到污染的水体，在一定的时间内，通过物理、化学和生物化学等作用，污染程度逐渐降低，直到恢复到受污染前的状态，这个过程称水体的自净作用。在自净能力的限度内，水体本身就像一个良好的天然污水处理厂。但自净能力不是无限的，超过一定限度，水体就会被污染，造成近期或远期的不良影响。

（1）物理自净过程　排入水体的污染物不同，发生的物理净化过程也有差异，如稀释、混合、挥发、沉淀等。在自净过程中含有某些物质的废水，可以通过水体的稀释作用使之无害化。废水中密度比水大的固体颗粒，借助自身重力沉至水体的底部形成底泥，使水得以净化。废水里的悬浮物胶体及可溶性污染物则由于混合稀释过程污染浓度逐渐降低。

水体物理自净过程受许多因素的影响，废水排入河流流经的距离，废水污染物的性质和浓度，河流的水文条件，水库、海洋、湖泊的水温、性质、大小等，都是有关因素。废水能否排入自然水体充分利用其物理自净作用，要经过测定调查及相应的评价之后才能确定。

（2）化学自净过程　废水污染物排入水体，会产生化学反应。反应过程进行的快慢和多少取决于废水和水体两方面的具体条件。在水体化学反应过程中会产生氧化、还原、中和、化合、分解、凝聚、吸附等过程，使有害污染物变成无害物质的过程，就是化学自净作用。例如，难溶性硫化物在水体中能够氧化为易溶的硫酸盐；可溶性的二氧化铁可以转化为不溶性的三氧化二铁；水体中的酸性物质可以中和废水中的碱性物质，碱性物质也可以中和废水中的酸性物质。

影响化学自净过程的主要因素有水体和废水的对应数量及化学成分，以及加速或延缓化学反应过程的其他条件如水温、水体运动情况等。

（3）生物自净过程　在有溶解氧存在的条件下，通过微生物的作用，使有机污染物氧化分解为简单的无害化合物，这就是生物自净过程。例如，废水中的有机污染物经水体好氧微生物的作用，变成二氧化碳、水和某些盐类物质，使水体得到净化。生物自净过程要消耗掉一定的溶解氧。水体溶解氧的补充有两个来源，一是大气中的氧靠表面扩散作用溶入水层。在流动的水中，湍流越大，氧溶解于水中的速度越快，氧的补充越迅速。二是水生植物的光合作用能放出氧气，使水体溶解氧得到补充。如水体中溶解氧逐渐减少，甚至接近于零时，厌氧菌就会大量繁殖，使有机物腐败，水体就要变臭。所以溶解氧的多寡是反映水体生物自净能力的主要指标，也是反映水体污染程度的一个指标。水体的生物自净速度取决于溶解氧的多少、水流速度、水温高低以及水量的补给状况等因素。

二、废水利用

1. 循环使用废水，降低排放量

近20年来，许多国家都注重发展生产工艺的闭路循环技术，将生产过程中所产生的废水最大限度地加以回收再生和循环使用，减少污水的排放量作为防止废水污染的主要措施。从中国的情况看，工业用水的循环率逐年在提高，这是节约用水所努力的成果。例如，中国重点钢铁企业工业用水循环率由1973年的54.9%提高到1982年的65.2%，年循环水量达到50亿吨，而到1996年循环率又提高到82.9%。用水量大，并以冷却用水为主的电力、钢铁、化工等工业部门提高工业用水循环利用率是开发水源的重要途径。另外在洗涤粉尘、洗涤煤气的浊循环系统中，采用适宜的处理技术，使本系统的循环率提高到90%以上，也为节水打开了新局面。

2. 回收废水中有价值的物质

回收有用物质，变害为利是治理工业废水的重要特征之一。比如，用铁氧体法处理电镀含铬废水，处理$1m^3$含100mL/L CrO_3的废水，可生成0.6kg左右的铬铁氧体，铬铁氧体可用于制造各类磁性元件，同时废水经处理后防止了二次污染发生，变害为利。对印染工业漂洗工段排出的废碱液进行浓缩回收，已成为我国普遍采用的工艺，回收的碱返回到漂洗工序。在采用氰化法提取黄金的工艺中，产生的贫液含CN^-的浓度达500～1000mg/L，且含铜200～250mg/L，无疑有很高的回收价值，如果不回收就排放还要造成严重污染。一些金矿采用酸化法回收氰化钠和铜，获得了较高的经济效益，其尾水略加处理即可达到排放标准。又比如，用重油造气生产合成氨，不可避免地要产生大量的含炭黑废水，采用萃取或过滤方法回收废水中的炭黑，供油墨、油漆、电池等行业作为原料，不仅污染问题得到有效解决，而且还有较好的经济效益。此外，还有影片洗印厂从含银废液中回收银，印刷厂从含锌废液中回收锌，废碱、废酸中可回收利用碱和酸等。合理回收利用废水中有价值的物质，不仅利于减少环境污染，而且利于经济发展，是值得大力研究开发的重要课题。

主题实践活动四　城市污水处理厂走访调研

一、活动主题

开展城市污水处理厂走访调研，践行"绿水青山就是金山银山"的生态环保理念。

二、活动宗旨

通过本次实践活动，调研所在校周边污水处理厂实际运行情况，了解其在水质净化方面采取的措施，增强学生环保意识。

三、活动时间

建议2周。

四、参加人员

授课班级学生。

五、活动内容

1.走访调研

全体同学分组，开展污水处理厂走访调研。根据调研情况，填写实践活动记录表。

实践活动记录表（调研记录）

调研时间		调研污水处理厂	
调研方式	□问卷调研　□实地调研　□访问调查		
调研团队成员			
污水处理厂简介			
调研内容			
收获和体会			
	签名：　　　　　　　　　　　　年　月　日		

2.交流总结

小组分别进行交流讨论，利用记录的文字和拍摄的照片编写污水处理厂调研报告，并填写成果展示记录表。

成果展示记录表

活动主题			
调研人		污水处理厂	
活动成果照片	（此处插入调研期间的拍摄照片，每张照片配注释，并简要画出污水处理流程图。）		
水质净化措施	（列举所调研污水处理厂水质净化所采取的措施。）		

💡 **复习思考题**

1. 水污染的来源有哪些？简单叙述其产生的原因。

2. 无毒污染物分哪几类？

3. 有毒污染物分为几类？对水体有什么危害？

4. 你认为我国水体环境保护应遵循什么方针？目前哪些现象或问题阻碍水体环境保护事业的发展？

5. 废水通过均衡和调节作用可达到什么目的？

6. 沉淀法有哪几种类型？平流式沉淀池有何优缺点？

7. 格栅、筛网的主要功能是什么？

8. 离心分离的基本原理是什么？常用的离心分离设备有哪些？各自的优缺点是什么？

9. 从水力旋流器和各种离心机产生离心力的大小来分析它们分别适合于分离何种性质的颗粒。

10. 化学混凝法的基本原理是什么？影响混凝效果的主要因素有哪些？

11. 试述混凝沉淀处理流程由哪几个阶段所组成，每个阶段各起什么作用，对搅拌的要求有何不同。

12. 化学沉淀法和化学混凝法在原理上有何不同？使用的药剂有何不同？

13. 物理化学处理法与化学处理法相比，在原理上有何不同？处理的对象有何不同？

14. 吸附法处理废水的基本原理是什么？适用于处理什么性质的废水？分为哪几种类型？影响吸附的因素有哪些？

15. 浮选法中浮选剂具有哪些促进作用？介绍几种类别的浮选剂。

16. 生物吸附法的主要特点是什么？绘出简单流程。

17. 简述活性污泥法处理废水的生物化学原理。

18. 常用的曝气池有几种？各有什么特点？

19. 结合你所参观的有关企业废水处理情况来说明活性污泥法在废水处理中的实际应用。

20. 高负荷生物滤池和塔式生物滤池各有什么特点？

21. 如何合理利用水体的自净作用？

 阅读材料

中国水资源可持续发展的战略措施

由中国工程院组织，钱正英和张光斗两位院士主持，43位院士和近300位专家参与的"21世纪中国可持续发展水资源战略研究"报告会提出，要实现中国水资源的可持续发展必须实施八大战略性转变。

（1）防洪减灾　从无序、无节制地与洪水争地转变为有序、可持续地与洪水协调共处的战略，从以建设防洪工程体系为主的战略转变为在防洪工程体系的基础上，建成全面的防洪减灾工作体系。

（2）农业用水　从传统的粗放型灌溉农业和旱地雨养农业转变为以建设节水高效的现代灌溉农业和现代旱地农业为目标的农业用水战略。

（3）城市和工业用水　从不重视节水、治污和开发传统水资源转变为节流优先、治污为本、多渠道开源的城市水资源可持续利用战略。

（4）防污减灾　从末端治理为主转变为源头控制为主的综合治污战略。

（5）生态环境建设　从不重视生产环境用水转变为保证生态环境用水的资源配置战略。

（6）水资源的供需平衡　从单纯以需定供转变为在加强需水管理基础上的水资源供需平衡战略。

（7）北方水资源问题　从以超采地下水和利用未经处理的污水维持经济增长转变为在大力节水和合理利用当地水资源的基础上，采取南水北调的战略措施，保证北方地区社会经济的可持续增长。

（8）西北地区水资源问题　从缺乏生态环境意识的低水平开发转变为与生态环境建设相协调的水资源开发利用战略。

第五章　固体废物与化工废渣处理

学习目标

知识目标

了解固体废物的来源及危害；
了解我国控制固体废物污染的技术政策。

能力目标

熟悉固体废物常见的处理方法。

素质目标

利用所学知识加强固体废物污染宣传，提高全民环保意识。

 导读导学

　　改善生态环境质量、助推绿色低碳循环发展、维护健康安全。首先，要有效防控固体废物和有毒有害化学物质环境污染，拓展和延伸深入打好污染防治攻坚战的广度和深度，推进生态环境质量持续改善；其次，充分发挥固体废物减量化、资源化、无害化在减污降碳协同增效方面的重要作用，助推绿色低碳循环发展；最后，有效防控生态环境风险，切实维护人民群众健康和生态环境安全。

　　化工废渣的特点有哪些？新时期如何加强对固体废物的管理，以达到"无害化""减量化""资源化"？控制固体废物污染的技术政策是什么？

第一节　概述

　　固体废物（solid waste）是指人类在生产过程和社会生活活动中产生的不再需要或没有"利用价值"而被遗弃的固体或半固体物质。确切地说，固体废物是指在生产建设、经营、日常生活和其他活动中产生的污染环境的各种固态、半固态、高浓度固液混合态、黏稠状液态等废弃物质的总称。

一、固体废物的来源、分类及危害

1. 固体废物的来源和分类

由于固体废物影响因素众多，几乎涉及所有行业，来源极其广泛。按组成可分为有机废物和无机废物；按形态可分为固体块状、粒状、粉状废物；按危害状况可分为危险废物和一般废物；通常为了便于管理，按其来源分为工业固体废物（industrial solid waste）、城市垃圾（或称城市固体废物，municipal solid waste）、农业固体废物（agricultural solid waste）和放射性固体废物（radioactive solid waste）四类。

（1）工业固体废物　指工矿企业在生产活动过程中排放出来的固体废物。主要包括以下几类。

① 冶金废渣　主要指在各种金属冶炼过程中或冶炼后排出的所有残渣废物。如高炉矿渣、钢渣、各种有色金属渣、铁合金渣、化铁炉渣以及各种粉尘、污泥等。

② 采矿废渣　在各种矿石、煤的开采过程中，产生的矿渣数量极其庞大，包括的范围很广，有矿山的剥离废石、掘进废石、煤矸石、选矿废石、选洗废渣、各种尾矿等。

③ 燃料废渣　燃料燃烧后产生的废物，主要有煤渣、烟道灰、煤粉渣、页岩灰等。

④ 化工废渣　化学工业生产中排出的工业废渣，主要包括硫酸矿烧渣、电石渣、碱渣、煤气炉渣、磷渣、汞渣、铬渣、盐泥、污泥、硼渣、废塑料以及橡胶碎屑等。

其他还有玻璃废渣、陶瓷废渣、造纸废渣和建筑废材等。

（2）城市垃圾　主要指城市居民的生活垃圾、商业垃圾、市政维护和管理中产生的垃圾，包括废纸、废塑料、废家具、废碎玻璃制品、废瓷器、厨余垃圾等。

（3）农业固体废物　主要指农、林、牧、渔各业生产、科研及农民日常生活过程中产生的各种废物。如农作物秸秆、人和牲畜的粪便等。

（4）放射性固体废物　指在核燃料开采、制备以及辐照后燃料的回收过程中排出的固体放射性废渣或浓缩的残渣。例如，一座反应堆一年可以产生 $10 \sim 100m^3$ 不同强度的放射性废渣。

表5-1列出了从各类固体废物的来源和主要组成物。

表5-1　固体废物的分类、来源和主要组成物

分类	来源	主要组成物
工业固体废物	矿山、选冶	废矿石、尾矿、金属、废木、砖瓦灰石等
	冶金、交通、机械、金属结构等	金属、矿渣、砂石、模型、芯、陶瓷、边角料、涂料、管道、绝热和绝缘材料、胶黏剂、废木、塑料、橡胶、烟尘等
	煤炭	矿石、木料、金属

分类	来源	主要组成物
工业固体废物	食品加工	肉类、谷物、果类、蔬菜、烟草
	橡胶、皮革、塑料等	橡胶、皮革、塑料、布、纤维、染料、金属等
	造纸、木材、印刷等	刨花、锯木、碎木、化学药剂、金属填料、塑料、木质素
	石油、化工	化学药剂、金属、塑料、橡胶、陶瓷、沥青、油毡、石棉、涂料
	电器、仪器、仪表等	金属、玻璃、木材、橡胶、塑料、化学药剂、研磨料、陶瓷、绝缘材料
	纺织服装业	布头、纤维、橡胶、塑料、金属
	建筑材料	金属、水泥、黏土、陶瓷、石膏、石棉、砂石、纸、纤维、玻璃
	电力	炉渣、粉煤灰、烟尘
城市垃圾	居民生活	食物垃圾、纸屑、布料、木料、庭院植物修剪垃圾、金属、玻璃、塑料、陶瓷、燃料灰渣、碎砖瓦、废器具、粪便、杂品
	商业、机关	管道、碎砌体、沥青及其他建筑材料,废汽车、废电器、废器具、易爆、易燃、腐蚀性、放射性的废物,以及类似居民生活区内的各种废物
	市政维护、管理部门	碎砖瓦、树叶、死禽畜、金属、锅炉灰渣、污泥、脏土、下水道淤积物等
农业固体废物	农林	稻草、秸秆、蔬菜、水果、果树枝条、糠秕、落叶、废塑料、人畜粪便、腥臭死禽畜、禽类、农药
	水产	腐烂鱼、虾、贝壳,水产加工污水、污泥
放射性固体废物	核工业、核电站、放射性医疗单位、科研单位	金属,含放射性废渣、粉尘、污泥、器具、劳保用具、建筑材料

2. 固体废物的危害

固体废物对人类环境危害的途径见图5-1,概括起来,从其对各环境要素的影响看,要表现为以下几个方面。

(1)侵占土地,破坏地貌和植被

固体废物如不加利用就处置,只能占地堆放。据估平均每堆积1万吨废渣和尾矿,就占地670m² 以上。土地是宝贵的自然资源,我国虽然幅员辽阔,但耕地面积却十分紧缺,固体废物的堆积侵占了大量土地,造成了极大的经济损失,并且严重地破坏了地貌、植被和自然景观。

图5-1 固体废物的污染途径

（2）污染土壤和地下水　固体废物长期露天堆放，部分有害组分很易随渗沥液浸出，并渗入地下向周围扩散，使土壤和地下水受到污染。工业固体废物还会破坏土壤的生态平衡，使微生物和动植物不能正常地繁殖和生长。

（3）污染水体　许多沿江河湖海的城市和工矿企业，直接把固体废物向邻近水域长期大量排放，随天然降水和地表径流进入河流、湖泊，致使地表水受到严重污染，破坏了天然水体的生态平衡，妨碍了水生生物的生存和水资源的利用。据统计，全国水域面积和新中国成立初期相比，已减少了 $1.33 \times 10^7 m^2$。

（4）污染大气　固体废物中所含的粉尘及其他颗粒物在堆放时会随风飞扬，在运输和装卸过程中也会产生有害气体和粉尘，这些粉尘或颗粒物不少都含有对人体有害的成分，有的还是病原微生物的载体，会对人体健康造成危害。有些固体废物在堆放或处理过程中还会向大气散发出有毒气体和臭味，危害则更大。例如，煤矸石自燃时，散发出煤烟和大量的 SO_2、CO_2、NH_3 等气体，造成严重的大气污染。

（5）造成巨大的直接经济损失和资源能源浪费　中国的资源能源利用率很低，大量的资源、能源会随固体废物的排放而流失。矿物资源一般只能利用50%左右，能源利用率只有30%。同时，废物的排放和处置也要增加许多额外的经济负担。

某些有害固体废物的排放除了上述危害之外，还可能造成燃烧、爆炸、中毒、严重腐蚀等意外事故和特殊损害。

二、常见的固体废物处理、处置方法

固体废物处理是指通过各种物理、化学、生物等方法将固体废物转变为适于运输、资源化利用、贮存或最终处置的过程。

固体废物的来源和种类多样化且具有复杂性，处理处置方法应根据各自的特性和组成进行优化选择。表5-2列出了国内外各种固体废物的处理方法现状和发展趋势。

表5-2　固体废物处理方法的现状和发展趋势

类别	中国现状	国际现状	国际发展趋势
城市垃圾	填埋、堆肥、无害化处理和制取沼气、回收废品	填埋、卫生填埋、焚化、堆肥、海洋投弃、回收利用	压缩和高压压缩成型，填埋、堆肥、化学加工、回收利用
工矿废物	堆弃、填坑、综合利用、回收废品	填埋、堆弃、焚化、综合利用	化学加工、回收利用和综合利用
拆房垃圾和市政垃圾	堆弃、填坑、露天焚烧	堆弃、露天焚烧	焚化、回收利用和综合利用
施工垃圾	堆弃、露天焚烧	堆弃、露天焚烧	焚化、化学加工和综合利用
污泥	堆肥、制取沼气	填埋、堆肥	堆肥、焚化、化学加工、综合利用

类别	中国现状	国际现状	国际发展趋势
农业废物	堆肥、制取沼气、回耕、农村燃耕、饲料和建筑材料露天焚烧	回耕、焚化、堆弃、露天焚烧	堆肥、化学加工和综合利用
有害工业废渣和放射性废物	堆弃、隔离堆存、焚化、化学和物理固化回收利用	隔离堆存，焚化，土地还原，化学和物理固定，化学、物理及生物处理，综合利用	隔离堆存、焚化、化学固定，化学、物理及生物处理，综合利用

固体废物常用的处理处置方法有以下几种。

1. 破碎

破碎是指利用外力克服固体废物质点间的内聚力而使大块固体废物分裂成小块的过程。

由于固体废物的物理形状多样，成分复杂以及回收利用的目的不同，破碎工艺差别较大，主要的破碎方法有冲击破碎、剪切破碎、挤压破碎、摩擦破碎、低温破碎及湿式破碎等。常用的破碎机主要有颚式破碎机、锤式破碎机、冲击式破碎机、剪切式破碎机、辊式破碎机和球磨机等。结构分别如图5-2～图5-7。

图5-2 简单摆动颚式破碎机

1—给料；2—心轴；3—偏心轴；4—动颚；5—连杆；6—后肘板；7—前肘板；8—排料；9—定颚

2. 分选法

分选方法很多，其中手工选法是在各国最早采用的方法，适用于废物产源地、收集站、处理中心、转运站或处置场。机械分选方式则大多需在废物分选前进行预处理，一般至少需经过破碎处理。分选处理技术主要有以下几种。

图5-3 锤式破碎机

1—锤头；2—破碎板；3—筛板；4—废物；5—排料

图5-4 Universa型冲击式破碎机

1—板锤；2—筛条；3—研磨板；4—冲击板；5—链幕

(a) 预压机　　　　　　　　(b) 剪切机

图5-5　Lindemann剪切式破碎机

1—压紧器；2—刀具；3—推料杆；4—压缩盖

(a) 双齿辊式破碎机　　　　　　　(b) 单齿辊式破碎机

图5-6　齿辊式破碎机

图5-7　球磨机

1—筒体；2—端盖；3—轴承；4—大齿轮

（1）风力分选　风力分选属于干式分选，主要分选城市垃圾中的有机物和无机物。风力分选系统如图5-8所示。其方法是先将城市垃圾破碎到一定粒度，再将水分调整在45%以下，定量送入卧式惯性分离机分选；当垃圾在机内落下之际，被鼓风机送来的水平气流吹散，即可粗分为重物质（金属、瓦块、砖石类）、次重物质（木块、硬塑料类）和轻物质（塑料薄膜、纸类）；这些物质被分别送入各自的振动筛筛分成大小两级后，由各自的立式锯齿形风力分选装置分离成有机物和无机物。

图5-8　风力分选系统

（2）浮选　浮选法是利用较重的水质（海水或泥浆水）与较轻的碳质（焦），在大水量、高流速的条件下，借助水-炭二者之间的密度差将焦与渣自然分离。如大连化学公司化肥厂利用丰富的海水资源，用浮选法每年可回收粒度在16mm以上的焦炭7000～7500t，返炉制氨约3500t/a，经济效益十分显著。该法较为先进，投资也少，但必须邻近海边，不能为一般厂家所采用。

（3）磁选　是利用工业废渣中不同组分磁性的差异，在不均匀磁场中实现分离的一种分选技术。

（4）筛分　是根据化工废渣颗粒尺寸大小进行分选的一种方法。一个均匀筛孔的筛分器只允许小于筛孔的颗粒通过，较大颗粒则留在筛面上被排除。筛分有湿筛和干筛两种操作，化工废渣多采用干筛，如炉渣的处理。

其他还有一些分选技术，如惯性分选、淘汰分选、静电分选等。

3. 焚烧法

焚烧法是将可燃固体废物置于高温炉内，使其中可燃成分充分氧化的一种处理方法。焚烧法的优点是可以回收利用固体废物内潜在的能量，减少废物的体积（一般可减少80%～90%），破坏有毒废物的组成结构，使其最终转化为化学性质稳定的无害化灰渣，同时还可彻底杀灭病原菌、消除腐化源。焚烧法的缺点是只能处理含可燃物成分高的固体废物，否则必须添加助燃剂，增加运行费用。另外，该法投资比较大，处理过程中不可避免地会产生可造成二次污染的有害物质，从而产生新的环境问题。

影响焚烧的因素主要有四个方面，即温度、时间、湍流程度和供氧量。为了尽可能焚毁废物，并减少二次污染的产生，焚烧的最佳操作条件是足够的高温、足够的停留时间、良好的湍流、充足的氧气。

适合焚烧的废物主要是那些不可再循环利用或安全填埋的有害废物，如难以生物降解的、易挥发和扩散的、含有重金属及其他有害成分的有机物、生物医学废物（医院和医学实验室所产生的需特别处理的废物）等。

4. 填埋法

填埋法即土地填埋法。目前，采用较多的土地填埋方法是卫生土地填埋、安全土地填埋和浅地层处置法。

（1）卫生土地填埋　卫生土地填埋是处置垃圾而不会对公众健康及环境造成危害的一种方法。通常是每天把运到土地填埋场的废物在限定的区域内铺散成40～75cm薄层，然后压实以减少废物的体积，并在每天操作之后用一层厚15～30cm的土壤覆盖、压实，废物层和土壤覆盖层共同构成一个单元，即填筑单元。具有同样高度的一系列相互衔接的填筑单元构成一个升层。完成的卫生土地填埋场地是由一个或多个升层组成的。当土地填埋场达到最终的设计高度之后，再在该填埋层之上覆盖一层90～120cm厚的土壤，压实后就得到一个完整的卫生土地填埋场。卫生土地填埋场剖面图见图5-9。

图5-9　卫生土地填埋场剖面图

（2）安全土地填埋　安全土地填埋是在卫生土地填埋技术基础上发展起来的一种改进了的卫生土地填埋。安全土地填埋场结构和安全措施比卫生土地填埋场更为严格。

安全土地填埋选址场要远离城市和居民较稠密的安全地带，必须有严密的人造或天然衬里，下层土壤或土壤同衬里相结合部位渗透率小于10^{-8}cm/s；填埋场最底层应位于地下水位之上；要采取适当的措施控制和引出地表水；要配备严格的浸出液收集、处理及监测系统；设置完善的气体排放和监测系统；要记录所处置废物的来源、性质及数量，把不相容的废物分开处置。若固体废物在处置前进行稳态化预处理，填埋后更为安全，如进行脱水、固化等预处理。

5. 堆肥

堆肥就是依靠自然界广泛分布的细菌、放线菌、真菌等微生物，有控制地促进可微生物降解的有机物向稳定的腐殖质转化的生物化学过程。根据处理过程中起作用的微生物对氧气要求的不同，堆肥可分为好氧堆肥法和厌氧堆肥法两种。

（1）好氧堆肥法　在有氧的条件下，通过好氧微生物的作用使有机废物达到稳定化、转变为有利于作物吸收生长的有机物的方法。好氧堆肥的微生物学过程如图5-10所示。

参与好氧堆肥的微生物主要包括嗜温菌和嗜热菌。依据温度变化，好氧微

图 5-10　好氧堆肥的微生物学过程

生物降解过程大致分为三个阶段：升温阶段、高温阶段、降温和腐熟保肥阶段。

（2）厌氧堆肥法　在不通气的条件下，将有机废物进行厌氧发酵，制成有机肥料，使固体废物无害化的过程。堆肥方式与好氧堆肥法相同，但堆内不设通气系统，堆温低，腐熟及无害化所需时间较长，堆肥简便、省工。

（3）堆肥过程的影响因素　影响堆肥速度和堆肥质量的因素很多，主要有固体颗粒的大小、温度、通风强度、物料含水率、物料的酸碱度、物料的营养平衡等。

6. 固化法

固化法是指通过物理或化学法，将废物固定或包含在坚固的固体中，以降低或消除有害成分溶出特性的一种固体废物处理技术。目前，根据废物的性质、形态和处理目的，可供选择的固化技术有五种方法，详见表5-3。

表5-3　固化技术及比较

方法	要点	评价
水泥基固化法	将有害废物与水泥及其他化学添加剂混合均匀，然后置于模具中，使其凝固成固化体，将经过养生后的固化体脱模，经取样测试，其有害成分含量低于规定标准，便达到固化目的	方法简单，稳定性好，有可能作建筑材料。用该法固化无机物时，氧化物可互溶；硫化物可能延缓凝固和引起破裂，特种水泥除外；卤化物易浸出，并可能延缓凝固；重金属、放射性废物互溶
石灰基固化法	将有害废物与石灰及其他硅酸盐类，配以适当的添加剂混合均匀，然后置于模具中，使其凝固成固化体，固化体脱模、取样测试方式和标准与"水泥基固化法"同	方法简单，固化体较为坚固。固化有机物时，有机溶剂和油等多数抑制凝固，可能蒸发逸出；固化的无机物时，氧化物、硫化物互溶，卤化物可能延缓凝固并易于浸出，重金属、放射性废物互溶
热塑性材料固化法	将有害废物同沥青、柏油、石蜡或聚乙烯等热塑性物质混合均匀，经过加热冷却后使其凝固而形成塑胶性物质的固化体	固化效果好，但费用较高，只适用于某种处理量少的剧毒废物。固化有机物时，有机溶剂和油在加热条件下可能蒸发逸出。固化无机物时，硝酸盐、次氯化物、高氯化物及其他有机溶剂等则不能采用此法，但与重金属、放射性废物互溶

方法	要点	评价
高分子有机物聚合稳定法	将高分子有机物如脲醛等与不稳定的无机化学废物混合均匀,然后将混合物经过聚合作用而生成聚合物	此法与其他方法相比,只需少量的添加剂,但原料费用较昂贵,不适于处理酸性以及有机废物和强氧化性废物,多数用于体积小的无机废物
玻璃基固化法	将有害废物与硅石混合均匀,经高温熔融冷却后而形成玻璃固化体	固化体性质极为稳定,可安全地进行处置,但费用昂贵只适于处理极有害化学废物和强放射性废物

7. 化学法

化学法是通过化学反应使固体废物变成安全和稳定的物质,使废物的危害性降到尽可能低的水平。此法往往用于有毒、有害的废渣处理,属于一种无害化处理技术。化学法不是固体废物的最终处置,往往与浓缩、脱水、干燥等后续操作联用,从而达到最终处置的目的。主要包括以下几种方法。

(1)中和法 呈强酸性或强碱性的固体废物,除本身会造成土壤酸、碱化外,往往还会与其他废弃物反应,产生有害物质,造成进一步污染,因此,在处理前pH宜事先中和到应用范围内。该方法主要用于化工与金属表面处理等工业中产生的酸、碱性泥渣。中和反应设备可以采用罐式机械搅拌或池式人工搅拌两种,前者多用于大规模中和处理,后者则多用于间断的小规模处理。

(2)氧化还原法 通过氧化或还原化学反应,将固体废物中可以发生价态变化的某些有毒、有害成分转化成为无毒或低毒且具有化学稳定性的成分,以便无害化处置或进行资源回收。例如对铬渣的无害化处理,由于铬渣中的主要有害物质是四水铬酸钠($Na_2CrO_4 \cdot 4H_2O$)和铬酸钙($CaCrO_4$)中的六价铬,因而需要在铬渣中加入适当的还原剂,在一定条件下使六价铬还原为三价铬。经过无害化处理的铬渣,可用于建材工业、冶金工业等部门。

(3)化学浸出法 该法是选择合适的化学溶剂(浸出剂,如酸、碱、盐水溶液等)与固体废物发生作用,使其中有用组分发生选择性溶解然后进一步回收的处理方法。该法可用于含重金属固体废物的处理,特别是在石化工业中废催化剂的处理上得到了广泛应用。下面以生产环氧乙烷的废催化剂的处理为例来加以说明。

用乙烯直接氧化法制环氧乙烷,大约每生产1t产品要消耗18kg银催化剂,因此,催化剂使用一段时期(一般为两年),就会失去活性成为废催化剂。回收的过程由以下三个步骤组成。

① 以浓HNO_3为浸出剂与废催化剂反应生成$AgNO_3$、NO_2和H_2O。

$$Ag+2HNO_3 \longrightarrow AgNO_3+NO_2+H_2O$$

② 将上述反应液过滤得$AgNO_3$溶液,然后加入NaCl溶液生成AgCl沉淀。

$$AgNO_3+NaCl \longrightarrow AgCl \downarrow +NaNO_3$$

③ 由 AgCl 沉淀制得产品银。

$$6AgCl+Fe_2O_3 \longrightarrow 3Ag_2O \downarrow +2FeCl_3$$

$$2Ag_2O \longrightarrow 4Ag+O_2$$

该法可使催化剂中银的回收率达到95%，既消除了废催化剂对环境的污染，又取得了一定的经济效益。

三、化工废渣的来源与特点

化工生产的特点是原料多、生产方法多、产品种类多、产生废物多。各种化工原料约有三分之二变成废物，这些废物中约有二分之一是固体废物。在治理废水或废气过程中也会有新的废渣产生，这些化工废渣也会对环境造成危害。

化工废渣一般按废渣产生的行业和生产工艺过程进行分类，如硫酸生产中产生的硫铁矿烧渣，聚氯乙烯等生产中产生的电石渣；生产工序中产生的废渣有硫铁矿烧渣、铬渣、电石渣、磷肥渣、纯碱渣、废催化剂、废有机物、废塑料、下脚料等，辅助生产工序产生的废渣有污水处理浮渣、沉淀污泥、活性污泥、炉（灰）渣、废气处理收集物、生活垃圾等。

化工废渣的特点主要有以下三点。

（1）产生和排放量比较大 化工废渣产生量较大，约占全国固体废物产生量的6.16%。

（2）危险废物种类多，有毒物质含量高 化工废渣中，有相当一部分具有剧毒性、反应性、腐蚀性等特征，对人体健康和环境有危害或潜在危害。常见化工危险废物主要有以下几类。

① 四氯乙烯、二氯甲烷、丙烯腈、环氧氯丙烷、苯酚、硝基苯、苯胺等有机物原料生产中用过的废溶剂（卤化或非卤化）、产生的蒸馏重尾馏分、蒸馏釜残液、废催化剂等；

② 三氯酚（$C_6H_3Cl_3O$）、四氯酚（$C_6H_2Cl_4O$）、氯丹（$C_{10}H_6Cl_8$）、乙拌磷（$C_8H_{19}O_2PS_3$）、毒杀芬（$C_{10}H_{10}Cl_8$）等农药及其中间体生产中产生的蒸馏釜残液、过滤渣、废水处理剩余的活性污泥等；

③ 铬黄、锌黄、氧化铬绿等无机颜料和氯化法钛白粉生产中产生的废渣和废水处理污泥；

④ 水银法烧碱生产中产生的含汞盐泥，隔膜法烧碱生产中产生的废石棉绒；

⑤ 炼焦生产氨蒸馏塔的石灰渣、沉降槽焦油渣等。

（3）再资源化可能性大 化工废渣组成中有相当一部分是未反应的原料和反应副产物，都是很宝贵的资源，如硫铁矿烧渣、合成氨造气炉渣、烧碱盐泥等，可用作制砖、水泥的原料。一部分硫铁矿烧渣、废胶片、废催化剂中还含有金、银、铂等贵金属，有回收利用的价值。

四、化工废渣处理方法

化工废渣综合利用及处理大致可分为以下几种方法。

（1）物理法　主要包括筛选法、重力分选法、磁选法、电选法、光电分选法、浮选法等。

（2）物理化学法　主要包括离析法、烧结法、挥发法、汽提法、萃取法、电解法等。

（3）化学法　主要包括溶解法、浸出法、化学处理法、热解法、焚烧法、湿式氧化法等。

（4）生物化学法　主要包括细菌浸出法和消化法。

（5）其他方法　主要包括浓缩干化、代燃料、填埋、农用、建材等。

第二节　典型化工废渣的处理

一、塑料废渣的处理

塑料废渣属于废弃的有机物质，主要来源于树脂的生产过程、塑料的制造加工过程以及包装材料。塑料在低温条件下可以软化成型。在有催化剂的作用下，通过适当温度和压力，高分子可以分解为低分子烃类。根据各种塑料废渣的不同性质，经过预分选后，废塑料可进行熔融固化或热分解处理。

1. 再生处理法

再生处理需根据各种废渣的不同性质，分别对待。不同类型的塑料废渣，预先可以借助外观及其他特征加以鉴别区分。混合塑料废渣鉴别时通常采用分选技术。

对单一种类热塑性塑料废渣进行再生称为单纯性再生即熔融再生。整个再生过程由分选、粉碎、洗涤、干燥、造粒或成型等几个工序组成。图5-11为塑料废渣熔融再生工艺流程。

图5-11　塑料废渣熔融再生工艺流程

（1）分选　分选的目的是要得到单一种类的热塑性塑料废渣，而将其他夹杂物分选出去。分选之前经常需要先将塑料废渣粉碎到一定程度之后进行分选。

（2）粉碎　除对塑料废渣在分选之前需要进行粉碎之外，在送入挤出机之前，往往还需要对塑料废渣作进一步粉碎。对小块塑料废渣一般可采用剪切式粉碎机，对大块废渣则以采用冲击式粉碎机效果较好。

（3）洗涤和干燥　塑料废渣常常带有油、泥沙及污垢等不清洁物质，故需进行洗涤处理，一般用碱水洗或酸洗，然后再用清水冲洗，洗干净之后还需进行干燥以免有水分残留而影响再生制品的质量。

（4）造粒或成型　经过洗涤、干燥的塑料废渣，如果不再需要粉碎的话，就可以直接送入挤出机或者成型机，经加热使其熔融后便可以造粒或成型。

在造粒或成型过程中，通常还需要添加一定数量的增塑剂、稳定剂、润滑剂、颜料等辅助材料。辅助材料的选择和配方，应根据废渣的材料品种和情况来决定。

2. 热分解法

热分解法是通过加热等方法将塑料高分子化合物的链断裂，使之变成低分子化合物单体、燃烧气或油类等，再加以有效利用的一项技术。塑料热分解技术可以分为熔融液槽法、流化床法、螺旋加热挤压法、管式加热法等。

熔融液槽热分解法工艺流程如图5-12所示。将经过破碎、干燥的废塑料加入熔融液槽中，进行加热熔化使其进入分解槽。熔融槽温度为300～350℃，而分解槽温度为400～500℃。各槽均靠热风加热，分解槽有泵进行强制循环，槽上部设有回流区（200℃左右），以便控制温度。焦油状或蜡状高沸点物质在冷凝器凝缩分离后需返回槽内再加热，进一步分解成低分子物质。低沸点成分的

图5-12　熔融液槽热分解法处理废塑料工艺流程图

蒸气，在冷凝器内分离成冷凝液和不凝性气体，冷凝液再经过油水分离后，可回收油类。该油类黏度低，但沸点范围广，着火点极低，最好能除去低沸点成分后再加以利用。不凝性气态化合物，经吸收塔除去氯化物等气体后，可作燃烧气使用。回收油和气体的一部分可用作液槽热风的能源。本工艺的优点是可以任意控制温度而不致堵塞管路系统。

3. 焚烧法

焚烧法可分为传统的一般法和部分焚烧法两种。前者在一次燃烧室内可以达到高温，由火焰、炉壁等辐射热，使废塑料在一次燃烧室进行热分解。目的是在一次燃烧室内彻底地燃烧，但往往燃烧不完全，因而产生煤烟和未燃气体，为此需再经二次或三次燃烧室用助燃喷嘴使之烧尽。部分燃烧法在一次燃烧室控制空气量，在800～900℃的温度下，使废塑料的一部分燃烧，再将热分解气体和未燃气、煤烟等送至二次燃烧室，这里供给充分的空气，使温度提高到1000～1200℃完全燃烧。部分燃烧法燃烧充分，产生煤烟少，但热分解速度较慢，处理能力较小，其流程如图5-13所示。

图5-13　部分焚烧法处理废塑料工艺流程图

1—加料装置；2—空气喷嘴；3—重油烧罐；4——一次燃烧室；5—二次燃烧室；6—气体冷却室；
7—湿式喷淋塔；8—气液分离器；9—抽风机；10—烟囱；11—碱罐；12—循环泵；13—排水槽

4. 湿式氧化法和化学处理法

湿式氧化法就是在一定的温度和压力条件下，使塑料渣在水溶液中进行氧化，转化成不会造成污染危害的物质，而且也可以回收能源。对塑料废渣采用湿式氧化法进行处理，与焚烧法相比，具有操作温度低、无火焰生成、不会造成二次污染等优点。根据报道，一般塑料废渣在3.92MPa的压力下和120～370℃温度下，均可在水溶液中进行氧化反应。

化学处理法是一种利用塑料废渣的化学性质，将其转化为无害的最终产物的方法。采用最普遍的是酸碱中和、氧化还原和混凝等方法。

二、硫铁矿渣的处理

硫铁矿渣是以硫铁矿为原料生产硫酸时产生的废渣，所以又叫硫酸渣，或称烧渣。硫铁矿渣综合利用的最理想途径是将其含有的有色金属、稀有贵金属回收并将残渣冶炼成铁。

1. 回收有色金属

硫铁矿渣除含铁外，一般都含有一定量的铜、铅、锌、金、银等有价值的有色贵重金属。早在几十年前就提出用氯气挥发（高温氯化）和氯化焙烧（中温氯化）的方法回收有色金属，同时提高矿渣铁含量，直接作高炉炼铁的原料。

图5-14 光和精矿户佃工厂高温氯化流程图

1—搅拌器；2—沸腾炉；3—废热锅炉；4—旋风器；5—洗涤器；6—圆盘造球机；7—矿渣冷却器；
8—捏土磨机；9—球磨机；10—输送干燥器；11—回转窑；12—掺和仓；13—循环输送机；14—烟囱；
15—除雾器；16—冷却及洗涤塔；17—集尘室；18—球冷却器；19—球仓；20—真空冷却器；
21—铝、银、金和铁回收车间；22—转鼓

氯化挥发和氯化焙烧的目的都是回收有色金属，提高矿渣的品位，它们的区别在于温度不同，预处理及后处理工艺也有差别。氯化焙烧是矿渣在最高温度600℃左右进行氯化反应，主要在固相中反应，有色金属转化成可溶于水和酸的氯化物及硫酸盐，留在烧成的物料中，然后经浸渍、过滤使可溶性物与渣分

离。溶液可回收有色金属，渣经烧结后作为高炉炼铁原料。氯化挥发法是将矿渣造球，然后在最高温度1250℃下与氯化剂反应，生成的有色金属氯化物挥发随炉气排出，收集气体中的氯化物，回收有色金属。氯化反应器排出的渣可直接用于高炉炼铁。具有代表性的工厂是日本光和精矿户佃工厂，其高温氯化流程见图5-14。

2. 烧渣炼铁

硫铁矿渣炼铁的主要问题是含硫量较高，按原化工部颁布标准，规定沸腾炉焙烧工序得到的硫铁矿渣残硫量不得高于0.5%，现在一般为1%～2%，这给炼铁脱硫工作带来很大负担，影响生铁质量。其次是含铁量较低，一般只有45%，且波动范围大，直接用于炼铁，经济效果并不理想，所以在用于炼铁之前，还需采取预处理措施，以提高含铁品位。

降低硫含量可用水洗法去除可溶性硫酸盐，也可用烧结选块方法来脱硫。一般烧结选块脱硫率为50%～80%。将硫铁矿渣100kg、无烟煤或焦粉10kg和块状石灰15kg拌匀后在回转炉中烧结8h，得到烧结矿，含残硫从0.8%～1.5%降至0.4%～0.8%。提高硫铁矿渣铁品位大致有以下几种方法。

（1）提高硫铁矿含铁量　我国硫铁矿原料含铁量仅为35%～40%，相应的硫铁矿渣含铁量就更低。如把现用的原料尾砂再浮选一次，得到精矿生产，不但对硫酸制造有利，也给硫铁矿渣的综合利用带来方便。

（2）重力选矿　红色烧渣中的铁矿物绝大多数的磁性很弱。对于这种烧渣，最好的处理方法是重力选矿。根据硫铁矿渣中的氧化铁与二氧化硅密度不同进行重力选矿，可提高硫铁矿渣的铁含量。

（3）磁力选矿　黑色烧渣中的铁矿物，主要是以磁性铁为主，这种硫铁矿渣可以采用适当的磁场强度进行选矿。山东烟台化工厂对胶东招远金矿、杭州硫酸厂的硫铁矿渣进行磁选试验，磁选结果见表5-4。

表5-4　硫铁矿渣磁选结果　　　　　　　　　　　　　　　　单位：%

编号	化学组成				一次磁选			二次磁选		
	TFe	FeO	S	SiO_2	TFe	S	铁回收率	TFe	S	铁回收率
1	49.15	10.50	2.06	10.80	54.65	1.28	75.49	55.49	0.71	68.40
2	51.99	22.89	2.57	10.55	56.69	2.16	89.92	57.65	1.10	83.62

磁选要求矿渣呈磁性，因此在磁选之前应将硫铁矿渣进行磁性焙烧，即加入5%炭粉或油在800℃焙烧1h，使铁的氧化物大部分为呈磁性的Fe_3O_4或γ-Fe_2O_3，产生的磁性矿渣再磁选。

经过脱硫和选矿后的精硫铁矿渣配以适量的焦炭和石灰进入高炉可以得到合格的铁水。

3. 生产水泥

高炉炼铁以及其他转炉冶炼都不能利用高硫渣，而应用回转炉生铁-水泥法可以利用高硫烧渣制得含硫合格的生铁，同时得到的炉渣又是良好的水泥熟料。用烧渣代替铁矿粉作为水泥烧成时的助溶剂，既可满足需要的含铁量，又可以降低水泥的成本。该法流程见图5-15。

三、煤化工污染防治

1. 煤化工环境污染

煤化工是以煤为原料的化学加工过程，由于煤本身的特殊性，在其加工、原料和产品的贮存运输过程中都会对环境造成污染。

炼焦化学工业是煤炭化学工业的一个重要部分，中国炼焦化学工业已从焦炉煤气、焦油和粗苯中制取100多种化学产品，这对中国的国民经济发展具有十分重要的意义。但是，焦化生产有害物排放源多，排放物种类多、毒性大，对大气污染是相当严重的。

图5-15 回转炉生铁-水泥法流程示意图

据不完全统计，中国每年焦炭生产要向大气排放的苯可溶物、苯并芘及烟尘等污染物达几十万吨。这些苯、酚类污染物，用常规处理方法很难达到理想效果，污染物的累积会对生态环境造成不可挽回的影响，尤其是向大气排放的苯并芘是强致癌物，严重影响当地居民的身体健康。

炼焦工业排入大气的污染物主要是在装煤、推焦和熄焦等工序产生的。在回收和焦油精制车间有少量含芳香烃、吡啶和硫化氢的废气，焦化废水主要为含酚废水，焦化生产中的废渣不多，但种类不少，主要有焦油渣、酸焦油（酸渣）和洗油再生残渣等。另外，生化脱酚工段有过剩的活性污泥，洗煤车间有矸石产生。

在气化生产过程中，煤气的泄漏及放散有时会造成气体的污染，煤场仓储、煤破碎、筛分加工过程产生大量的粉尘；气化形成的氨、氰化物、硫氧碳、氯化氢和金属化合物等有害物质溶解在洗涤水、洗气水、蒸汽分馏后的分离水和贮罐排水中形成废水；在煤中的有机物与气化剂反应后，煤中的矿物质形成

扫一扫
回转炉

灰渣。

煤气化生产中，根据不同气化原料、气化工艺及净化流程的差异，污染物产生的种类、数量及对环境影响的程度也各不相同。

① 气化原料种类的不同，生产过程对环境污染程度就不同　例如：烟煤作为原料的气化过程污染程度通常高于无烟煤，因为无烟煤、焦炭气化时干馏阶段的挥发物、焦油数量极少。

② 气化工艺不同，对环境污染影响差异性很大　三种气化工艺废水中杂质的浓度大不相同，采用移动床工艺时，废水中所含的苯酚、焦油和氰化物浓度都高于流化床和气流床工艺。因此移动床工艺中，净化时循环冷却水受污染严重，导致有害气体逸出在大气中，造成的大气污染也相对严重。

③ 净化工艺不同，煤气生产对环境的影响也不一样　冷煤气站污染程度高于热煤气站。因为热煤气生产工艺中，煤气不需要冷却，只采用干式除尘的净化方式，即没有冷煤气生产工艺带来的污染问题。

煤的液化分为间接液化和直接液化。间接液化主要包括煤气化和气体合成两大部分，气化部分的污染物如前所述；合成部分的主要污染物是产品分离系统产生的废水，其中含有醇、酸、酮、醛、酯等有机氧化物。直接液化的废水和废气的数量不多，而且都经过处理，主要环境问题是气体和液体的泄漏以及放空气体所含的污染物等，表5-5列出了溶剂精炼煤法产生的空气污染数量（以每加工7×10^4t计）。直接液化的残渣量较多，其中主要含有未转化的煤粉、催化剂、矿物质、沥青烯、前沥青烯及少量油，直接液化的残渣一般用于气化制氢后剩余灰渣。

表5-5　溶剂精炼煤法的空气污染物数量

污染物	数量/t	污染物	数量/g
微粒	1.2	砷	1.4
SO_2	16	镉	130
NO_x	23	汞	23
烃类	2.3	铬	2200
CO	1.2	铅	480

2. 煤化工污染防治对策

（1）加快淘汰小土焦　土焦比机焦多耗优质煤200kg/t（焦），多耗优质煤气250m³/t（焦），造成了大量资源浪费。维持土焦生产对国内机焦企业和正常出口秩序造成了严重影响，而且对环境污染更为严重。目前，中国已有机焦生产能力1.03亿吨，另有在建机焦生产能力近1000万吨。随着节焦、代焦措施的应用，全国焦炭消耗量将维持在1亿吨左右。从目前中国机焦生产与建设情况看，是完全可以满足市场需求的。全部淘汰土焦，不会造成焦炭供应缺口，反而促使焦炭价格更趋向合理。

（2）焦炉大型化　20世纪70年代，全球焦化业已面临着环境、经济、资源三大难题。美国、德国、日本等国家在传统水平室式炼焦炉基础上，开发了低污染焦新炉型。美国开发应用了"无回收炼焦炉"，德国、法国、意大利、荷兰等8个欧洲国家联合开发了"巨型炼焦反应器"，日本开发了"21世纪无污染大型炼焦炉"，乌克兰开发"立式连续层状炼焦工艺"，德国还开发了"焦炭和铁水两种产品炼焦工艺"等。各国对传统炼焦炉改进的技术趋势是：①扩大炭化室有效容积；②采用导热、耐火性能好、机械强度高的筑炉材料；③配备高效污染治理设施；④生产规模大型化、集中化。

在国际炼焦炉技术大力改进的形势下，中国仍有许多炭化室高度小于2.8m的小机焦炉，不仅能耗、物耗高，且无脱硫、脱氨、脱苯等煤气净化工艺以及较完善的环保设施，应逐步淘汰。焦炉的大型化可降低出炉次数和炭化室数，可使排放污染物的数量减少。对不同炭化室容积的机焦炉废气污染物监测的结果表明，焦炉炉体废气逸散量与炭化室有效容积成反比关系。表5-6中列出不同炭化室容积的机焦炉污染物排放浓度情况。

表5-6　不同炭化室容积的机焦炉污染物排放浓度情况

焦炉名称（炭化室高）		JN4.3炉	JN2.8炉	2.5m炉	70型炉	红旗炉
炭化室有效容积/m^3		23.9	11.2	5.25	3.34	2.60
污染物排放浓度	颗粒物/（mg/m^3）	3.28	6.99	14.92	23.48	30.14
	苯可溶物/（mg/m^3）	1.02	2.17	4.64	7.30	9.37
	苯并芘/（$\mu g/m^3$）	5.36	11.41	24.38	38.37	49.25

（3）积极推广清洁生产和节焦技术　清洁生产是指不断采取改进设计、使用清洁的能源和原料、采用先进的工艺技术与设备、改善管理、综合利用等措施，从源头削减污染，提高资源利用效率，减少或者避免生产、服务和产品使用过程中污染物的产生和排放，以减轻或者消除对人类健康和环境的危害。

中国炼焦行业的清洁生产标准（HJ/T 126—2003）已于2003年6月1日实施，在炼焦行业治理、改造和建设中，应严格执行该标准。要采用配型煤与风选调湿技术、干熄焦技术、装煤、出焦消烟尘技术、脱硫、脱氰、脱氨等一系列先进技术，使装煤、出焦、熄焦时产生的污染降到最低程度，实现炼焦的清洁生产。在钢铁工业和化工工业（占焦炭消费量的85%）中，大力推广节焦、代焦技术措施，降低国内焦炭消费。

（4）发展以煤气化为核心的多联产技术　21世纪可持续发展的新能源技术是以煤气化为核心的多联产模式，要消除现有煤开采、加工所带来的污染，特别是高硫煤的污染，只有靠洁净煤、水煤浆、地下气化、坑口煤气化、硫回收、以洁净煤气进行化工生产和发电、废渣生产建材等多联产的新能源模式才可以实现。

新模式可在坑口就地消化粉煤和矸石；采用无焦油污染的气化方法，通过碳一化学技术、甲醇化学技术、羰基合成技术，进一步生产洁净品替代车用燃料和民用燃料，可减少城市中的大气污染；同时通过化学深加工获得高效益的化工产品。

（5）液化"三废"治理　煤液化尚未全面工业化，今后如果建厂投产，应同时建立"三废"治理设施，所有污染物都在厂内得到处理，这对环境保护是十分有益的。

第三节　污泥的处理与处置

在给水和废水（包括污水）处理中，采用各种分离方法去掉溶解的、悬浮的或胶体的固体物质后所剩的沉渣统称为污泥。

一、污泥的来源、分类及特性

污泥有的是从废水中直接分离出来的，如沉砂池中的沉渣、初次沉淀池中的沉淀物、隔油池和浮选池中的油渣等；有的是在处理过程中产生的，如酸性废水石灰中和产生的化学污泥、废水混凝处理产生的沉淀物、废水生物处理产生的剩余活性污泥或生物膜等。

污泥的种类很多，分类较复杂，根据来源分有生活污水污泥、工业废水污泥和给水污泥三类；根据污泥的主要成分可分为污泥和沉渣两类。污泥的主要特性是有机物含量高，容易腐化发臭，颗粒较细，密度较小，含水率高，不易脱水，是呈胶状结构的亲水性物质。初次沉淀池、二次沉淀池的沉淀物均属污泥。沉渣的主要特性是组分以无机物为主、颗粒较粗、密度较大、易脱水，但流动性较差。沉砂池以及某些工业废水在物理、化学处理过程中的沉淀物均属沉渣。

二、污泥的处理及处置

污泥处理：污泥经单元工艺组合处理，达到减量化、稳定化、无害化目的的全过程。

污泥处置：处理后的污泥，弃置于自然环境中（地面、地下、水中）或再利用，能够达到长期稳定并对生态环境无不良影响的最终消纳方式。

污泥处理的目的一是减少污泥的体积，即降低含水率，为后续处理、利用、运输创造条件。二是使污泥无害化、稳定化。污泥中常含有大量的有机物，也可能含有多种病原菌，有时还含有其他有毒有害物质，必须消除这些会散发恶臭、导致病害及污染环境的因素。三是通过处理改善污泥的成分和某种性质，以利于应用并达到回收能源和资源的目的。

为了实现污泥处理的目的，常采用浓缩、消化、化学调理、干化、干燥、脱水、焚烧等工艺对污泥进行处理，如图5-16所示。通过生产实践表明，污泥脱水用单一方法很难奏效，必须采用几种方法配合使用，才能收到良好的脱水效果。

图5-16　污泥处理的一般流程

（一）污泥的处理

1. 污泥的调理

污泥的调理是为了提高污泥浓缩、脱水效率的一种预处理方法。主要有化学调节法、淘洗法、热处理法和冷冻法四种。

（1）化学调节法　化学调节法就是在污泥中加入适量的助凝剂、混凝剂等化学药剂，使污泥颗粒絮凝，改善污泥的脱水性能。

助凝剂的主要作用在于提高混凝剂的混凝效果。常用的助凝剂有硅藻土、珠光体、酸性白土、锯屑、污泥焚烧灰、电厂粉尘及石灰等惰性物质。

混凝剂的主要作用是通过中和污泥胶体颗粒的电荷和压缩双电层厚度，减少粒子和水分子的亲和力，使污泥颗粒脱稳，改善其脱水性。常用的混凝剂包括无机混凝剂和高分子聚合电解质两类。无机混凝剂有铝盐和铁盐，高分子聚合电解质有聚丙烯酰胺和聚合铝等。

化学调节的关键是化学药品的选择和投药量的确定，通常通过实验室试验来确定。

（2）淘洗法　污泥的淘洗是将污泥与3～4倍污泥量的水混合后再进行沉降分离的一种方法。污泥的淘洗仅适用于消化污泥的预处理，目的在于降低碱度，节省混凝剂用量，降低机械脱水的运行费用。淘洗可分为一级淘洗、二级淘洗或多级淘洗，淘洗水用量为污泥量的3～5倍。经过淘洗的污泥，其碱度可从2000～3000mg/L降至400～500mg/L，可节省50%～80%的混凝剂。

淘洗过程是：泥水混合→淘洗→沉淀。三者可以分开进行，也可在合建的同一池内进行。如果在池内辅以空气搅拌或机械搅拌，可以提高淘洗效果。

2. 浓缩

污泥浓缩是指通过污泥增稠来降低污泥的含水率并减少污泥的体积。主要有重力浓缩、离心浓缩和气浮浓缩三种方法。工业上主要采用后两种，中小型规模装置多采用重力浓缩。

（1）重力浓缩　重力浓缩是一种重力沉降过程，依靠污泥中固体物质的重力作用进行沉降与压密。该过程是在浓缩池内进行的，污泥浓缩池分为间歇式和连续式两种。

间歇式污泥浓缩池是一种圆形水池，底部有污泥斗（见图5-17）。工作时，先将污泥充满全池，经静止沉降，浓缩压密，池内形成上清液区、沉降区和污泥层。定期从侧面分层排出上清液，浓缩后的污泥从底部泥斗排出。

图5-17　间歇式污泥浓缩池

连续式污泥浓缩池与沉淀池构造相类似，可分为竖流式和辐流式两种。图5-18为带有刮泥机与搅动装置的浓缩池，池底坡度一般为1/100，污泥通过污泥管排出。浓缩时间一般为10～16h，刮泥机的转速为0.75～4r/h。

图5-18　带刮泥机与搅动装置的连续式污泥浓缩池

（2）气浮浓缩　气浮浓缩是采用加压溶气气浮原理，通过压力溶气罐溶入过量空气，然后突然减压释放出大量的微小气泡，并附着在污泥颗粒周围，使其密度减小而强制上浮，从而使污泥在表层获得浓缩。因此，溶气气浮法适用于相对密度接近于1的活性污泥的浓缩。

气浮浓缩的工艺流程如图5-19所示，与废水的气浮处理基本相同。

3. 消化

（1）污泥的厌氧消化　厌氧消化是污泥处理的重要方法之一，是利用厌氧微生物分解污泥中有机物，使污泥趋于稳定。

图5-19 气浮浓缩的工艺流程

污泥厌氧消化是一个极其复杂的过程，可概括为两个阶段：第一阶段为酸性发酵阶段，有机物在产酸细菌的作用下，分解成脂肪酸及其他产物，并合成新细胞；第二阶段为甲烷发酵阶段，脂肪酸在专性厌氧菌——产甲烷菌的作用下转化为 CH_4 和 CO_2。

影响污泥厌氧消化的因素主要包括温度、生物固体停留时间与负荷、搅拌和混合、营养与C/N比、氮的守恒与转化、有毒物质等。

（2）污泥的好氧消化　污泥好氧消化处于内源呼吸阶段，细胞质反应方程如下：

$$C_5H_7NO_2+7O_2 \longrightarrow 5CO_2+3H_2O+H^+ +NO_3^-$$

好氧消化池工艺如图5-20所示。

图5-20　好氧消化池工艺图

好氧消化的优点：污泥中可生物降解有机物的降解程度高；上清液BOD低；消化污泥量少，无臭、稳定、易脱水，处置方便；消化污泥的肥分高，易被植物吸收；好氧消化池运行管理方法简单，构筑物基建费用低等。缺点：运行能耗多，运行费用高；不能回收沼气；因好氧消化不加热，所以污泥有机物分解程度随温度波动大；消化后的污泥进行重力浓缩时，上清液SS浓度高。

4. 机械脱水

污泥机械脱水是通过过滤达到脱水目的的。常采用的脱水机械有真空过滤机（真空转鼓、真空吸滤机）、压滤脱水机（板框压滤机、滚压带式过滤机）、离心脱水机等。

（1）真空过滤脱水　真空过滤使用的机械是真空过滤机。转鼓式真空过滤机的工艺流程。如图5-21所示。转鼓每旋转一周，依次经过滤饼形成区、吸干区、反吹区和休止区。

图5-21 转鼓式真空过滤机脱水的工艺流程图

（2）离心脱水 离心脱水使用的设备为离心机。转筒式离心机的构造如图5-22所示，主要由转筒、螺旋输送器及空心轴所组成。螺旋输送器与转筒由驱动装置传动，沿同一个方向转动，但两者之间有一个小的速差，依靠这个速差的作用，使输送器能够缓慢地输送浓缩的污泥。

图5-22 转筒式离心机结构示意图

5. 干化

干化是最有效的减量方式。在单位时间里将一定数量的热能传给物料所含的湿分，这些湿分受热后汽化，与物料分离，失去湿分的物料与汽化的湿分被分别收集起来，这就是干化的工艺过程。污泥干化可以将污泥含水率从70%降到10%以下。

污泥干化包括自然干化和热干化技术：自然干化主要利用太阳能对污泥进行干化处理，主要包括干化场和阳光棚干化两种方式；热干化技术是利用热能将污泥烘干，高温灭菌作用能杀死病原菌和寄生虫，使污泥快速干燥，避免了臭味对周围环境的影响。

6. 堆肥

堆肥是最廉价的污泥减量方式，利用污泥自身有机质发酵产生的热量进行蒸发，可以将含水率从70%以上降到30%以下。但由于占地巨大和臭气处理难度大，在效率上要低于干化。

目前世界各国采用的方法主要有静态和动态堆肥两种，如自然堆肥法、圆柱形分格封闭堆肥法、滚筒堆肥法，这些方法都在不断发展和完善。我国近年还发展了将污泥和城市垃圾等其他物质混合堆肥后加以利用的新方法。一般和污泥进行混合堆肥的物质有城市垃圾、木屑、树皮、稻壳、稻草等有机调理剂或回流堆肥，一般城市垃圾使用较多。堆肥时一次发酵周期约为7～10d，二次发酵周期为1个月左右。堆肥的最佳温度50～65℃。堆肥处理时主要影响因素有原料含水率、有机质含量、比表面和孔隙率等。

7. 焚烧

污泥经浓缩和脱水后，含水率在60%～80%之间，可经过热干燥进一步脱水，使含水率降至20%左右。有机污泥可以焚烧，在焚烧过程中，一方面去除水分，一方面氧化污泥中的有机物。焚烧是目前最终处置含有毒物质的有机污泥最有效的方法。

（1）回转焚烧炉　回转焚烧炉又称回转窑，是一个大圆柱筒体，外围有钢箍，钢箍落在转动轮轴上，由转动轮轴带动炉体旋转。回转焚烧炉可分为逆流回转炉和顺流回转炉两种类型。污泥焚烧处理常用逆流回转炉，工艺流程和设备如图5-23所示。

图5-23　回转窑式污泥焚烧系统的流程和设备

回转焚烧炉的优点是对污泥投入量及性状变化适应性强；结构简单，温度容易控制，可以进行稳定焚烧；污泥与燃气逆流移动，能够充分利用燃烧废气显热。

（2）流化床焚烧炉　流化床焚烧炉的特点是利用硅砂为热载体，在预热空气的喷射下，载体形成悬浮状态。泥饼首先经过快速干燥器。干燥器的热源是流化床焚烧炉排出的烟道气。流化床的流化空气用鼓风机吹入，焚烧灰与燃烧气一起飞散出去，用一次旋流分离器加以捕集。流化床焚烧炉的工艺流程见图5-24。

图5-24　流化床焚烧炉的工艺流程

　　流化床焚烧炉的优点是结构简单，接触高温的金属部件少，故障也少；硅砂和污泥接触面积大，热传导效果好；可以连续运行。缺点是操作较复杂，运行效果不够稳定，动力消耗较大。

（二）污泥的处置

1. 卫生填埋

　　污泥卫生填埋始于20世纪60年代，到目前为止已经发展成为一项比较成熟的污泥处置技术。污泥卫生填埋基本属厌氧性填埋，仅在初期填埋的污泥表层及填埋区内排水、排气管路附近，由于空气的接触扩散形成局部的准好氧填埋方式。虽然污泥在污水处理厂中经过了厌氧中温消化处理，但由于这一过程中有机物没有被完全降解（进入填埋区的污泥有机物含量仍在40%左右），因此，污泥在填埋过程中依然存在着一个稳定化降解过程。最终污泥中的可降解有机质被分解为稳定的矿化物或简单的无机物，并释放出包括CH_4和CO_2在内的污泥气。然而，由于填埋污泥彻底稳定化是一个漫长的过程，一般需十几年，甚至几十年。

2. 土地利用

　　土地利用越来越被认为是一种积极、有效、有前途的污泥处置方式。这种方式主要是将污泥用于农田等施肥垦荒地、贫瘠地等受损土壤的修复及改良园林绿化建设森林土地施用等。用于土地利用的污泥通常是剩余活性污泥。污泥中含有丰富的有机营养成分如氮、磷、钾等和植物所需的各种微量元素如Ca、Mg、Cu、Zn、Fe等，其中有机物的浓度一般为40% ~ 70%，其含量高于普通农家肥。因此能够改良土壤结构，增加土壤肥力，促进作物的生长，如能合理利用将是非常有价值的资源。在国外，污泥及其堆肥作肥源农用已有多年的历史。城市污泥农用比例最高的是荷兰，占55%；其次是丹麦、法国和英国，占45%；美国占25%。与国外相比我国对城市污泥农用资源化的理论研究与实践均相差甚远，但京、沪、津等地的污泥农用也有二十几年的历史。

3. 资源化利用

除了以上传统的污泥处理处置技术外，还有一些更深层次的污泥资源化利用途径。污泥热解制油技术是通过无氧加热将污泥干燥至一定温度，由干馏和热分解作用使污泥转化为油、反应水、不凝性气体（NGG）和炭等4种可燃产物。产油的热值高，收集起来后可以作为能源储存。此外，诸如污泥炭化技术、污泥合成燃料技术、污泥制取吸附剂技术、蚯蚓生态床处理剩余污泥、建材利用等污泥资源化利用工艺都有一定的研究和应用。

第四节　固体废物的综合防治

伴随着世界工业化、城市化进程，世界各国的工业固体废物产生量总体上在日益增加。贸易和非法贸易导致的工业废物转移排放和向水体倾倒废物也很严重。我国的工业固体废物产生量逐年增加，排放量（包括排入水体）的绝对量也很大，因工业固体废物排放和堆存造成的污染事故和损失也愈加严重。因此加强对固体废物的综合防治是一项长期而艰巨的任务。

一、综合防治对策

目前，就国内外研究进展而言，在世界范围内取得共识的技术对策是所谓的"3C"原则，即clean（清洁）、cycle（循环）、control（控制）。我国根据国情制定出近期以"无害化""减量化""资源化"控制固体废物污染的技术政策，并确定今后较长一段时间内应以"无害化"为主，从"无害化"向"资源化"过渡，"无害化"和"减量化"应以"资源化"为条件。

固体废物"无害化"处理的基本任务是将固体废物通过工程处理，达到不损害人体健康，不污染周围的自然环境。如垃圾的焚烧、卫生填埋、堆肥，粪便的厌氧发酵，有害废物的热处理和解毒处理等。

固体废物"减量化"处理的基本任务是通过适宜的手段，减少和减小固体废物的数量和容积。这一任务的实现，需从两个方面着手，一是对固体废物进行处理利用，二是减少固体废物的产生，做到清洁生产。例如，将城市生活垃圾采用焚烧法处理后，体积可减少80%～90%，余烬则便于运输和处置。

固体废物"资源化"的基本任务是采取工艺措施从固体废物中回收有用的

物质和能源。固体废物"资源化"是固体废物的主要归宿。相对于自然资源来说，固体废物属于"二次资源"和"再生资源"范畴，虽然一般不再具有原使用价值，但是通过回收、加工等途径可以获得新的使用价值。

二、资源化系统

所谓"资源化系统"就其广义来说，表示资源的再循环，指的是从原料制成成品，经过市场直到最后消费变成废物又引入新的生产-消费的循环系统。

从资源开发过程看，利用固体废物作原料，可以省去开矿、采掘、选矿、富集等一系列复杂工作，保护和延长自然资源寿命，弥补资源不足，保证资源永续，且可节省大量的投资，降低成本，减少环境污染，保持生态平衡，具有显著的社会效益。以开发有色金属为例，每获得1t有色金属，要开采出33t矿石，剥离出26.6t围岩，消耗成百吨水和8t左右的标煤，而且要产生几十吨的固体废物以及相应的废气和废水。

许多固体废物含有可燃成分，且大多具有能量转换利用价值。如具有高发热量的煤矸石，既可通过燃烧回收热能或转换为电能，也可用来代替土节煤生产内燃砖等。表5-7列出了可作为建筑材料的工业废渣及其用途。

由此可见，固体废物的"资源化"具有可观的环境效益、经济效益和社会效益。资源化系统应遵循的原则是："资源化"技术可行；经济效益比较好，有较强的生命力；废物应尽可能在产生地就近利用，以节省废物在贮放、运输等过程的投资；"资源化"产品应当符合国家相应产品的质量标准。

表5-7 可作为建筑材料的工业废渣及其用途

工业废渣	用途
高炉渣、粉煤灰、煤渣、煤矸石、钢渣、电石渣、尾矿粉、赤泥、镍渣、铅渣、硫铁矿渣、铬渣、废石膏、水泥、窑灰等	1.制造水泥原料或混凝土材料； 2.制造墙体材料； 3.道路材料，制造地基垫层填料
高炉渣（气冷渣、粒化渣、膨胀矿渣、膨珠）、粉煤灰（陶料）、煤矸石（膨胀煤矸石）、煤渣、赤泥（陶粒）、钢渣和镍渣（烧胀钢渣和镍渣）等	作为混凝体骨料和轻质骨料
高炉灰、钢渣、镍渣、铬渣、粉煤灰、煤矸石等	制造热铸制品
高炉渣（渣棉、水渣）、粉煤灰、煤渣等	制造保温材料

三、综合管理模式

由于固体废物本身往往是污染的"源头"，故需对其产生—收集运输—综合利用—处理—贮存—最终处置，实行全过程管理，在每一个环节都将其当作污染源进行严格的控制。根据我国近二十年来的管理实践，借鉴国外有益的经验，做好固体废物的综合管理工作，应按下列程序进行。

（1）减少废物的产量　推广无污染生产工艺；提高废物内部循环利用率；强化管理手段。

（2）物资回收途径　采用明智的生产技术；加强废物的分离回收；建立资源化工厂（如堆肥厂）。

（3）能源回收途径　焚烧、厌氧分解、热解等。

（4）安全填埋　包括废物的干燥、稳定化、封装、混合填埋（城市垃圾与工业废物）、废物的自然衰减及正确地填埋工程施工。

（5）废物的最终贮存（处置）　固体废物最终处置达到无害、安全、卫生。

对固体废物实行程序化管理，对于有效控制环境污染和生态破坏，提高资源、能源的综合利用率具有十分重要的意义。这一模式的主要目标是通过促进资源回收、节约原材料和减少废物处理量，从而降低固体废物对环境的影响，即达到减量化、资源化和无害化的目的。综合管理已成为今后固体废物处理和处置的方向。

主题实践活动五　固体废物综合利用考察

一、活动主题

开展固体废物综合利用考察，践行生态环保理念。

二、活动宗旨

通过本次实践活动，调研所在校周边企业的主要工业固体废物污染情况及产生的原因，了解企业现有清洁生产及污染控制技术，培养学生低碳环保意识。

三、活动时间

建议2周。

四、参加人员

授课班级学生。

五、活动内容

1. 分组考察

全体同学分组，开展周边工矿企业走访调研。根据调研情况，填写实践活动记录表。

实践活动记录表（调研记录）

调研时间		调研企业	
调研方式	□问卷调研　□实地调研　□访问调查		
调研团队成员			
调研企业简介			
调研内容			

调研时间		调研企业	
收获和体会	签名：		年　月　日

2. 交流总结

小组分别进行交流讨论，利用记录的文字和拍摄的照片编写固体废物综合处理调研报告，并填写成果展示记录表。

成果展示记录表

活动主题			
调研人		被调研人	
活动成果照片	（此处插入调研期间的拍摄照片，每张照片配注释。）		
固体废物控制措施	（列举调研企业工业固体废物现有清洁生产及污染控制技术，包括方法、工艺流程、主要设备等。）		

复习思考题

1. 解释下列名词

固体废物、固体废物的处理、焚烧法、浮选法、卫生土地填埋、安全土地填埋、废物固化、城市垃圾、污泥

2. 固体废物对环境造成的危害主要表现在哪些方面？

3. 为了降低污染，常采用的固体废物处理方法有哪些？

4. 焚烧法的最佳操作条件有哪些？

5. 筛分的主要功能是什么？化工废渣处理应注意什么？

6. 利用安全土地填埋处理废渣应考虑哪些因素？

7. 试比较各种固化方法的特点，并说明它们的适用范围。

8. 化工废渣特点有哪些？

9. 塑料废渣有哪些处理方法？各方法有哪些突出优点？

10. 硫铁矿渣中可回收哪些物质？

11. 为什么污泥机械脱水前要进行调理？怎样调理？

12. 污泥的最终出路是什么？如何最终消除污泥对环境的污染？

13. 新世纪如何加强对固体废物的管理，以达到"无害化""减量化""资源化"？控制固体废物污染的技术政策是什么？

旅游观光点——垃圾转运站和填埋场

纽约市第59号大街的垃圾转运站，和其邻近的 Staten Lsland 的 Fresh Kills 废物填埋场，是世界著名的旅游观光点。

游客们不仅能够参观转运站花园般的外部环境，还可观看其内部工作情况，整个转运站坐落在一座封闭式的大型玻璃建筑中，室内空气清新，没有臭味。这座转运站不但能够转运垃圾，还具有回收各种废物的能力，全部采用流水线进行作业。各种混合垃圾被卸入长长的储料槽后，由传送带输送到各个分选设备，进行加工处理后，最后不可分选物被送到终端，装上大型驳船，沿哈德逊河（the Hudson River）送到斯塔滕岛上，世界上最大的费雷什·基尔斯填埋场。由于填埋垃圾的不断增加，这里很快成为美国东海岸上的第二个制高点。游客们站在纽约市中心曼哈顿大街上就能够看到这一壮丽的景观。通过参观，人们不仅增长了废物处理方面的知识，最重要的是认识到了保护环境和自然资源的重要性。

中国城市垃圾分类

近几年随着经济的迅速发展，居民生活水平和消费能力的明显提高，城市范围的不断扩大以及城市人口的逐渐增加，城市生活垃圾的总量也在不断增加。据统计，我国人口超过200万的城市，人均垃圾产量为 0.62 ~ 0.98kg/d。

根据性质的不同，城市垃圾分为四类，见下表。随着居民消费方式、饮食结构和城市蔬菜供应方式的改变，各组成在垃圾中所占的比例也相应改变。

城市垃圾分类

分类项目		具体实例
可燃垃圾	厨余垃圾	剩饭、做饭剩下的残渣（蔬菜残渣、毛豆的根叶、玉米皮、肉的骨头）等
	废纸	废纸、手纸、烟盒壳、复写纸等
	包装纸	装糕点的袋、箱等一部分称为产品的东西
	废木材	废木材、一次性筷子、软木瓶塞、竹条，庭院里的树木、枯叶、插花
	纸盒	牛奶、饮料等的纸盒
	婴儿用品	纸尿布
	食用废油	
不燃垃圾	塑料类	购物时用的袋子、装糕点用的袋子、各种保鲜纸、塑料盘子类、泡沫等苯乙烯类、各种酸奶饮料容器类、各种成形的玩具、绳、网类
	橡胶皮革	鞋、拖鞋、皮带、包等
	其他不可燃的垃圾	陶器类、焚烧后的灰、喷雾堆头、油瓶、很脏的瓶、平板玻璃等不能燃烧的东西

分类项目			具体实例
资源类	纸类	新闻广告	报纸、传单等
		杂志类	杂志
		厚纸	厚纸、装餐巾纸的纸盒
	纺织品		汗衫、裤子、裙子、毛衣、风衣、外套等，毛线残渣、破布
	瓶类	瓶类（可回收再利用的瓶子）	啤酒瓶、饮料瓶、牛奶瓶、装醋的瓶子等，在卖酒、卖牛奶的店可以换取的瓶子
		杂瓶类	营养饮料瓶子、果酱瓶子、不进行加工处理不能利用的瓶子
	金属类	不锈钢罐	用于饮料、食品等的罐，能用吸铁石吸起来的罐
		铝合金罐	装啤酒、饮料等的罐，不能用吸铁石吸起来的罐
		铁类	锅、浅平锅等用吸铁石能吸起的东西
		非铁类	铝合金锅、铜锅、铝箔等用吸铁石不能吸起来的东西
其他	含水银的东西		干电池、日光灯管、体温计、镜子
	复制品		塑料和玻璃、布和金属等用两种以上材料做成的产品（暖瓶、伞等）
	其他		以上没有记入的东西（干燥剂、方便取暖袋、吸尘器的垃圾、家畜的粪便）

垃圾处理立法拾零

【禁用法】美国多数州都已实施了"禁用法"，禁止所有不能分解和还原处理的食品塑料包装上市。

【课税法】意大利实行"塑料袋课税法"，明文规定每只塑料袋付8美分税，商店每卖一个价值50里拉的塑料袋要交100里拉税。美国佛罗里达州规定，对不能回收的新闻纸，每吨付税10美分。欧盟各国对塑料、除锈剂等造成污染的物品都征收环境税。

【收费法】美国西雅图市规定，每月为每户居民运走4桶垃圾的费用为13.75美元，每增加1桶垃圾，加收9美元。据称，实行这一规定后，西雅图市的垃圾量一下减少了25%。

【罚款法】法国对垃圾的处理规定，将任何类型的废物、废料等垃圾抛弃或抛扔到公共场所或不属于自己又没有受益权、租用权的私人地方的人，都将被罚款。包括丢弃废旧汽车或需要用车辆才能搬运清理的东西，往河流、运河和小溪中倾废物等。

【奖励法】美国伯克利市对遵守垃圾处理规定的市民给予"垃圾回收奖"。这样一来，该市居民在倒垃圾之前总是挑了又挑，绝不会把可回收的物品扔入垃圾桶内，以免错失获奖机会。

第六章　化工清洁生产技术与循环经济

知识目标

了解清洁生产、绿色制造和循环经济的含义；
了解化工企业发展循环经济的途径。

能力目标

熟悉化工行业清洁生产关键技术；
能依据企业生产技术方案进行清洁生产可行性分析。

素质目标

培养清洁生产与循环经济理念，提升节能减排意识，践行"双碳"行动。

导读导学

"十四五"期间，在石化化工行业开展高效催化、过程强化、高效精馏等工艺技术改造。推进炼油污水集成再生、煤化工浓盐废水深度处理及回用、精细化工微反应、化工废盐无害化制碱等工艺。实施绿氢炼化、二氧化碳耦合制甲醇等降碳工程。在钢铁、焦化、石化化工等行业选择100家企业实施清洁生产改造工程建设，推动一批重点企业达到国际清洁生产领先水平。

什么是清洁生产？清洁生产与循环经济有什么联系？如何形成绿色的生产方式？化工行业的清洁生产关键技术是什么？

第一节　清洁生产与绿色制造

一、清洁生产的定义与内涵

20世纪70年代以来，针对日益恶化的全球环境，世界各国不断增加投入，治理生产过程中所排放的废物，以减少对环境的污染，这种污染控制战略被称为"末端治理"。一边治理，一边排放，末端治理在某种程度上减轻了部分环境污染，但并没有从根本上改变全球环境恶化的趋势，反而投入大量资金，背上了沉重的经济负担。这种昂贵代价的选择，显然不符合可持续发展的要求。

清洁生产的基本思想最早出现于美国3M公司1976年推行的3P（pollution，prevention，pays）活动中。不同国家清洁生产有不同名称，如"废物减量化（waste losing）""无废工艺（waste-free technology）""污染预防（pollution prevention）"等，尽管至今没有统一、完整的定义，但清洁生产的核心是改变以往依赖末端治理的思想，以污染预防为主，是实现可持续发展的重要举措，因此，清洁生产呈现出越来越迅猛的发展势头。

1996年联合国环境规划署对清洁生产概念提出的定义是：清洁生产是指将整体预防的环境战略持续应用于生产过程、产品和服务中，以期增加生态效率并减少对人类和环境的风险。清洁生产是绿色技术思想在生产过程中的反映，在社会经济活动特别是生产过程中体现了环境保护的要求。

对生产，清洁生产包括节约原材料、淘汰有毒原材料、减降所有废物的数量和毒性；对产品，清洁生产战略旨在减少从原材料到产品最终处置的全生命周期的不利影响；对服务，清洁生产要求将环境因素纳入设计和所提供的服务中。

清洁生产主要包括以下三方面内容：

① 清洁的能源　包括常规能源的清洁利用、可再生能源的利用、新能源的开发、各种节能技术和措施等。

② 清洁的生产过程　尽量少用、不用有毒有害的原料；减少或消除生产过程中各种危险因素；采用和开发少废、无废的工艺；使用高效的设备；加强物料的再循环；实施简便、可靠的操作和控制、强化管理。

③ 清洁的产品　节约原料和能源，利用二次资源作原料；产品在使用过程中不含危及人类健康和生态环境的因素；易于回收和再生，合理的包装、使用功能和使用寿命；产品报废后易处理、易降解等。

推行清洁生产在于实现两个全过程：

① 在宏观层次上组织工业生产的全过程控制，包括资源和地域的评价、规划、组织、实施、运营管理和效益评价等环节；

② 在微观层次上的物料转化生产全过程控制，包括原料的采集、储运、预处理、加工、成型、包装、产品贮存等环节。

清洁生产谋求达到以下目的：

① 通过资源的综合利用，短缺资源的高效利用，二次能源的利用及节能、降耗、节水，合理利用自然资源，减缓资源的耗竭。

② 减少废物和污染物的生成和排放，促进工业产品的生产、消费过程与环境相容，降低整个工业活动对人类和环境的风险。清洁生产的概念不但含有技术上的可行性，还包括经济上的可营利性，要体现经济效益、环境效益和社会效益的统一，保证国民经济的持续发展。

二、化工行业清洁生产技术

（一）精细化工

所谓精细化工通常被认为是生产专用化学品及介于专用化学品和通用化学品之间产品的工业。精细化工已成为当今世界各国化学工业发展的战略重点，其产品产值占化工总产值的比例（简称精细化率）也在相当大程度上反映着一个国家的发达水平、综合技术水平及化学工业集约化的程度。

按照原化学工业部发布的暂行规定，将精细化工产品分为农药、染料、涂料（包括油漆和油墨）及颜料、试剂和高纯物、信息用化学品（包括感光材料、磁性材料等）、食品和饲料添加剂、胶黏剂、催化剂和各种助剂、化学药品、日用化学品、功能高分子材料等。在催化剂和各种助剂中又分为催化剂、印染助剂、塑料助剂、橡胶助剂、水处理助剂、纤维抽丝用油剂、有机抽提剂、高分子聚合物添加剂、表面活性剂、皮革助剂、农药用助剂、油田用化学品、混凝土添加剂、机械和冶金用助剂、油品添加剂、炭黑、吸附剂、电子工业专用化学品、纸张用添加剂、其他助剂等。

1. 表面活性剂

（1）磺化工艺技术　SO_3 连续磺化装置的核心部分是磺化反应器，近20年来该装置有惊人的发展，先后出现了罐组式、多管式、双膜升膜式、文丘里喷射式。其中以日本狮子油脂公司的双膜保护风式最为先进，采用保护风可以拉大反应区，缓和反应，能磺化烯烃等热敏有机物，产品质量高，还可生产出多种高性能的产品。

（2）乙氧基化工艺技术　乙氧基化技术以意大利普勒斯工艺居领先地位，此公司先后推出了第一、二、三代技术，EO（环氧乙烷，ethylene oxide）的加成数达100以上。20世纪80年代末，瑞士公司又成功地开发了巴斯回路乙氧基化最新工艺。巴斯工艺的核心是高效气液反应混合器，缩短了反应时间，同时，反应热又被外换热器迅速移走，因而反应温度控制准确，副反应少，使产品中的EO质量分数低于 10^{-6}，分子量分布窄，产品质量高，整批产品重现性好。另外，巴斯工艺没有废气排放，废水不含毒性物质，不污染环境。

（3）直链烷基苯（LAB）制备技术　美国UOP公司开发的烷基化生产烷基技术，是世界各国普遍采用的先进方法。目前该公司对烷基化工艺又有了新的突破。

① 催化剂从ReH-S、ReH-7发展到ReH-9，其特点是在催化剂特性不变的前提下，大大地提高了催化剂的选择性、LAB的收率，并于1990年实现了工业化。

② 在Pacal脱氢工艺中加入了Define加氢装置，将脱氢产物中的二烯烃转变成单烯烃以减少LAB中重烷基苯含量，提高了产率。目前世界上新建了6套生

产装置（其中3套在建设中）。

③ 为减少HF催化剂的污染，尤普公司与加拿大比特萨公司共同开发了Detal固定化烷基化技术，采用酸性多相催化剂，其产品LAB收率高于HF催化工艺，邻位烷基苯高达25%，提高了LAB的溶解性，简化了工艺过程，减少了环境污染，节省投资约15%。目前西班牙与比特萨公司合作在加拿大建1套10万吨/年的生产装置，于1995年中期建成投产。

2. 生物化学工程

现代生物技术以生物量来解决世界面临的能源、资源的短缺及环境污染问题。由化学工程与生物工程结合起来的生物化学工程具有反应条件温和、能耗低、效益高、选择性强、投资小、"三废"少以及利用再生资源等优点。

（1）丙烯酰胺　丙烯酰胺（AAM）的生产方法很多，工业上主要采用丙烯腈水合法，此法在不同催化剂存在下又有三种工艺：硫酸水解法（已逐步淘汰），高效铜催化剂直接水合法，酶催化法。日本日东化学公司经过10年生物酶催化研究，开发了第三代连续法生产丙烯酰胺新工艺。该技术采用固定床反应器，在N774生物酶催化条件下反应24h，丙烯腈100%转化为丙烯酰胺，经过分离，甚至可不进行精制、浓缩就可得到丙烯酰胺产品。该技术的优点是反应物纯度高，产品质量高，反应在常温、常压下进行，可大幅度调节能耗，生产成本低。

（2）聚对苯　英国化学工业公司采用发酵法生产邻苯二酚，优点是产率比原来的氧化工艺高，并可减少污染。

（3）丙酮/丁醇　美国采用生物法制取丙酮/丁醇，采用乙酰丁酸棱状芽孢杆菌，在厌氧条件下进行，其操作温度为30～32℃，丙酮与丁醇的质量比为3.6：1。该法还可获得大量氢和二氧化碳副产品。目前在南非建有一套世界上最大的丙酮/丁醇生产装置。

（4）环氧乙烷、环氧丙烷　由乙烯和丙烯经微生物酶催化剂生产环氧乙烷与环氧丙烷。据报道，日本已有两家公司采用固定酶催化由乙烯和丙烯生产EO（环氧乙烷，ethylene oxide）和PO（环氧丙烷，propylene oxide），进而生产乙二醇和丙二醇，其生产成本仅为常规化学合成法的一半。目前美国莱特普斯生物基因工程公司也提出采用生物酶生产EO与PO。

此外，生物技术还用在其他化工产品的生产中，如异丙醇、二元醇、甘油、由n-烷烃制取的长链二元酸、聚羟基丁酸树脂、反式丁二烯、乳酸、葡萄糖、醋酸酯等。有些还处于试验阶段。

3. 功能高分子材料

功能高分子材料是精细化工的高新门类，世界上发展最快的是功能高分子膜，已商品化的有透析膜、离子交换膜、反渗透膜、超滤膜等。其发展趋势是朝着高渗透性、高选择性、多功能、适应性强、机械强度高及易清洗的方向发展。高分子膜的形式向多样化、高容量及高效率的方向发展。

另外，光敏树脂、导电高分子、高吸水性树脂等也是功能高分子材料开发的一个重点。

（二）农药、化肥工业

1. 农药工业

化学合成农药已被证明对防治动植物病虫害是十分有效的，但在使用中会产生巨大的负面效应，甚至在极地白熊和企鹅的体内都能找到农药的踪迹，因此许多国家已全面停止生产使用那些残留期长或剧毒的化学农药。

生物农药是一类由微生物产生或从某些生物中获取的具有杀虫、防病等作用的生物活性物质，是利用农副产品通过工业化生产加工的制品，具有对人畜安全、对生态环境污染少的特点。

2. 化肥工业

化肥对粮食增产所起的作用约占40%，是提高单位产量的关键。

（1）氮肥　水煤浆加压气化技术是当前世界上发展较快的第二代煤气化技术。其特点是对煤种的适应性较强，能量转化率高达96%～98%，煤气质量好，有效气（$CO+H_2$）含量高达80%，甲烷含量≤0.1%，单炉生产能力大，"三废"污染少，节能降耗成效显著。

我国小型合成氨装置大多以煤为原料采用间歇式常压固定床煤气化方法，燃料煤消耗占合成氨总能耗的20%左右。在生产过程中，搞好余热利用是降低能耗的重点目标。小型合成氨蒸气的节能技术包括对造气、合成、变换段的热能进行综合平衡，合理回收利用，能够取消外供蒸汽，实现合成氨生产蒸汽自给。

国内以煤为原料的合成氨厂排放的造气炉渣含碳量在12%～20%。这部分炉渣既浪费能源，又污染环境。沸腾锅炉能燃用品质极为低劣的燃料，结构简单，燃烧完全，炉渣具有低温烧透性质，便于综合利用。

人造块煤技术、小氮肥"两水"闭路循环技术均具有很好的资源节约综合利用效果。

（2）磷肥　磷铵、硫酸、水泥三产品综合联产是一项新技术，以磷矿石为主要原料，与硫酸反应生产磷酸，磷酸用于生产磷铵，生产磷酸的同时副产大量磷石膏（每吨P_2O_5副产5～6t磷石膏）。磷石膏在回转窑内还原、分解、煅烧得到含10%左右SO_2的尾气和水泥熟料，尾气经转化吸收为硫酸，硫酸又返回用于生产，这种循环使用可使硫的循环率大于85%；水泥熟料与混合材料配合制成水泥产品，实现磷铵、硫酸、水泥联产，可解决石膏占用耕地及污染环境的难题。

（3）复合肥料　缓效包裹型复合废料既含有速效成分又含有缓效成分，可根据需要制成各种专用型肥料，该肥料中氮肥利用率比掺和肥料提高约7.74%。

（4）微生物肥料　微生物肥料实质上是一类存在于土壤或植物体上与植物共生的微生物，它们的存在一方面为植物营养开辟了一条新的途径，改善了植物的营养和代谢状况，增强了植物抵御病虫害的能力；另一方面抑制了植物病原菌的生长和繁殖，削弱了病害的发病条件，从而起到较好的生物防治效果。

（三）炭黑

炭黑生产新工艺是在反应炉中将燃料的燃烧和原料油的裂解分开，并充分利用余热来预热燃烧用的空气和燃料油。其工艺过程是：燃料烃（油或天然气）在燃烧室内经过预热的燃烧用空气充分混合，完全燃烧产生高温高速气流；预热后的燃料油从喉管径向喷入，与来自燃烧室的高温高速气流混合后迅速裂解，在反应室内产生炭黑；含炭黑的烟气经空气预热器和冷却器换热降温，再用旋风分离器和袋滤器将炭黑收集起来，经造粒成为炭黑产品。与老工艺比较，新工艺生产的炭黑品种增加，产品质量高，补强和耐磨性能好，收率高，成本低（每吨炭黑油耗降低 0.4 ～ 0.5t）且能改善劳动环境，消除环境污染。

（四）基本化工

① 离子膜法制烧碱技术是我国氯碱行业今后大力发展的关键技术之一。该法与普通的隔膜法相比，碱液浓度提高，节省了蒸发工序，产品纯度高，每吨碱综合能耗可降低 1000kW·h，且无环境污染。该法的关键设备是电解槽。

② 在氨碱法生产纯碱的工艺过程中，蒸氨工序回收制碱母液及其他含氨废水中所含的氨及二氧化碳，使氨循环再用。传统的蒸氨工艺是湿法正压蒸馏工艺，将生石灰制成石灰乳，经泵送到预灰桶内与预热母液进行复分解反应。干法加灰蒸氨工艺是将生石灰磨制成粉，在真空状态下将生石灰粉直接加入预灰桶内，在预灰桶内回收生石灰的熟化反应热，以降低蒸汽消耗，达到节能的目的。

③ 在密闭电石炉生产中，每生产 1t 电石约产生 400m^3 炉气。炉气中可燃气体总含量占 90% 以上，其中一氧化碳占 80%，是一种很好的能源，必须回收利用。直接燃烧法回收密闭电石炉炉气技术是将 500℃ 左右的高温含尘炉气直接引入锅炉燃烧。炉气燃烧时的温度高达 1500℃，不但氰化物完全得到了分解，而且粉尘经高温煅烧，性质发生了很大变化，可用常规的除尘设备去除。该技术每生产 1t 电石可产 0.85MPa 蒸汽 1.5t，既节能，经济效益又可观，同时消除了氰化物污染。

三、化工清洁生产关键技术

化学工业中的生产过程简单概括就是原料和能源的输入与产品和废物的输出。要实现清洁生产，需要在目标产品质量和产量得到保证的前提下，通过化学工程与工艺的优化设计，减少原料和能量的消耗以及副产物和废物的产生。化学工业中的清洁生产技术主要集中在三方面：一是尽可能减少原料的消耗，节约资源；二是提高反应的选择性，尽可能减少副产品和废物的产生；三是节约能量并尽可能采用清洁能源。根据目前采用的清洁生产技术情况，我国未来化工清洁生产关键技术主要有以下几种。

1. 过程模拟技术

原材料经过一定的化学工艺和流程变为半成品或成品，这是个全面的过程。过程模拟技术的使用可以让全部的生产过程得以化解和分析，以便进行组织优化和整合，可以达到节材、节能、减排的目的。

目前，自动和半自动的化工生产模式非常方便和快捷，因而具有很好的行业适应性，市场发展也很可观，也是部分企业的关键技术支持。过程模拟技术的发展使得化工行业的综合应用过程技术、自动化技术、计算机网络技术等处理方法成为对化工原料产品反应过程操作流程优化的手段。该技术在保证产品合格率不变的前提下，减少了能源损耗和物料的消耗，从而提高了产品的质量和市场的竞争优势。

2. 超常规化学反应技术

物质存在的状态，除了人们日常观察的形态和物性以外，还有一些非正常状态下的形态。物体在超常规状态和极限状态下的形态和特性，和物体常态大不相同，超常规反应技术的研究，对化学工业清洁生产技术的应用有很大的帮助。

如超临界技术，一些液态性质的物体在超临界的状态下，例如温度、压力等在流体临界点以上时，流体会在临界点左右产生剧烈的特性变化，这种技术就是清洁生产技术中的超临界流体技术。当因工业生产需要制取一些物体的微粒时，如采用超临界的流体挥发法、超临界快速雾化法和超临界溶液反特性法等可以制取高质量的微粒，而且与传统的机械制造方法和加工方法相比，所制取的微粒不但能满足生产的需要，还有着传统的工艺制造无法比拟的优点。再如超重力工艺技术，人工借助于一些工艺设备制造出超重力的环境，从而使物料在超重力的环境中进行反应。如超重力蒸馏和萃取技术等，在环保和生产质量方面发挥了很大的作用。

3. 清洁生产设备技术

随着环境的变化和人们对自身保护意识的提高，化学生产工艺和生产设备的安全技术也在持续改进和升级。目前更加专业、系统安全和智能化的设备不断出现。新的化工设备由于技术先进和反应空间大使得化学工业生产物料反应更加快速，转化效率更加彻底，能够很好地解决腐蚀性和爆炸危险性方面的问题。随着化工技术与信息技术的不断融合，将会出现更多的先进设备技术，为提高资源的使用效率和环保安全提供更多的生产基础。

4. 清洁能源技术

传统化学工业中使用的能源大多是从煤炭和石油中获得,在释放能量的同时,也释放了大量的废物和污染物,并且在获取这两种资源的过程中也会对环境带来污染和危害。在未来,对清洁能源的挖掘和开发是大势所趋,比较典型的就是生物可燃物的探索。生物可燃物是一种清洁能源,获取比较方便,不需要耗费大量的人力和财力,在获取的过程中也不存在污染和浪费等问题。

5. 其他清洁生产技术

① 工业行业清洁生产政策研究 推行清洁生产技术的政策研究,包括强制性政策、支持性政策和刺激性政策的研究,以及落实这些政策所需要的内、外部环境的支持条件。

② 研究提出促进企业实施清洁生产的法规和政策,包括产业政策,科技政策,财政、税收、投资、排污收费返还等经济政策以及鼓励企业清洁生产的相关法律法规和标准。

③ 清洁生产评估体系研究 研究衡量工业行业推行清洁生产效果和进展的评价指标,组织制定重点行业清洁生产评估和验收的标准和技术规范,建立具有中国特点的清洁生产评估体系。

四、绿色制造

绿色制造也称为环境意识制造、面向环境的制造等,是一个综合考虑环境影响和资源效益的现代化制造模式。其目标是使从设计、制造、包装、运输、使用到报废处理的整个产品生命周期,对环境的影响(负作用)最小,资源利用率最高,并使企业经济效益和社会效益协调优化。

绿色制造涉及三部分领域的问题:一是制造问题,包括产品生命周期全过程;二是环境保护问题;三是资源优化利用问题。

首先,绿色制造是"从摇篮到坟墓"的制造方式,强调在产品生命周期的每一个阶段并行、全面地考虑资源因素和环境因素,体现了现代制造科学"大制造、大过程、学科交叉"的特点。绿色制造倡导高效、清洁制造方法的开发及应用,要求整个产品生命周期达到绿色设计目标。这些目标包括提高各种资源的转换效率、减少所产生的污染物类型及数量、材料的有效回收利用等。

其次,绿色制造强调生产制造过程的"绿色性",这意味着不仅要对环境的负影响最小,而且要达到保护环境的目的。

最后,绿色制造要求对输入制造系统的一切资源的利用达到最大化。粗放式能源消耗导致的资源枯竭是人类可持续发展面临的最大难题,如何最有效地利用有限的资源获得最大的效益,使子孙后代有资源可用是人类生产活动亟待解决的重大问题。

五、面向绿色制造的中国化工现代化

绿色制造的兴起使人类的生产模式步入了全面控制能耗和预防污染的新阶段，而实现绿色制造的根本是面向四个基本过程的绿色技术创新，即将先进的节能环保技术嵌入到产品的研发设计、制造生产、成品使用和废品回收的技术体系之中。绿色制造背景下的中国化工需要通过绿色技术创新，包括化工产品的创新、化工生产技术的创新以及化工生产零排放，推进节能减排从而提高中国化工的国际竞争力。

（一）化工产品的创新

19世纪以来，化工产品从化肥、农药过渡到橡胶、塑料制造，直至升级为当前的功能材料生产，化工产品创新在不断满足社会进步的需求。在绿色制造的背景下，化工产品的创新一方面要迎合不断变换的市场需求，研发更加专业化、特色化的新产品；另一方面需要改革传统的化工产品体系，寻求无污染的新产品或替代品，实现经济效益、社会效益和环境效益的共赢。

在宏观层面，政府应坚持"发展与淘汰并重"的方针优化化工产品结构，一方面通过政策措施鼓励高技术含量、高附加值产品的创新；另一方面严格控制化肥、农药等供需基本平衡的大宗化学品产能的增长，积极淘汰落后传统化学品的产能。在微观层面，企业、科研院所等的研发单元，应充分考虑产品生命周期中的成本和收益，在研发过程中借鉴"绿色化工的十二项原则"优化新产品的合成路径，从源头上实现对化工产品能耗和污染的控制，避免"绿色非绿"的尴尬局面。

（二）化工生产技术的创新

化工生产技术的创新包括生产工艺的创新和生产装备的创新两个方面。节能减排的关键一方面来自于工艺条件的优化，另一方面取决于技术装备的革新，前者是基础，后者是补充。一套完整的化工生产过程设计，首先以优化工艺条件为基础，进而研发与之配套的生产装备。

鉴于化工生产工艺是以化学反应和分离为基础的生产活动，因此，加强化学学科的基础研究是提高化工生产工艺水平的根本。近年来，通过研究新型反应技术、探索新型分离技术，将新的催化体系、离子液体、超临界流体等诸多新技术应用到大宗化工产品的生产工艺优化方面已经取得重大突破。

（三）化工生产零排放

"三废转化、变废为宝"，化学工业是绿色制造的践行者，同时也是绿色制造的有力推动者。在工业三废的处理问题上，传统的末端治理往往处理设施投资大、运行费用高，使企业生产成本上升、经济效益下降，而且许多时候不是彻底的治理而是污染物的转移，不能根除污染。绿色制造背景下的三废处理，将使化学工业与新兴节能环保服务产业深度融合，充分发挥化学工业独到的物质转化本领，利用回收转化技术，将工业废气、废水、废渣转化为可利用资源，进而实现资源、能源和物料的可再生循环。以二氧化碳排放处理为例，近年来碳一化学的深入研究，为二氧化碳的回收再利用创造了良好条件。

第二节　典型化工清洁生产案例

一、乙苯生产的干法除杂工艺

聚苯乙烯是由单体苯乙烯聚合而成，苯乙烯生产分两步进行，第一步是以苯和乙烯为原料在催化剂（氯乙烷和氯化铝）作用下，发生烷基化反应，生成乙苯；第二步再以乙苯脱氢制取苯乙烯。

合成乙苯时，应除去烷基化反应的副产品和杂质，在常规处理中是用氨中和后经水洗、碱洗再水洗的方法，废水用絮凝沉降处理分出污泥后排放。

干法除杂工艺，不改变原来乙苯生成的基本工艺和设备，烷基化反应后的产物同样用氨中和，但中和后即进行絮凝沉淀，沉淀物经分离后用真空干燥法制取固体粉末，这种固体粉末可用来生成肥料，因此可作为副产品看待。干法工艺消除了废水的处理和排放，亦无其他废弃物排放。新旧工艺流程对比见图6-1。

图6-1　乙苯生产除杂工艺的新旧流程对比

以20世纪70年代建成的年处理能力为 $5.0 \times 10^4 t$ 乙苯的装置为例，新旧工艺的对比如表6-1。

表6-1　乙苯生产新旧工艺对比

项目	原有工艺	干法工艺	项目	原有工艺	干法工艺
废水量/（m³/t）	1.5	0	固体渣/（kg/t）	—	9
废水中悬浮物/（kg/t）	2	0	投资（1980年价）/万法郎	400	525
有机物/（kg/t）	3	0	运行费用/（法郎/t）	1.6	—

本例是一个对辅助工艺的小改革，实施起来难度不大，但消除了废水的排放，得到的固体渣又可以作为副产品利用，从而使苯的烷基化过程实现了无废生产。

二、氯碱工业的清洁生产

1. 粗盐水精制

目前，中国氯碱厂使用的原盐以海盐为主，卤水为辅，另有部分湖盐。但无论是使用海盐、卤水还是湖盐，制成的盐水中除主要成分NaCl外，还含有 Mg^{2+}、Ca^{2+}、Fe^{2+}、SO_4^{2-}、NH_4^+ 等化学杂质及机械杂质。这些杂质在电解槽中会发生如下化学反应：

$$Mg^{2+}+2NaOH \Longrightarrow Mg（OH）_2\downarrow +2Na^+$$

$$Ca^{2+}+Na_2CO_3 \Longrightarrow CaCO_3\downarrow +2Na^+$$

$$2SO_4^{2-}-4e^- \Longrightarrow 2SO_3+O_2$$

$$2SO_3+2H_2O \Longrightarrow 2H_2SO_4$$

$$2H_2SO_4 \Longrightarrow 4H^++2SO_4^{2-}$$

如果这些杂质不加以脱除或不将其含量降低到一定范围内，它们将随饱和食盐水溶液一起进入电解槽，不仅会影响电解槽的正常运行，还会影响电解槽隔膜的使用寿命、产品的能耗以及安全生产等；同时，有些杂质（如 SO_4^{2-}）还会随电解液进入蒸发浓缩工序，影响蒸发工段的正常生产。所以，如何提高盐水质量是氯碱企业进行清洁生产的关键之一。

（1）除 Mg^{2+}、Ca^{2+}、Fe^{2+} 用氢氧化钠和碳酸钠作为精制剂。当向盐水中加入精制剂后可能发生如下反应，生成碳酸钙、氢氧化钙、氢氧化镁、碳酸镁等化合物。

$$Mg^{2+}+2NaOH \Longrightarrow Mg（OH）_2\downarrow +2Na^+$$

$$Ca^{2+}+Na_2CO_3 \Longrightarrow CaCO_3\downarrow +2Na^+$$

实际生产中，NaOH过量 $0.1 \sim 0.3 kg/m^3$，Na_2CO_3 过量 $0.3 \sim 0.4 kg/m^3$。

另外，原盐和设备带到盐水中的铁离子在碱性盐水中将生成氢氧化铁沉淀。

（2）除 SO_4^{2-} 方法主要有三种，即钡法、钙法和冷冻法，我国多采用钡盐法。钡盐法是用 $BaCl_2$、$BaCO_3$ 与盐水中的 SO_4^{2-} 发生反应，生成 $BaSO_4$ 沉淀，其反应如下：

$$BaCl_2+SO_4^{2-}=\!\!=\!\!=BaSO_4\downarrow+2Cl^-$$

$$BaCO_3+SO_4^{2-}=\!\!=\!\!=BaSO_4\downarrow+CO_3^{2-}$$

由于 $BaCO_3$ 较贵，因此大多使用 $BaCl_2$。

2. 应用离子膜法电解制烧碱

中国烧碱生产主要采用隔膜法，水银法已基本被淘汰。隔膜法电解生成的碱液仅含10%左右的 NaOH，要制成30%～50%的成品碱液需大量浓缩，要消耗大量蒸汽且产品质量较差。离子膜法生产烧碱可直接制得30%以上的烧碱，经过三效蒸发器浓缩，可制得50%的烧碱，总能耗比隔膜法低1/3左右，且产品质量好。

离子膜法采用高聚物制成的离子交换膜代替隔膜法的石棉隔膜，溶液中的离子在电场的作用下作选择性的定向移动，电解槽中所用的离子膜是用四氟乙烯和磺化或羧化全氟乙烯酯的共聚物制成的耐腐蚀、高强度的膜材料，使用寿命可达2年。

图6-2 离子膜法生产工艺流程

离子膜法的原理：用阳离子交换膜隔离阳极和阴极，在电解槽中进行食盐电解，由于阳离子交换膜的液体透过性相当小，膜两侧有电势差，只有钠离子伴着少量水透过离子膜，所以进行电解时，在阳极产生氯气；同时钠离子透过离子交换膜流向阴极室，在阴极产生氢气和氢氧根离子，而氢氧根离子由于受到阳离子交换膜的排斥而不易流向阳极室，故在高电流密度下生成氢氧化钠。阳极室中的氯离子，因为膜的排斥，很难透过膜。工艺流程如图6-2所示。

该工艺特点是对盐水的精制要求高，除一次精制外，还要用离子交换树脂进行二次精制，去除微量杂质后，再送电解。从电解槽出来的氯气和氢气处理方法与隔膜法相同，电解出来的烧碱浓度可达30%左右，仅含微量盐，也可根据需要再进行蒸发浓缩。电解槽出来的盐水脱氧后送一次精制，进行再饱和。

3. 氯碱工业的"三废"处理

氯气是电解法制烧碱的副产品，属剧毒物质，对人体、农田、树木、花草和周围环境影响极坏，因此不得泄漏，更不允许放空。由于某些意外原因，如骤然停电、停车等，电解槽出来的氯气压力升高，超过氯气密封器内的液封静压时，氯气就会泄漏出来，造成严重危害。许多氯碱企业为保证电解法烧碱的安全与运行，在电解槽与氯压机之间的湿氯气总管上增设一套事故氯气吸收（处理）装置，在各种异常和复杂的断电情况下，当系统压力超过规定指标气体外逸时，装置自动联锁瞬间启动，进入工作状态，装置内以液碱为吸收剂循环吸收，并按规定及时更换新吸收剂，达到彻底处理事故氯气、消除氯气污染、清洁生产的目的。

氯碱生产中的废水主要来源于蒸发、固碱、盐酸、氯氢处理、电解等工序的酸性、碱性和含盐废水；废水量可达$1km^3/d$，经混合后水偏酸性，水温35℃左右，其中氯离子含量为0.7～0.8g/L、盐含量1.0～1.2g/L，并含有Mg^{2+}、Ca^{2+}等阳离子。废水排入水体后，不但会使水的渗透压增高，而且对淡水中的水生生物也有不良影响。Mg^{2+}、Ca^{2+}会使水的硬度增高，给工业和生活带来不利影响。强酸或强碱流入水体后，会使H^+浓度（pH）发生变化，对水生生物产生毒害作用。水的pH较低时对金属及混凝土设施具有腐蚀作用，较高时则会发生水垢的沉积。废水处理流程如图6-3所示。

图6-3　氯碱生产废水处理流程示意图

收集的废水通过废水集水管进入配水槽进行初次沉降除砂，经油水分离器除油后流入调节池内，废水在调节池内进行充分混合发生酸碱中和反应，反应完全后进入隔板反应池进行絮凝反应，再进入二级斜管沉淀池，沉淀后的水经滤池过滤。废水含盐浓度低（未超标）时，则滤池出水不经脱盐处理直接进入清水池；如废水含盐浓度高，则滤池出水再经过电渗析处理。处理后的淡水进入清水池由水泵送回车间循环利用，浓盐水进入盐水池，再经耐腐蚀泵送盐水工序回收利用，清水回收率可达80%以上。

盐泥是氯碱企业共同的污染物之一，含固体物约10%～12%，其余为水。其主要成分大体相同，不同盐种其组成部分比例略有差别：NaCl 1.8%，CaO 19%，MgO 14%，SiO$_2$ 22%，Al$_2$O$_3$ 7.4%，Fe$_2$O$_3$ 2.4%，黏度为1.2～1.5MPa·s，pH为8.5～11；粒度低于1.5μm的占35%，1.5～9μm的占62%。

在盐泥中通入CO$_2$气体，使其与盐泥中的氢氧化镁发生反应，生成可溶性碳酸氢镁进入液相，经固液分离，用蒸汽直接加热溶液，析出MgCO$_3$，再进行固液分离，将精制的固体MgCO$_3$经850℃灼烧即可制得轻质氧化镁。轻质氧化镁可用于油漆工业、橡胶工业、造纸工业的填充剂，还可制镁砖、坩埚等优质耐火材料。

三、抗生素制药清洁生产

1. 抗生素废料的综合利用

抗生素生产的主要原料为豆粉饼、玉米浆、葡萄糖、蛋白质粉等，经接入菌种进行发酵产生各种抗生素，然后再经过固液分离，滤液进一步提取抗生素，滤渣即为药渣。将药渣采用掩埋或直接排入下水道，不仅严重污染环境，还会占用大量土地，浪费宝贵的资源。实际上抗生素生产的主要原料均为粮食和农副产品，因此，药渣及处理污水的活性污泥都含有较高含量的蛋白质，可以生产高效有机肥料或饲料添加剂。

（1）活性污泥肥料化

① 污泥直接干燥和造粒生产　该工艺是将未经消化的污泥通过烘干进行杀灭病菌后，再混合造粒成为有机复合肥，工艺流程如图6-4所示。

图6-4　污泥直接干燥和造粒生产工艺流程

此工艺存在的问题为污泥烘干过程中臭味较大；生产成本控制主要表现在

燃料方面，燃料成本比较高。

② 污泥堆肥发酵　污泥经过堆肥发酵后，可使有机物腐化稳定，把寄生卵、病菌、有机化合物等消化，提高污泥肥效。工艺流程如图6-5所示。

脱水污泥按1∶0.6的比例掺混粉煤灰，降低含水率，自然堆肥发酵，其中加入锯末或秸秆作为膨胀剂，也可增加养分含量。该工艺优点为恶臭气体产生相对较少，病菌通过发酵过程基本被消除，缺点是占地面积较大。

图6-5　污泥堆肥发酵工艺流程

③ 复合微生物肥料的生产　复合微生物肥料是一种很有应用前景的无污染生物肥料，此类肥料目前主要依赖进口，国内应用与生产也刚刚起步。生产工艺如图6-6所示。

图6-6　复合微生物肥料的生产工艺流程

本工艺与普通工艺并无多大区别，仅在混合部分增加了一个掺混微生物的工序。本工艺以烘干工序为关键，控制不当对有机质及微生物均有一定影响。主要问题为目前微生物添加剂主要依赖技术引进，转让费较高，以及除臭除尘要求高等。微生物复合肥由于技术含量较高，生产厂家较少，利润空间相对较大。

（2）药渣生产饲料添加剂　江西某制药有限公司（年生产1000t青霉素）为处理每年3500t的药渣，筹建了年生产500t饲料添加剂生产线，取得了明显的经济效益、环境效益和社会效益。

① 药渣生产饲料添加剂的可行性　新鲜青霉素药渣（含水可达85%左右），在25℃以上易受杂菌感染，几小时即开始腐败，因此不宜长久堆放与运输。经检测，药渣产品（干基）中的18种氨基酸含量达平衡，综合营养优于豆粕1倍，无残留青霉素、无毒性，通过喂养试验，完全可以作为畜禽及养殖业喂养饲料使用的高蛋白质饲料添加剂。

抗生素在畜牧业中的广泛应用，促进了畜牧业的发展。但近年来研究发现，抗生素的普遍应用也带来了难以克服的弊端：在杀死病原菌的同时，也破坏了肠道菌群的平衡，影响了畜禽的健康。为此，反对饲料中添加抗生素已成为一些发达国家的共同呼声，并计划用10年左右时间将其淘汰。这就迫使人们寻求新的生物制剂代替抗生素，改善畜禽的健康。抗生素废药渣中是否残存有引起问题的抗生素是一个值得注意的问题。

欧洲一些国家相继限用和禁用抗生素，大大推动了微生态制剂行业的发展。实践证明，微生态制剂具有组成复杂、性能稳定、功能广泛、无毒、无害、无残留物、无耐药性、无污染等特点，是一种很好的饲料添加剂。经大量喂养试验证明：微生态制剂具有防病、抗病、促生长、提高消化吸收率和成活率及除臭、净化环境、节约饲料等功能，改善肉、蛋、奶的品质和风味有较好的功效，是具有高附加值的菌体蛋白饲料，有利于改善生态环境，保障人体健康。

世界卫生组织（WHO）、联合国粮农组织（FAO）及美国、日本等国积极开展高蛋白质饲料的研制工作。美国20世纪70年代开发直接饲用的微生物研究并已用于生产。美国食品和药物管理局（FDA）和美国饲料控制官员协会曾公布可直接饲用的安全微生物12种，而真正用于配合饲料的活体微生物主要有乳酸菌（以嗜酸乳杆菌为主）、粪链球菌、芽孢杆菌属及乳杆菌、植物乳杆菌、干枯乳杆菌、双歧杆菌等。日本20世纪80年代初研制成的EM-微生态制剂，其微生物种群由光合细菌、酵母菌、乳酸菌、放线菌、丝状真菌等5科10属80种微生物组成。1989年全球微生态制剂总销售额已达7500万美元，1993年为1.22亿美元，近几年发展更为迅速，估计销售额达到5亿美元。

② 生产工艺流程　新鲜药渣经离心分离机及高速脱水后，滤渣粉碎后经高温气流干燥器干燥，滤液仍含有丰富的营养成分，经减压浓缩后也进气流干燥器干燥，成品经粉碎后装袋即为产品。其生产工艺流程如图6-7所示。

图6-7　青霉素药渣生产高蛋白饲料添加剂工艺流程

青霉素药渣生产饲料的主要技术经济指标见表6-2。

③ 效益分析　该产品质量好、成本低，在市场上有很强的竞争力。销往韩国，每吨销售价格320美元，年收入约16万美元（折合人民币约135万元）。扣去生产成本（能耗、包装费、维修费、管理费、工资、设备折旧等）36万

元，该项目年利润可达到99万元人民币。同时，项目总投资回收期为3年，效益比可达到3.8。该项目可消除青霉素药渣对环境的污染，同时不产生二次污染。

表6-2　青霉素药渣生产饲料的主要技术经济指标

生产规模 /(t/a)	药渣 /(t/a)	包装袋 /(只/a)	水 /(t/a)	电量 /(kW·h)	蒸汽 /(t/a)	定员 /人	占地面积 /m²	设备投资 /万元	总投资 /万元
500	3500	20000	1500	15万	1500	12	360	194	291.78

2. 抗生素清洁生产

从抗生素制药废水的水质特点可以看出，该种废水的生物处理具有一定的难度。因此，在对该类废水进行处理时，应尽可能考虑将整个生产过程实现清洁生产，使处理前的废水水质得到改善，既可以减少污染，又能降低污水的处理费用。

事实上，抗生素废水中的物质大多是原料的组分，综合利用原料资源提高原料转化率始终是清洁生产技术的一个重要方向，因此需要对原料成分进行分析，并建立组分在生产过程中的物料平衡，掌握它们的流向，以实现对原料的"吃光榨尽"；同时生产用水也要合理节约，一水多用，采用合理的净水技术。生产工艺和设备的改进是一个关键性的问题，工艺改进主要是在原有发酵工艺的基础上，采用新技术使工艺水平大大提高。

（1）工艺改进新技术

① 工艺改进、新药研制和菌种改造，加强原料的预处理，提高发酵效率，减少生产用水，降低发酵过程中可能出现的染菌等工艺问题；

② 逐渐采用无废少废的设备，淘汰低效多废的设备；

③ 菌种改造主要利用基因工程原理及技术。

在废水生物处理前，主要的工作任务则是微生物制药用的菌的选育、发酵以及产品的分离和纯化等工艺，研究用于各类药物发酵的微生物来源和改造、微生物药物的生物合成和调控机制、发酵工艺与主要参数的确定、药物发酵工程的优化控制、质量控制等。目前，生物新技术已得到了广泛的应用，主要包括大规模筛选的采用与创新，高效分离纯化系统的采用，改善了制药厂排放污水水质，大大地提高了微生物发酵技术和效率，使该类制药废水的可处理性得到提高。另外，应充分考虑生产过程中废水的回收和再利用，既可以回收废水中存在的抗生素等有用物质，提高原料的利用率，又可以减少废水排放量，改善排放废水水质，具有较为可观的综合利用价值，能产生较好的环境、经济和社会效益。

中国在这方面做了大量的研究，取得了一定成绩。例如，从庆大霉素工艺废水中回收提取菌丝蛋白；从土霉素提炼废水中回收土霉素钙盐；从土霉素发酵废液中回收制取高蛋白饲料添加剂；从生产中间体氯代土霉素母液中蒸馏回收甲醇；从淀粉废水中回收玉米浆、玉米油、蛋白粉。又如生产四环素，对其中一股乙二酸废水投加硫酸钙，反应得到乙二酸钙，再经酸化回收乙二酸。以青霉素生产废水为例，其发酵废水在中和并分离戊基乙酸盐后，废水水质有了很大的提高，如表6-3所示。

表6-3　预处理后的青霉素生产废水水质

参数	预处理前含量/（mg/L）	预处理后含量/（mg/L）	参数	预处理前含量/（mg/L）	预处理后含量/（mg/L）
BOD_5	13500	4190	总碳水化合物	240	213
总固体	28030	26800	NH_3-N	1200	91
挥发性固体	11000	10800	亚硝酸钠	350	28
还原性碳水化合物（按葡萄糖计）	650	416	硝酸氮（铵）	105	1.9

（2）青霉素清洁工艺　青霉素是目前生产规模最大、应用最广的抗生素之一，具有抗菌作用强、疗效高和毒性低的优点，是治疗敏感性细菌感染的首选药物。

在青霉素提取过程中，应用最广泛的是溶剂萃取方法，而且多用乙酸丁酯为萃取剂，碳酸氢钠水溶液为反萃取剂，此工艺存在明显的缺点：

① 在酸性条件下萃取，青霉素降解损失严重；

② 低温操作，生产能耗大；

③ 乙酸丁酯水溶性大，溶剂损失大而且回收困难；

④ 反复萃取次数很多，导致废酸和废水量大。

为了降低成本，减少污染物排放，提高成品收率，进而增强企业竞争力，改革旧工艺实施清洁生产工艺迫在眉睫，下面几种提取新工艺能较好地克服上述弊端。

① 液膜法提取青霉素工艺　液膜法提取青霉素工艺见图6-8，是将溶于正癸醇的胺类试剂（LA-2）支撑在多孔的聚丙烯膜上，利用青霉素与胺类的化学反应，把青霉素从膜一侧的溶液中选择性吸收转入另外一侧，而且母液中回收青霉素烷酸（6-APA）的收率也较高。膜分离是一种选择性高、操作简单和能耗低的分离方法，在分离过程中不需要加入任何别的化学试剂，无新的污染源。

② 双水相萃取提取青霉素工艺　采用双水相体系（ATPS）从发酵液中提纯青霉素的流程见图6-9。

ATPS萃取青霉素工艺过程为：首先在发酵液中加入8%（质量分数，下同）的聚乙二醇（PEG 2000）和20%的硫酸铵进行萃取分相，青霉素富集于轻相，

图6-8 液膜法提取青霉素工艺

图6-9 双水相萃取提取青霉素工艺

再用乙酸丁酯从轻相中萃取青霉素。

其操作工艺条件和结果：料液1L，浓度为10.25g/L；双水相体系富集，pH=5.0，T=293K，Y_t=93.67%；乙酸丁酯萃取，pH=1.7，T=293K，Y_t=92.42%；结晶，晶体质量为7.228g，纯度为88.48%。

双水相体系从发酵液中直接提取青霉素，工艺简单，收率高，避免了发酵液的过滤预处理和酸化操作；不会引起青霉素活性的降低；所需的有机溶剂量大大减少，更减少了废液和废渣的排放量。

四、污水处理厂的清洁生产

1. 企业概况

某污水处理厂隶属于北京城市排水集团有限责任公司，是北京市规划的14座城市污水 处理厂中规模最大的一座二级污水处理厂，服务于北京市中心城区及东部地区，流域面积9661公顷，服务人口240万。该污水处理厂总占地面 积68公顷，总处理规模为每日100万立方米，污水处理能力占北京市中心城区规划总处理能力的37%，占现状处理能力的39%，2016年处理污水3.4亿吨。

2. 清洁生产实施情况及效果

该污水处理厂于2013年10月启动本轮清洁生产审核工作，聘请中国轻工业清洁生产中心提供专业指导。2017年6月完成本轮审核。确定本轮审核的审核重点为污水处理过程中的节能、节水、降低物耗。通过清洁生产审核，取得显著成效，主要体现在水处理过程精细化运行、淘汰落后设备更换、节能技术改造、加强员工清洁生产知识培训，提高员工清洁生产意识等方面。

（1）审核情况 通过现场调研实地考察及资料分析，实测平衡分析，专家咨询以及员工提出合理化建议等手段，共筛选出清洁生产方案28项，其中无低费方案22项，中高费方案6项。这些清洁生产方案按照边审核边实施原则，在预审核阶段便开始实施。目前28项清洁生产方案已全部完成。

（2）清洁生产方案实施及效果 方案共投入资金1572万元，年节电443.9万千瓦时，减少初沉池清砂282立方米，年节约硫酸铝6696.46吨，年节约絮凝剂20.9吨，年节约新鲜水用量3000吨，年节省煤油100千克，年产生经济效益787万元。

3. 清洁生产方案简介

（1）曝气系统精细化运行

① 改造前：某污水处理厂受进水量波动的影响，曝气池溶解氧波动十分剧烈，溶解氧大幅波动会给工艺控制带来很大的困难。

② 改造方案：对溶解氧不能随水量负荷精确控制的缺点，新开发一套软件，并安装液位计和在线溶解氧仪。在原有PLC控制系统的基础上，新开发的软件计算需气量，利用液位计和在线溶解氧仪实时反映水量和溶解氧，通过联动机制，将这些信号反馈给鼓风机，分时段调整鼓风机的开启程度，实现鼓风机气量的有效控制，从而实现曝气系统的精细化运行。该方案以进水水量前馈控制为主，在线溶解氧监视反馈为辅，运行可靠性较高，运行调控及时。

③ 实施效果：该方案的投资费用为1003.5万元，年节约用电量376.35万千瓦时，年节约电费301.1万元。

（2）化学除磷精细化运行

① 改造前：化学除磷加药泵不能自控，由人工操作，不能及时根据实际运行情况调整除磷药剂投加，为保证出水指标达标，造成药剂浪费，化学污泥量增加。

② 改造方案：为应对新标准对出水水质的更高要求，调控氨氮和总磷两项指标达标。应用同步化学除磷的方式，在曝气池出水渠道投加6%硫酸铝液态药剂使铝离子与溶解性磷酸盐形成沉淀，从而实现对磷的去除，实现出水总磷小于1毫克/升。该方案改造PLC站，增加一台在线正磷酸盐分析仪，安装配电柜、变频器、以太网等实现自控系统稳定运行。

③ 实施效果：该方案的投资费用为188.3万元，可节约硫酸铝6696.46吨/年，节约硫酸铝费用244.5万元/年。

第三节 循环经济

一、循环经济的定义和作用

循环经济是一种以资源的高效利用和循环利用为核心，以"减量化、再利用、资源化"为原则，以低消耗、低排放、高效率为基本特征，符合可持续发展理念的经济增长模式，是对"大量生产、大量消费、大量废弃"的传统增长模式的根本变革。要大力发展循环经济，全面提高资源利用效率，充分发挥减少资源消耗和碳排放的协同作用。

发展循环经济对碳减排具有重要促进作用，具体表现在以下几个方面。

（1）材料替代 如在水泥生产的熟料煅烧环节，利用粉煤灰等固体废物替代石灰石等碳酸盐类高载碳原料，可有效降低石灰石分解产生的碳排放，每综合利用1吨粉煤灰等固体废物可减少二氧化碳排放约0.85t。

（2）流程优化 通过回收利用废钢铁、废铝、废塑料等再生资源，可大幅缩短原有的工艺流程，有效减少能源和资源消耗。例如，用废钢替代天然铁矿石用于钢铁冶炼，每生产1吨钢可减少二氧化碳排放约1.6t。

（3）燃料替代 利用生物质替代化石能源进行发电，每生产1万千瓦时电力，可减少生产环节二氧化碳排放约8.1t。

（4）能效提升 通过余热余压回收利用、产业园区能源等基础设施共建共享等措施，可大幅提高能源利用效率。

（5）产品循环 利用再制造、高质量翻新、延寿等技术手段，可大幅削减制造新件带来的能源资源消耗和二氧化碳排放。一般来说，再制造产品可较制造新件节材70%～80%，可减少80%以上的二氧化碳排放。

二、循环经济的基本原则

循环经济是以资源的高效利用和循环利用为目标，以"减量化、再利用、资源化"为原则，按照自然生态系统物质循环和能量流动方式运行的经济模式。其目的是通过资源高效和循环利用，实现污染的低排放甚至零排放，保护环境，实现社会、经济与环境的可持续发展。循环经济是把清洁生产和废弃物的综合利用融为一体的经济，本质上是一种生态经济，要求运用生态学规律来指导人类社会的经济活动。

循环经济的主要原则是减少资源利用量及废物排放量，大力实施物料的循环利用系统，以及努力回收利用废弃物，可概括为以下三点：

（1）减量化原则 要求用较少的原料和能源投入来达到既定的生产目的或消费目的，即从经济活动的源头就注意节约资源和减少污染。减量化有几种不同的表现，在生产中常常表现为要求产品小型化和轻型化。

（2）再使用原则 要求制造产品和包装容器能够以初始的形式被反复使用。再使用原则要求抵制当今世界一次性用品的泛滥，还要求制造商应该尽量延长产品的使用期，而不是非常快地更新换代。

（3）再循环原则 再循环有两种情况，一种是原级再循环，即废品被循环用来产生同种类型的新产品，例如报纸再生报纸、易拉罐再生易拉罐等；另一种是次级再循环，即将废物资源转化成其它产品的原料。

三、发展循环经济的主要途径

我国发展循环经济要重点抓好以下五个环节。

在资源开采环节，要大力提高资源综合开发和回收利用率。对矿产资源开发要统筹规划，加强共生、伴生矿产资源的综合开发和利用，实现综合勘查、综合开发、综合利用；加强资源开采管理，健全资源勘查开发准入条件，改进资源开发利用方式，实现资源的保护性开发；积极推进矿产资源深加工技术的研发，提高产品附加值，实现矿业的优化与升级；开发并完善适合我国矿产资源特点的采、选、冶工艺，提高回采率和综合回收率，降低采矿贫化率，延长矿山寿命。

在资源消耗环节，要大力提高资源利用效率。加强对钢铁、有色、电力、煤炭、石化、化工、建材、纺织、轻工等重点行业的能源、原材料、水等资源消耗管理，实现能量的梯级利用、资源的高效利用和循环利用，努力提高资源的产出效益。电动机、汽车、计算机、家电等机械制造企业，要从产品设计入手，优先采用资源利用率高、污染物产生量少以及有利于产品废弃后回收利用的技术和工艺，尽量采用小型或重量轻、可再生的零部件或材料，提高设备制造技术水平。包装行业要大力压缩非实用性材料消耗。

在废弃物产生环节，要大力开展资源综合利用。加强对冶金、有色、电力、煤炭、石化、建材、造纸、酿造、印染、皮革等废弃物产生量大、污染重的重点行业的管理，提高废渣、废水、废气的综合利用率。综合利用各种建筑废弃物及畜禽粪便等农业废弃物，积极发展生物质能源，推广沼气工程，大力发展生态农业。推动不同行业通过产业链的延伸和耦合，实现废弃物的循环利用。加快城市生活污水再生利用设施建设和垃圾资源化利用。充分发挥建材、钢铁、电力等行业废弃物消纳功能，降低废弃物最终处置量。

在再生资源产生环节，要大力回收和循环利用各种废旧资源。积极推进废钢铁、废有色金属、废纸、废塑料、废旧轮胎、废旧家电及电子产品、废旧纺织品、废旧机电产品、包装废弃物等的回收和循环利用；支持汽车发动机等废旧机电产品再制造；建立垃圾分类收集和分选系统，不断完善再生资源回收、加工、利用体系；在严格控制"洋垃圾"和其它有毒有害废物进口的前提下，充分利用两个市场、两种资源，积极发展资源再生产业的国际贸易。

在社会消费环节，要大力提倡绿色消费。树立可持续发展的消费观，提倡健康文明、有利于节约资源和保护环境的生活方式与消费方式；鼓励使用绿色产品，如能效标识产品、节能节水认证产品和环境标志产品等；抵制过度包装等浪费资源的行为；政府机构要发挥带头作用；把节能、节水、节材、节粮、垃圾分类回收、减少一次性用品的使用逐步变成每个公民的自觉行动。

四、化工行业循环经济

"十三五"以来，我国化工行业转型升级成效显著，经济运行质量和效益稳步提升，化工大国地位进一步巩固。"十四五"是推动行业高质量发展的关键时期，行业结构调整、转型升级将进一步加快，2022年工信部等六部门下发的《关于"十四五"推动石化化工行业高质量发展的指导意见》中，明确指出要加快绿色低碳发展，提高资源循环利用率，有序开展废旧化工材料循环利用，实施循环经济是我国化工行业可持续发展的必然选择。

（一）循环经济在化工行业中的分类

1. 依据企业地理位置划分

化工企业在实施循环经济的时候，可以结合自身所处的地理位置信息进行模式划分，具体包含嵌入式、依托式、虚拟式和平等式四种。其中，嵌入式就是指企业通过健全网络模式，形成子网络同主干网络共生机制来优化和提升循环网络发展，该模式虽然能够大大提升企业运营的稳定性，但是很容易出现错综复杂的问题；依托式是循环经济中最常见的一种模式，指化工企业和其他企业进行联合，提升整体的依赖程度，从而形成良好健全的发展模式；虚拟式就是指企业通过延长网络线路，加强和其他企业之间的合作，以此降低运输成本；平等式就是指企业发展趋于稳定，但是抗风险能力不足，具有潜在的生存安全隐患。

2. 依据循环范围划分

通过企业层面、区域层面和社会层面三条参考依据，将企业按照循环范围进行划分。首先，立足于企业层面来看，通常采用的是RRR制造法，通过优化生产工艺来降低资源材料的利用量，从而达到优化资源使用效率的目标，方便后续的回收和再利用工作。随着循环经济模式的不断升级，化工企业从企业层面逐渐上升到区域层面，也就是说化工企业将联系其他供应商，升级生产模式，加强和其他企业的联系合作，从而最大程度地减少资源浪费。社会层面就是指立足于国家宏观层面上来说，通过循环经济模式的实施能够形成良好的回收利用机制，达到生态环保的建设效果，促进国家的持续化健康发展。

3. 依据循环程度划分

依据循环程度主要分为三种模式，清洁生产、绿色生产和生态发展。其中，清洁生产主要是以清洁为主，在已有的理论知识上进行生态治理，通过优化企业生产过程，从而达到降低环境污染的效果，促进企业的管理发展水平提升。

绿色生产是以循环经济作为基础，在企业生产的过程中融合环保理念，提升工作人员的环保意识，实现人与自然紧密结合，全方位提升企业的经济效益和社会效益，为国家的持续发展奠定良好基础。生态发展模式就是由传统的经济发展升级为生态发展，注重循环利用和节能减排，形成良好的资源发展模式。

4. 依据产业聚集类型划分

过去的单一型企业模式已经远远不能满足时代发展的需求，企业要想获得更进一步的提升，就需要加强产业之间的交流合作，不断拓展自身规模，升级产业等级。根据产业聚集类型可以将企业划分为多元型和单一型，单一型企业在实际的发展过程中，更加侧重于产业链延伸，特别是化工企业会选择性地聚集，区域性特征比较明显。而多元型企业发展侧重产业融合与升级，结合市场的动态发展规律，不断丰富产品的多样性，提升生产效率，有利于形成良好的循环经济模式。

（二）化工企业发展循环经济的途径

化工企业发展循环经济，要将循环经济的理念贯穿到企业发展的全过程中去，必须从项目设计、原料选择、工艺过程、技术进步及生产管理等各个环节入手，通过各种手段减少浪费、降低能耗，提高资源的综合利用率，降低生产成本；把污染尽可能控制在生产过程中，使生产过程中排放的污染物最少化；做到既提高经济效益，又减少环境污染。

1. 节能降耗

循环经济要求资源利用的最大化，而节能降耗是资源利用最大化的最直接和最根本的途径。

在发展循环经济的过程中，化工企业应从细节抓起，加大节能降耗措施的执行力度，实现资源利用的最大化。节能降耗工作应与技术改造、安全、环保等工作有机结合，从全厂的物料平衡、能量平衡出发，从细节入手，不放过一点一滴的能源浪费，大力推进精益管理和持续改进。如从生产负荷、运行周期、工艺指标等多方面着手，优化工艺流程和参数，使装置经济合理运行；既抓好节油、节煤、节电等能耗，也抓好节水、节气、节原料等物耗，真正做到能耗和物耗都降到最低，以实现循环经济的根本要求。

2. 清洁生产

清洁生产是以节能、降耗、减污为目标，以管理和技术为手段，将整体预防的环境保护战略持续应用于整个生产过程，使污染的产生量和排放量最小化。

化工企业可以重点从清洁生产过程着手，改革工艺技术，不用或少用有毒有害原料和中间产品，回收处理废弃物及污染物，使生产过程排放的废弃物和污染物最少，物料利用率达到最高。例如，中国化工集团公司所属的德州实华化工有限公司，通过技术攻关，变革氯乙烯生产技术，采用二氯乙烷催化重整工艺，避免传统电石法氯乙烯生产中氯化汞的使用，有效解决汞污染问题。

3. 充分利用副产物，延长企业生产链条

某个化工生产过程的副产物或者废弃物，有可能是另一个生产过程的原料，化工企业可以在自身能力允许的情况下，适当延伸生产链条，充分利用副产物或废弃物，开辟新的产品，减少废弃物排放的同时，使资源再利用，提高企业的经济效益。例如，聚氯乙烯企业所产生的电石渣，可以作为生产水泥的原料，可以配套水泥生产线，使废弃物得到再次利用。

4. 园区化发展

对于单个化工企业，在其内部可以通过节能降耗、清洁生产、延长生产链条等手段发展循环经济，使资源达到最大限度的利用、废弃物最少量的排放。但企业自身能力毕竟有限，有可能无法满足循环经济发展的要求，这就需要企业根据自身特点与上下游生产企业形成循环经济产业链，但考虑到远距离运输不经济，这就需要政府或者大型企业集团发展化工园区，形成产业集群，集合多数量、多类型化工企业的优势，以达到更高的物质利用率和能量转化率，达到资源的优化配置。例如，园区内有氯碱、农药、水泥等企业，氯碱生产过程中的富余氯气，可以提供给农药企业作原料，电石渣可以提供给水泥企业作原料。

主题实践活动六　开展工业企业清洁生产状况调研

一、活动主题

对本地区的工业企业开展清洁生产状况调研，了解开展清洁生产取得的效益。

二、活动宗旨

通过本次实践活动，调研所在地工业企业采用哪些清洁生产技术，了解其开展清洁生产后所取得的经济效益、环境效益和社会效益。

三、活动时间

建议2周。

四、参加人员

授课班级学生。

五、活动内容

1. 分组调研

全体同学分组，开展工业企业清洁生产状况调研。根据调研情况，填写实践活动记录表。

实践活动记录表（调研记录）

调研时间		调研企业	
调研方式	\multicolumn{3}{c}{□问卷调研 □实地调研 □访问调查}		
调研团队成员			
调研企业简介	（企业的性质、规模、产品、基本概况等。）		
调研内容	（重点围绕以下几点撰写调研内容： 1.企业的生产工艺、技术指标及"三废"排放、处理状况； 2.企业采取了哪些清洁生产技术； 3.开展清洁生产所取得的效益，包括经济效益、环境效益和社会效益。）		
收获和体会	签名：　　　　　　　　　　　　　　　年　月　日		

2. 交流总结

小组分别进行交流讨论，利用记录的文字和拍摄的照片编写企业清洁生产调研报告，并填写成果展示记录表。

成果展示记录表

活动主题			
调研人		调研对象	
活动成果照片	（此处插入调研期间的拍摄照片，每张照片配注释。）		
清洁生产技术措施	（列举调研企业采取的清洁生产技术措施。）		

💡 **复习思考题**

1. 什么是清洁生产？
2. 我国化工清洁生产发展的科技问题是什么？
3. 化工清洁生产的技术领域有哪几方面？
4. 我国化工清洁生产关键技术有哪些？
5. 绿色制造的含义及特征是什么？
6. 循环经济的定义和基本原则是什么？
7. 化工企业发展循环经济的途径有哪些？

中国国家清洁生产中心

中国国家清洁生产中心（China National Cleaner Production Center，CNCPC）是一个推进中国清洁生产的研究和咨询实体。1994年12月由国家环保总局批准成立。1995年6月，在联合国工业发展组织和联合国环境规划署（UNIDO/UNEP）的指导和财政支持下，参加了UNIDO/UNEP合作项目"在发展中国家建立国家清洁生产中心"。

国家清洁生产中心重点从事清洁生产、生态工业与循环经济领域前沿性理论和应用理论与技术方法的研究，以及企业清洁生产审核人员的培训工作。在国家环保总局、UNIDO和UNEP的共同支持下，中国国家清洁生产中心开展了一系列在中国具有深远影响的活动，在推动中国环保战略由末端控制转向污染预防中发挥了显著的作用。

中心的主要服务领域包括：

（1）循环经济战略和循环经济规划等方向的研究；

（2）工业生态学理论研究、生态工业园区建设及评估、工业生态效率等方向的研究；

（3）企业清洁生产审核方法学、清洁生产推进机制和中国清洁生产法律法规体系研究；

（4）循环经济理论、发展循环型社会的驱动机制、物质代谢及其分析方法等方向的研究。

中心近期的主要研究任务包括：

（1）国家科技攻关项目：重大环境问题对策与关键支撑技术研究中循环经济理论与生态工业技术研究课题；

（2）行业清洁生产标准制定；

（3）为生态环境部环境管理决策服务。包括协助制定有关推进清洁生产、生态工业和循环经济的政策和管理办法，负责对地方清洁生产中心的指导和能力加强，全国范围内清洁生产技术人员的培训等；

（4）国际合作项目：包括与UNEP等国际组织的合作；

（5）中国环境科学研究院预研项目；

（6）地方政府项目：循环经济发展的可研及规划编制、生态工业园区建设的可研及规划编制；

（7）企业项目：企业生态化发展、企业与周边地区环境友好发展战略及技术方案研究等。

第七章　环境保护措施与可持续发展

学习目标

知识目标

了解环境监测的任务和工作程序；

了解我国环境管理发展阶段；

了解环境管理的内容和基本职能。

能力目标

熟悉环境质量评价的步骤；

熟悉我国实施可持续发展的战略措施。

素质目标

树立可持续发展理念，自觉践行绿色环保。

导读导学

可持续发展把环境建设作为实现发展的重要内容，因为环境建设不仅可以为发展创造出许多直接或间接的经济效益，而且可为发展保驾护航，向发展提供适宜的环境与资源；可持续发展把环境保护作为衡量发展质量、发展水平和发展程度的客观标准之一，因为现代的发展与现实越来越依靠环境与资源的支撑，人们在没有充分认识可持续发展之前，随传统发展，环境与资源正在急剧地衰退，能为发展提供的支撑越来越有限，越是高速发展，环境与资源越显得重要；环境保护可以保证可持续发展最终目的的实现，因为现代的发展早已不是仅仅满于物质和精神消费，同时把为建设舒适、安全、清洁、优美的环境作为实现的重要目标进行不懈努力。

我国的可持续发展的战略任务是什么？实施可持续发展的战略措施有哪些？我国在生态环境领域立法有哪些？对生产企业如何进行环境影响评价？环境监测的任务是什么？

第一节　环境管理

环境管理是环境科学的一个重要分支也是一个重要工作领域，是环境保护工作的重要组成部分。环境管理是指各级人民政府的环境管理部门运用经济、法律、技术、行政、教育等手段，限制人类损害环境质量的行为，通过全面规划使经济发展与环境相协调，达到既要发展经济满足人类基本需求，又不超出环境允许极限的目标。环境管理要遵循生态规律、经济规律，正确处理发展与环境的关系，通过对人类行为的管理，达到保护环境和人类社会持续发展的目的。

一、中国环境管理的发展历程

中国环境管理工作是在1972年之后，特别是十一届三中全会和第二次全国环境保护工作会议之后才得到了迅速发展，并取得了很大成就。

1. 创建阶段（1972年~1982年8月）

1972年，中国环境代表团参加了在斯德哥尔摩召开的联合国"人类环境会议"。1973年召开第一次全国环境保护会议，提出了"全面规划，合理布局，综合利用，化害为利，依靠群众，大家动手，保护环境，造福人民"的32字环境保护工作方针。1979年3月，在成都召开的环境保护工作会议，提出了"加强全面环境管理，以管促治"；同年9月，公布了《中华人民共和国环境保护法》（试行），使环境管理在理论和实践方面不断深入。1980年3月，在山西省太原市召开了中国环境管理、环境经济与环境法学学会成立大会，提出"要把环境管理放在环境保护工作的首位"。环境保护有两大方面，一个是环境管理，另一个是环境工程，在我国当前的情况下应该把环境管理放在首位。

2. 开拓阶段（1982年8月~1989年4月）

1983年底召开的第二次全国环境保护会议，制定了我国环境保护事业的大政方针：一是明确提出环境保护是我国的一项基本国策；二是确定了"经济建设、城乡建设、环境建设同步规划、同步实施、同步发展，实现经济效益、社会效益和环境效益相统一"的环保战略方针；三是把强化环境管理作为环境保护的中心环节。从此，中国的环境管理进入崭新的发展阶段，首先是环境政策体系初步形成；其次是环境保护法规体系初步形成；再是初步形成了我国的环境标准体系。在这一阶段，环境管理组织体系基本建成，管理机构的职能得到加强，并开始进行环境管理体系的改革。

3. 改革创新阶段（1989年5月~2008年3月）

1989年4月底、5月初召开的第三次全国环境保护会议明确提出："努力开拓有中国特色的环境保护道路"。1992年联合国召开的环境与发展大会，对人类必须转变发展战略、走可持续发展道路取得了共识。在新的形势下，我国环境管理发生了突出变化：①环境管理由末端管理过渡到全过程管理；②由以浓度控制为基础过渡到总量控制为基础的环境管理；③环境管理走向法治化、制度化、程序化。1996年7月，第四次全国环境保护会议提出了《"九五"期间全国主要污染物排放总量控制计划》和《中国跨世纪绿色工程规划》两项重大举措。

1997～1999年，中央就人口、资源和环境问题多次召开座谈会，会议强调：环境保护工作必须党政一把手"亲自抓、负总责"，做到责任到位、投入到位、措施到位；建立和完善环境与发展综合决策制度、公众参与制度、统一监管和分工负责、环保投入制度。宏观环境管理通过决策、规划协调发展与环境的关系，进一步明确环境保护是可持续发展的关键，为环境管理的发展开拓了一个更为广阔的天地。近几年来，我国每年在世界环境日前后，会发布上一年度的《中国环境状况公报》，对环境保护的目标完成情况以及主要河流水体、自然资源利用、生态环境、海洋环境、固体废物利用等向公众发布。

4. 深化阶段（2008年3月至今）

2008年环境保护部成立以后中国的环境管理体制进入了深化发展阶段，环境保护部履行着对全国环境工作的统一管理的职权，并可以直接参与制定环境保护方面的相关决策。除乡镇政府以外，各级地方人民政府中均设有相应的环保部门，履行本辖区内的环境保护职权。与此同时其它各级行政职能部门，例如农业部门、国土资源部门等，也依照有关法律的规定拥有一定的环境保护职权。这种环境管理的组织体制充分体现了中国环境管理工作全面性和复杂性并存的特征，并且较好地适应了中国环境问题形势严峻和错综复杂的特点，有利于对全国的环境污染实行高效统一的集中管理和分散的专业化治理。2009年环境保护部组建了12个环境督查中心与核辐射安全监督站，形成了辐射全国的环境安全管理网络。2009年6月全国已有数十个省级环保部门由"局"改"厅"并成为地方政府的组成部门。此后，2012年中国公布了更为严厉的节能减排工作方案，为中国的节能减排工作制定了详细的任务与目标，同年生态文明建设也被纳入了"五位一体"的全面建成小康社会的总体战略布局。在这一时期，环境信息公开制度、湖长制、河长制、林长制等环境管理创新也如雨后春笋般在全国各地得到迅速的推广。2015年习近平总书记提出了"创新、协调、绿色、开放、共享的新发展理念"，与此同时"绿水青山就是金山银山"的"两山论"以及"宁要大保护、不要大开发"等掷地有声的著名口号也越来越深入人心。在2017年10月召开的中国共产党第十九次全国代表大会上习近平总书记将污染防治攻坚战列为全面建成小康社会的三大攻坚战之一，污染防治攻坚战获得了前所未有的重视。2022年10月召开的中国共产党第二十次全国代表大会，提出要牢固树立和践行绿水青山就是金山银山的理念，站在人与自然和谐共生的高度谋发展。尊重自然、顺应自然、保护自然是全面建设社会主义现代化国家的内在要求。总体而言在这一时期我国的环境管理体制变迁主要体现在整个社会的环保理念空前加强，环境管理的组织机构进一步完善，我国的环境管理体制进入了深化发展阶段。

二、环境管理的内容

（1）从环境管理的范围划分可分为资源管理、区域环境管理和部门环境管理。

① 资源管理　包括可再生资源的恢复和扩大再生产及不可再生资源的合理利用。资源管理的措施主要是确定资源的承载力，资源开发时空条件的优化，建立资源管理的指标体系、规划目标、标准、体制、政策法规和机构等。

② 区域环境管理　主要协调区域的经济发展目标与环境目标，进行环境影响预测，制定区域环境规划，进行环境质量管理与技术管理，按阶段实现环境目标。

③ 部门环境管理　包括能源环境管理、工业环境管理、农业环境管理、交通运输环境管理、商业和医疗等部门环境管理以及企业环境管理。

（2）从环境管理的性质来划分包括环境计划管理、环境质量管理、环境技术管理。

① 环境计划管理　通过计划协调发展与环境的关系，对环境保护加强计划指导。制定环境规划，使之成为整个经济发展规划的必要组成部分，用规划内容指导环境保护工作。

② 环境质量管理　包括对环境质量现状和未来环境质量进行管理。

③ 环境技术管理　以可持续发展为指导思想，制定技术发展方向、技术路线、技术政策，制定清洁生产工艺和污染防治技术，制定技术标准、技术规程等协调技术发展与环境保护的关系。

以上对环境管理内容的划分只是为了便于研究，它们之间相互关联、相互交叉渗透。

三、环境管理的基本职能

环境管理的对象是"人类-环境"系统，工作领域如前所述非常广阔，涉及各行各业和各个部门。通过预测和决策、组织和指挥、规划和协调、监督和控制、教育和鼓励，保证在推进经济建设的同时，控制污染，促进生态良性循环，不断改善环境质量。

1. 宏观指导

政府的主要职能就是加强宏观指导调控功能。环境管理部门宏观指导职能主要体现在政策指导、目标指导、计划指导等方面。

2. 统筹规划

这是环境管理中一项战略性的工作，通过统筹规划，实现人口、经济、资源和环境相互协调平衡。环境规划既对国家的发展模式和方式、发展速度和发展重点、产业结构等产生积极的影响，又是环保部门开展环境管理工作的纲领和依据。主要包括环境保护战略的制定、环境预测、环境保护综合规划和专项规划的内容。

3. 组织协调

环保部门的一条重要职能就是参与或组织各地区、各行业、各部门共同行动，协调相互关系。其目的在于减少相互脱节和相互矛盾，避免重复，建立一种上下左右的正常关系，以便沟通联系，分工合作，统一步调，积极做好各自的环保工作，带动整个环保事业的发展。其内容包括环境保护法规的组织协调、政策方面的协调、规划方面的协调和环境科研方面的协调。

4. 监督检查

环保部门实施有效的监督把一切环境保护的方针、政策、规划等变为实际行动，才是一种健全的、强有力的环境管理。在方式上有联合监督检查、专项监督检查、日常的现场监督检查、环境监测等。通过这些方式才能对环保法律法规的执行、环保规划的落实、环境标准的实施、环境管理制度的执行等情况检查、落实。

5. 提供服务

环境管理服务职能是为经济建设、为实现环境目标创造条件，提供服务。在服务中强化监督，在监督中搞好服务。服务内容包括技术服务、信息咨询服务、市场服务。

第二节　环境立法与环境标准

一、环境保护法

1. 环境保护法的意义

国家为了协调人类与环境的关系，保护和改善环境，保护人民健康和保障经济社会的持续、稳定发展而制定的环境保护法，是调整人们在开发利用、保护改善环境的活动中所产生的各种社会关系的法律规范总和。主要含义如下。

环境保护法是一部分法律规范的总称，是以国家意志出现的、以国家强制力保证其实施的、规定环境法律关系主体的权利和义务为任务的。

环境保护法所要调整的是人们在开发利用、保护改善环境有关的那部分社会关系，凡不属此类的社会关系，均不是环境保护法调整的对象。

环境保护法是由于人类与环境之间的关系不协调影响乃至威胁着人类的生存与发展而产生的。

《中华人民共和国环境保护法》提出：为保护和改善环境，防治污染和其他公害，保障公众健康，推进生态文明建设，促进经济社会可持续发展，制定本法。这一条说明了环保法的目的：直接目的是协调人类与环境之间的关系，保护和改善生活环境和生态环境，防治污染和公害；最终目的是保护人民健康和保障经济社会持续发展。

2. 环境保护法的作用

（1）环境保护法是保证环境保护工作顺利进行的法律武器　进行社会主义现代化建设，必须同时搞好环境建设，这是一条不以人们意志为转移的客观规律。发展经济必须兼顾环境保护，谁违反这一规律，谁就会受到严厉的惩罚。但不是所有的人都认同和承认这个道理，因此需要在采取科学技术、行政、经济等措施的同时以强有力的法律手段，把环境保护纳入法制的轨道。

中国在1989年正式颁布了《中华人民共和国环境保护法》，使环境保护工作制度化、法律化，使国家机关、企事业单位、环保机构和每位公民都明确了各自在环境保护方面的职责、权利和义务，使环境保护工作有法可依、有章可循。

（2）环境保护法是推动环境保护领域中法治建设的动力　环境保护法是中国环境保护的基本法，明确了我国环境保护的战略、方针、政策、基本原则、制度、工作范围和机构设置、法律责任等问题，这些都是环保工作中根本性问题；为制定各种环境保护单行法规及地方环境保护条例等提供了直接法律依据。如我国先后制定并颁布了《中华人民共和国大气污染防治法》《中华人民共和国水污染防治法》《中华人民共和国固体废物污染环境防治法》《中华人民共和国噪声污染防治法》《中华人民共和国海洋环境保护法》《建设项目环境保护管理条例》《化学危险品安全管理条例》等法律、行政法规定文件，各省、自治区、直辖市也根据环境保护法制定了许多地方性的环境保护条例、规定、办法等。由此可见，环境保护法的颁布和执行极大地推动了我国环境保护领域中的法治建设。

（3）环境保护法增强了广大干部群众的法治观念　环境保护法的实施，从法律高度向全国人民提出了要求，所有企事业单位、人民团体、公民都要加强法治观念，大力宣传、严格执行环境保护法。做到发展经济、保护环境，统筹兼顾，协调前进，有法必依、执法必严，保护环境、人人有责。

（4）环境保护法是维护我国环境权益的重要工具　宏观来讲，环境是没有国界之分的。某国的污染可能会造成他国的环境污染和破坏，这就涉及国家之间的环境权益的维护和环境保护的协调问题。依据我国所颁布的一系列环境保护法律、法规，就可以保护我国的环境权益。如《中华人民共和国食品卫生法》第三十条规定："进口的食品、食品添加剂、食品容器、包装材料和食品用工具及设备，必须符合国家卫生标准和卫生管理办法的规定。"通过法律和法规，就可依法对于源于境外的对我国境内的环境造成污染和破坏的行为进行处置。

3. 环境保护法的特点

鉴于环境保护法的任务和内容与其他法律有所不同，环境保护法有其自己的特点。

（1）科学性　环境保护法将自然界的客观规律特别是生态学的一些基本规律及环境要素的演变作为自己的立法基础，包含了大量反映这些客观规律的科学技术性规范。

（2）综合性　由于环境保护包括围绕在人群周围的一切自然要素和社会要素，所以保护环境必然涉及整个自然环境和社会环境，涉及全社会的各个领域以及社会生活的各个方面。环境保护法所要保护的是由各种要素组成的统一的整体，因此必然会体现出综合性以及复杂性，是一个十分庞大而综合的体系。

（3）共同性　环境问题产生的原因，不论任何国家都大同小异，解决环境问题的理论根据途径和办法也有很多相似之处。各国环境保护法有共同的立法基础，共同的目的，因而有许多共同的规定。这就使得世界各国在解决本国和全球环境问题时有许多共同的语言。

二、环境标准

环境标准是国家为了保护人民的健康、促进生态良性循环，根据环境政策法规，在综合分析自然环境特点、生物和人体的耐受力、控制污染的经济能力和技术可行的基础上，对环境中污染物的允许含量及污染源排放污染物的数量、浓度、时间和速率所做的规定。它是环境保护工作技术规则和进行环境监督、环境监测、环境质量评价、设施和环境管理的重要依据。

1. 环境标准的种类

按适用范围可分为国家标准、地方标准和行业标准。

按环境要素可分为大气控制标准、水质控制标准、噪声控制标准、固体废物控制标准和土壤控制标准。

按标准的用途可分为环境质量标准、污染物排放标准、污染物检测技术标准、污染物警报标准和基础方法标准等。

2. 中国环境标准体系

根据环境标准的适用范围、性质、内容和作用，我国实行两级六类标准体系。两级是指国家标准和地方标准；六类是环境质量标准、污染物排放标准、环境方法标准、环境基础标准、环境标准样品标准和环保仪器设备标准。如图7-1所示。

（1）环境质量标准　是各类环境标准的核心，是制定各类环境标准的依据，为环境管理部门提供工作指南和监督依据。既规定了环境中各污染因子的容许含量又规定了自然因素应该具有的最低指标，如大气、水质、土壤噪声等各类质量标准。表7-1为生活饮用水水质标准。

图7-1 环境标准体系

表7-1 生活饮用水水质标准

编号	项目	标准	编号	项目	标准
感官性状指标			10	锌	不超过1.0mg/L
1	色	色度不超过15度，并不得呈现其他异色	11	挥发酚类	不超过0.002mg/L
2	浑浊度	不超过1度	12	阴离子合成洗涤剂	不超过0.3mg/L
3	嗅和味	不得有异臭、异味	毒理学指标		
4	肉眼可见物	不得含有	13	氟化物	不超过1.0mg/L，示意浓度0.5～1.0mg/L
化学指标			14	氰化物	不超过0.05mg/L
5	pH	6.5～8.5	15	砷	不超过0.01mg/L
6	总硬度（以$CaCO_3$计）	不超过450mg/L	16	硒	不超过0.01mg/L
7	铁	不超过0.3mg/L	17	汞	不超过0.001mg/L
8	锰	不超过0.1mg/L	18	铬（六价）	不超过0.05mg/L
9	铜	不超过1.0mg/L	19	铅	不超过0.01mg/L

编号	项目	标准	编号	项目	标准
	细菌学指标		21	大肠菌群	1L水中不超过3个
20	细菌总数	1L水中不超过100个	22	游离性余氯	在接触30min后应不低于0.3mg/L，集中式给水，除出厂水应符合上述要求外管网末梢水不低于0.05mg/L

表7-2　现有污染源（部分）大气污染物排放限值（摘自GB 16297—1996）

序号	污染物	最高允许排放浓度/（mg/m³）	最高允许排放速度/（kg/h）				无组织排放监控浓度限值	
			排气筒高度/m	一级	二级	三级	监控点	浓度/（mg/m³）
1	二氧化硫	1200（硫、二氧化硫、硫酸和其他含硫化合物生产） 700（硫、二氧化硫、硫酸和其他含硫化合物使用）	15 20 30 40 50 60 70 80 90 100	1.6 2.6 8.8 15 23 33 47 63 82 100	3.0 5.1 17 30 45 64 91 120 160 200	4.1 7.7 26 45 69 98 140 190 240 310	无组织排放源上风向设参照点，下风向设监控点	0.50（监控点与参照点浓度差值）
2	氮氧化物	1700（硝酸、氮肥和火炸药生产） 420（硝酸使用和其他）	15 20 30 40 50 60 70 80 90 100	0.47 0.77 2.6 4.6 7.0 9.9 14 19 24 31	0.91 1.5 5.1 8.9 14 19 27 37 47 61	1.4 2.3 7.7 14 21 29 41 56 72 92	无组织排放源上风向设参照点，下风向设监控点	0.15（监控点与参照点浓度差值）
3	颗粒物	22（炭黑尘、染料尘）	15 20 30 40	禁排	0.60 1.0 4.0 6.8	0.87 1.5 5.9 10	周界外浓度最高点	肉眼不可见
		80（玻璃棉尘、石英粉尘、矿渣棉尘）	15 20 30 40	禁排	2.2 3.7 14 25	3.1 5.3 21 37	无组织排放源上风向设参照点，下风向设监控点	2.0（监控点与参照点浓度差值）
		150（其他）	15 20 30 40 50 60	2.1 3.5 14 24 36 51	4.1 6.9 27 46 70 100	5.9 10 40 69 110 150	无组织排放源上风向设参照点，下风向设监控点	5.0（监控点与参照点浓度差值）

序号	污染物	最高允许排放浓度/（mg/m³）	最高允许排放速度/（kg/h）				无组织排放监控浓度限值	
			排气筒高度/m	一级	二级	三级	监控点	浓度/（mg/m³）
4	氯化氢	150	15 20 30 40 50 60 70 80	禁排	0.30 0.51 1.7 3.0 4.5 6.4 9.1 12	0.46 0.77 2.6 4.5 6.9 9.8 14 19	周界外浓度最高点	0.25
5	铬酸雾	0.080	15 20 30 40 50 60	禁排	0.009 0.015 0.051 0.089 0.14 0.19	0.014 0.023 0.078 0.13 0.21 0.29	周界外浓度最高点	0.0075

（2）污染物排放标准　该标准是依据环境质量标准及污染治理技术、经济条件而对排入环境的有害物质和产生危害的各种因素所做的限制性规定，是对污染源排放进行控制的标准。表7-2为部分大气污染物排放限值。

（3）环境方法标准　是为统一环境保护工作中的各项试验、检验、分析、采样、统计、计算和测定方法所做的技术规定。这样全国统一标准，在进行环境质量评价时才有可比性和实用价值。

（4）环境标准样品标准　是指用以标定仪器、验证测量方法、进行量值传递和质量控制的材料或物质。它可用来评价分析方法，也可评价分析仪器、鉴别灵敏度和应用范围，还可评价分析者的水平，使操作技术规范化。

中国标准样品有水质标准样品、气体标准样品、土壤标准样品、固体标准样品、放射物质标准样品、有机物标准样品等。

（5）环境基础标准　是对环境质量标准和污染物排放标准所涉及的技术术语、符号、代号（含代码）、制图方法及其他通用技术要求所做的技术规定。中国主要有管理标准、环保名词术语标准、图形符号标准以及环境信息分类和编码标准。

第三节　环境监测

环境监测是为了特定目的，按照预先设计的时间和空间，用可以比较的环境信息和资料收集的方法，对一种或多种环境要素或指数进行间断或连续地观察、测定，分析其变化及对环境影响的过程。环境监测是开展环境管理和环境科学研究的基础，是制定环境保护法规的重要依据，是搞好环保工作的中心环节。

一、环境监测的意义和作用

环境质量的变化受多种因素的影响，例如企业在生产过程中，由于受工艺、设备、原材料和管理水平等因素的限制，会产生"三废"以及其他污染物或因素，引起环境质量下降。这些因素可用一定的数值来描述，如有害物质的浓度、排放量、噪声级和放射性强度等。环境监测就是测定这些值，并与相应的环境标准相比较，以确定环境的质量或污染状况。

环境是一个极其复杂的综合体系。人们只有获得大量定量化的环境信息，了解污染物的产生过程和原因，掌握污染物的数量和变化规律，才能制定切实可行的污染防治规划和环境保护目标，完善以污染物控制为主要内容的各类控制标准、规章制度，使环境管理逐步实现从定性管理向定量管理、从单项治理向综合整治、从浓度控制向总量控制转变。而这些定量化的环境信息，只有通过环境监测才能得到。离开环境监测，环境保护将是盲目的，加强环境管理也将是一句空话。

对于企业来说，为了防止和减少污染物对环境的危害，掌握环境质量的转化动态，强化内部环境管理，必须依靠环境监测，这是企业环境管理和污染防治工作的重要手段和基础。其主要作用体现在以下几个方面。

① 判断企业周围环境质量是否符合各类、各级环境质量标准，为企业环境管理提供科学依据。如掌握企业各种污染源中污染物浓度、排放量，判断其是否达到国家或地方排放标准，是否应缴纳排污费，是否达到上级下达的环境考核指标等，同时为考核、评审环保设施的效率提供可靠数据。

② 为新建、改建、扩建工程项目执行环保设施"三同时"和污染治理工艺提供设计参数，参加治理设施的验收，评价治理设施的效率。

③ 为预测企业环境质量，判断企业所在地区污染物迁移、转化、扩散的规律，以及在时空上的分布情况提供数据。

④ 收集环境本底及其转化趋势的数据，积累长期监测资料，为合理利用自然资源及"三废"综合利用提出建议。

⑤ 对处理事故性污染和污染纠纷提供科学、有效的数据。

总之，环境监测在企业环境保护工作中发挥着调研、监察、评价、测试等多项作用，是环境保护工作中的一个不可缺少的组成部分。

二、环境监测的目的和任务

（1）评价环境质量，预测环境质量变化趋势。

① 提供环境质量现状数据，判断是否符合国家制定的环境质量标准。

② 掌握环境污染物的时空分布特点，追踪污染途径，寻找污染源，预测污染的发展方向。

③ 评价污染治理的实际效果。

（2）为制定环境法规、环境标准、环境规划、环境污染综合防治对策提供科学依据。

① 积累大量不同地区的污染数据，依据科学技术和经济水平，制定切实可行的环境保护法规和标准。

② 根据监测数据，预测污染的发展趋势，为做出正确的决策、制定环境规划提供可靠的资料。

（3）收集环境本底值及其变化趋势数据，积累长期监测资料，为保护人类健康和合理使用自然资源以及确切掌握环境容量提供科学依据。

（4）揭示新的环境问题，确定新的污染因素，为环境科学研究提供方向。

三、环境监测的分类

（1）按环境监测的目的和性质可分为监视性监测（常规监测和例行监测）、事故性监测（特例监测或应急监测）、研究性监测。

① 监视性监测　是指监测环境中已知污染因素的现状和变化趋势，确定环境质量，评价控制措施的效果，断定环境标准实施的情况和改善环境取得的进展。企业污染源控制排放监测和污染趋势监测即属于此类。

② 事故性监测　是指发生污染事故时进行的突击性监测，以确定引起事故的污染物种类、浓度、污染程度和危及范围，协助判断与仲裁造成事故的原因及采取有效措施来降低和消除事故危害及影响。这类监测期限短，随着事故完结而结束，常采用流动监测、空中监测或遥感监测等手段。

③ 研究性监测　是对某一特定环境为研究确定污染因素从污染源到环境受体的迁移变化趋势和规律，以及污染因素对人体、生物体和各种物质的危害程度，或为研究污染控制措施和技术等而进行的监测。这类监测周期长，监测范围广。

（2）按监测对象不同可分为水质污染监测、大气污染监测、土壤污染监测、生物污染监测、固体废物污染监测及能量污染监测等。

（3）按污染因素的性质不同可分为化学毒物监测、卫生（病原体、病毒、寄生虫等污染）监测、热污染监测、噪声和振动污染监测、光污染监测、电磁辐射污染监测、放射性污染监测和富营养化监测等。

四、环境监测的原则

由于影响环境质量的因素繁多，而人力、物力、财力、监测手段和时间都有限，因此实际工作时不可能包罗万象地监测，应根据需要和可能进行选择性监测，并要坚持以下几项原则。

①"环境监测要符合国情"的原则。加强环境监测方法及仪器设备的研究，

使监测方法和仪器设备更加现代化，使监测结果更加及时、准确、可靠，是促进环境科学发展的需要，也是环境监测人员的愿望。但是我国经济总体比较落后，各地区的经济发展不平衡，因此应根据不同的监测目的，结合实际情况，建立合理的环境监测指标体系，在满足环境监测要求的前提下，确定监测技术路线和技术装备，建立确切可靠的、经济实用的环境监测方案。

② 最优的原则。环境问题的复杂性决定了环境监测的多样性。监测结果是环境监测中布点采样，样品的运输、保存、分析测试，以及数据处理等多个环节的综合体现，其准确可靠程度取决于其中最为薄弱的环节。所以应根据不同情况，全面规划，合理布局，采用不同的技术路线，综合把握优化布点、严格保存样品、准确分析测试等环节，实现最优环境监测。

③ 优先监测原则。在实际工作时，按情况对那些危害大、出现频繁的污染物实行优先监测的原则。具体优先监测的对象包括：对环境及人体影响大的污染物；已有可靠的监测方法并能获得准确数据的污染物；已有环境标准或其他依据去测量的污染物；在环境中的含量已接近或超过规定的标准浓度，且其污染趋势还在上升的污染物；环境中有代表性的污染物。

五、环境监测的步骤

在环境监测工作中无论是污染源监测还是环境质量监测一般应经过下述程序。

① 现场调查与资料收集，主要调查收集区域内各种自然与社会环境特征，包括地理位置、地形地貌、气象气候、土壤利用情况及社会经济发展情况；

② 确定监测项目；

③ 监测点位置选择及布设；

④ 采集样品；

⑤ 环境样品的保存与分析测试；

⑥ 数据处理与结果上报。

六、有害物质的测定方法

由于污染物性质的不同，所采用的分析方法也不同。常用的一类是化学分析法；另一类是仪器分析法。表7-3、表7-4列举了大气及地表水中有害物质的部分测定方法，供参考。

环境样品试样数量大，成分复杂，污染物含量差别大。因此，要根据样品特点和待测组分的情况，考虑各种因素，有针对性地选择最适合的测定方法。特别应注意以下几点。

① 为了使分析结果具有可比性，应尽可能采用国家规定现行环境监测的标

准统一分析方法。

② 根据样品待测物浓度的大小分别选择化学分析法或仪器分析法。如含量高的污染物选择化学分析法测定；含量低的污染物选择适宜的仪器分析法测定。

③ 在条件许可的情况下，对某些项目尽可能采用具有专属性的单项成分测定仪。

④ 在多组分的测定中，尽可能选用同时兼有分离和测定的分析方法。如水中阴离子F^-、Cl^-、NO_3^-、SO_4^{2-}等，可选用离子色谱法；有机物的测定，可选择气相色谱法或高效液相色谱法等。

⑤ 在经常性的测定中，尽可能选择连续性自动测定仪。

表7-3　大气中有害物质的测定方法

项目	方法	方法比较	最低检出浓度/（mg/m³）	备注
二氧化硫	1.盐酸副玫瑰苯胺比色法	灵敏，选择性好；吸收剂毒性大。 方法一：试剂空白值高，灵敏度高，可用手校正仪器，测量浓度范围0.025～1.0mg/m³。	0.025	采样体积30mL
		方法二：试剂空白值低，灵敏度低，可用于常规监测	0.015	采样体积10L
	2.双氧水吸收-配合滴定法	可消除酸性物质干扰，结果较准确	测定浓度为（20～6000）×10⁻⁶	
	3.定电位电解法	干扰物质少，结构简单，移动性能稳定	测定浓度为（3～10000）×10⁻⁶	
	4.库仑滴定法	和计算机连用，可将环境大气二氧化硫小时平均浓度和日平均浓度同时测定 测量范围（分4个量程）：0～0.5mg/m³、0～1mg/m³、0～2mg/m³、0～4mg/m³	0.025	
氮氧化物（换算成NO₂）	1.化学发光法	快速、准确，该法适用于大气中0.009～18.8mg/m³浓度范围的NO₂测定	0.009	
	2.盐酸萘乙二胺比色法	方法灵敏，可一边采样，一边显色，以0.6L/min，采样10～15min测定NO₂，范围是11～9400μg/m³。采用高浓度三氧化铬氧化管两种串联氧化，可基本上消除SO₂、H₂S的干扰	0.01	采样体积6L
	3.定电位电解法	干扰物质少，可携带，适于现场连续测定	3～10000	
一氧化碳	1.红外吸收法（NDIR）	流量对其影响不大，不需化学溶液；测量范围宽，响应时间短。缺点是零点漂移，标气昂贵，灵敏度不高	1.0	
	2.五氧化二碘氧化法	采用锌铵铬盐溶液、碱性双氧水溶液及铬酸、硫酸混合溶液进行串联预吸收可以消除SO₂、NOₓ的干扰		

项目	方法	方法比较	最低检出浓度/（mg/m³）	备注
一氧化碳	3.气相色谱法	方法无干扰，并能测量0.03～50mg/m³范围的一氧化碳。需配专门训练人员操作	0.03	进样量2mL
	4.汞置换法	灵敏，快速，响应时间<10s，一氧化碳浓度测量范围0.05～63mg/m³（分挡进样）	0.05	进样量50mL
硫化氢	1.亚甲基蓝比色法（1）锌氨铬盐吸收法（2）氢氧化镉-聚乙烯醇磷酸铵吸收法	方法比较灵敏，显色稳定，干扰小。由于低浓度的硫化氢在水溶液中极不稳定，易氧化，因此，解决采样过程和存放过程中硫化氢稳定性问题是该法的关键。用锌氨铬盐吸收液测定结果普遍都比用氢氧化镉-聚乙烯醇磷酸铵吸收液低。说明该法在现场采样更有利H₂S稳定	0.05	
	2.碘量法	用酸性双氧水预吸收，在SO₂浓度<2500×10⁻⁶，NOₓ浓度<300×10⁻⁶时，测定误差<10%		
甲醛	1.酚试剂比色法	灵敏度较好，选择性略差。采样简便可用常规监测	0.01	采样体积10L
	2.乙酰丙酮比色法	灵敏度略低，但选择性好，操作复杂	0.008	采样体积30L
二甲基甲酰胺（DMF）	气相色谱法	适于大气中微量DMF的测定	0.30	采样体积20L
丙烯醛	1.气相色谱法	本法适于测大气中0.05～5.0mg/m³的丙烯醛，当浓度高于此范围上限时可直接进样，方法灵敏、准确	0.05	浓缩100mL样品
	2.4-己基间苯二酚比色法	丙烯醛在1～30μg时，在波长605nm下比色符合比耳定律，检出下限5μg/10mL	0.0	
乙腈	气相色谱法	本法适于测大气中0.2～20mg/m³的乙腈，当浓度高于此范围上限时，可直接进样测定方法灵敏、准确聚乙二醇–20M，氢火焰检测器	0.20	浓缩100mL样品
丙烯腈	气相色谱法	聚乙二醇–20M，氢火焰检测器		
乙醛	气相色谱法	方法灵敏，应用范围广高分子微球GOD-103，氢火焰检测器	0.05	100L气样
丙酮	1.气相色谱法	本法适于测大气中0.05～5.0mg/m³的丙酮，当浓度高于此范围上限时，可直接进样测定方法灵敏、快速	0.05	浓缩100mL样品

项目	方法	方法比较	最低检出浓度/ (mg/m^3)	备注
丙酮	2.糠醛比色法	灵敏、重现性好、误差小，检出下限2μg/5mL		
硫醇	对氨基二甲基苯胺比色法	本法虽然对低分子量的烷基硫醇最灵敏，但是测定的是总硫醇	0.1μg/25mL	
过氧乙酰硝酸酯（PAN）	气相色谱法	本法的准确度可达5%范围内。PAN标气难得；操作要求严格	0.006	3mL气样
甲基丙烯酸甲酯	羟肟酸比色法			
苯乙烯	1.气相色谱法	测定10^{-9}级	0.01	进样量100mL
苯乙烯	2.硝化比色法	放空的塔顶气体通入燃烧炉中，环氧乙烷的含量必须严格控制		
环氧乙烷（环氧丙烷）	气相色谱法	角鲨烷，氢火焰检测器		
环氧氯丙烷	气相色谱法	丁二酸，乙二醇聚酯和硅油DC-200，氢火焰检测器		
总烃及非甲烷总烃	气相色谱直接进样法	一次分析仅需5s无氧干扰同时出甲烷和总烃量，二者之差求出非甲烷烃	0.01 0.1	
光化学氧化剂	1.碘化钾法 （1）磷酸盐缓冲的中性碘化钾法（NBKI法） （2）改进的中性碘化钾法（KIBRT法） （3）硼酸碘化钾法（BAKI法）	适于采样时间最高为30min。由于碘配合物随时间而损失，因此必须迅速分析 NO$_2$、SO$_2$为严重干扰物，灵敏度低，标准偏差S=22.4%，变异系数13.1% 由于在吸收液中加入3Na$_2$S$_2$O$_3$及KBr提高了样品的稳定性及采样效率。操作不简便 标准偏差S=4.0%，变异系数1.4% 操作简便，I_2/Q_2当量关系接近于1：1的关系，可用于常规监测	0.007	
光化学氧化剂	2.紫外比色法	标准偏差S=7.3%，变异系数3.8%		
光化学氧化剂	3.化学发光法	本法适于测大气中臭氧浓度在0.01 ~ 2.0mg/m^{3}的范围。正常状态的大气测量推荐为0 ~ 0.5mg/m^{3}以及0 ~ 1mg/m^{3}两种满刻度量程	0.01	
氨	1.纳氏试剂比色法	方法简便，选择性略差	0.035	
氨	2.靛酚蓝比色法	方法较灵敏、准确、选择性好，但操作复杂	0.030	
氨	3.亚硝酸比色法	方法较灵敏、操作较复杂，要求严，标准曲线在NH$_3$含量在0 ~ 8μg/5mg时是直线。检出下限为1μg/5mg		

项目	方法	方法比较	最低检出浓度/（mg/m³）	备注
硫酸盐化速率	1.二氧化铅法	PbO_2有毒，难以获得合格试剂，采样复杂		
	2.碱片法	操作简便，试剂毒性低，检出下限SO_3为$1\mu g/100cm^3$		
酚	1.4-氨基安替吡啉比色法	可测大气中低浓度的酚，该法较好，适用范围广、重现性好，干扰小，但不能测出对位酚	0.01	采样体积50L
	2.气相色谱法	检出下限为$0.5\mu g/10mL$液晶PBOB柱FID检测器		
二硫化碳	乙二胺比色法			
光气	气相色谱法 N, N-二甲基对苯二胺比色法	硅油DC-200，电子捕获检测器		
甲醇	变色酸比色法 气相色谱法	有机担体401，氢火焰检测器		
有机硫化物	气相色谱法	TCEP固定液，火焰光度检测器		
脂肪胺	气相色谱法	5%KOH，氨磷检测器		
脂肪胺	气相色谱法	FFAP，H_3PO_4 氢火焰检测器		
乙烯、丙烯、丁二烯	吸附富集气相色谱法	采用GDX-TDX复合富集柱采样，氮气流下热解析，可消除氧和CH_4的干扰，使测定准确	乙烯、丙烯0.005，丁二烯0.01	
苯、甲苯、乙苯、异丙苯	气相色谱法		苯0.005；甲苯、乙苯、异丙苯0.01	

表7-4 地表水中主要有害物质分析方法

序号	参数	测定方法	检测范围/（mg/L）	注释	分析方法来源
1	pH	玻璃电极法			HJ 1147—2020
2	硫酸盐	硫酸钡比浊法	测定硫酸盐质量浓度≤40mg/L最低检测质量为0.25mg	结果以SO_4^{2-}计	GB/T 5750.5—2023
		铬酸钡分光光度法（热法）	测定硫酸盐质量浓度≤200mg/L最低检测质量为0.25mg	结果以SO_4^{2-}计	

序号	参数	测定方法	检测范围/（mg/L）	注释	分析方法来源
2	硫酸盐	铬酸钡分光光度法（冷法）	测定硫酸盐质量浓度 ≤100mg/L 最低检测质量为 0.05mg	结果以 CO_3^{2-} 计	GB/T 5750.5—2023
		硫酸钡烧灼称量法	最低检测质量为5mg	结果以 SO_4^{2-} 计	
3	氯化物	硝酸银容量法	最低检测质量为 0.05mg	结果以 Cl^- 计	GB/T 5750.5—2023
		硝酸汞容量法	最低检测质量为 0.05mg	结果以 Cl^- 计	
4	总铁	二氮杂菲分光光度法	最低检测质量为2.5μg （以 Fe 计）	测得为水体中溶解态、胶体态、悬浮颗粒态以及生物体中的总铁量	GB/T 5750.6—2023
5	总锰	过硫酸铵分光光度法	最低检测质量为2.5μg 锰（以 Mn 计）		GB/T 5750.6—2023
		甲醛肟分光光度法	最低检测质量为1.0μg 锰（以 Mn 计）		
6	总铜	无火焰原子吸收分光光度法	最低检测质量为0.1ng	未过滤的样品经消解后测得的总铜量，包括溶解的和悬浮的	GB/T 5750.6—2023
		火焰原子吸收分光光度法			
		二乙基二硫代氨基甲酸钠（铜试剂）分光光度法	最低检测质量为0.2μg		
		双乙醛草酰二腙分光光度法	最低检测质量为1.0μg		
7	总锌	双硫腙分光光度法	最低检测质量为0.5μg	经消解后测得的水样中总锌量	GB/T 5750.6—2023
		火焰原子吸收分光光度法	最低检测质量为0.5μg		
8	硝酸盐	麝香草酚分光光度法	最低检测质量为0.5μg	硝酸盐含量过高时应稀释后结果以氮（N）计	GB/T 5750.5—2023
		紫外分光光度法	最低检测质量为10μg		
9	亚硝酸盐	重氮偶合分光光度法	最低检测质量为0.05μg 亚硝酸盐（以 N 计）	采样后应尽快分析。结果以氮（N）计	GB/T 5750.5—2023
10	总磷	钼蓝比色法	0.025 ~ 0.6	结果为未过滤水样经消解后测得的溶解的悬浮的总磷量（以 P 计）	GB/T 5750.5—2023

序号	参数	测定方法	检测范围/（mg/L）	注释	分析方法来源
11	高锰酸盐指数	酸性高锰酸钾滴定法	0.05 ~ 5	本方法适用于氯化物质量浓度低于300mg/L（以Cl^-计）的生活饮用水及其水源水中高锰酸盐指数（以O_2计）的测定	GB/T 5750.7—2023
		碱性高锰酸钾滴定法	0.05 ~ 5		
12	溶解氧	碘量法	0.2 ~ 2.0	碘量法测定溶解氧有各种修正方法，测定时应根据干扰情况具体选用	GB/T 5750.5—2023
13	化学需氧量（COD_{Cr}）	重铬酸盐法	10 ~ 800		GB/T 5750.7—2023
14	生化需氧量（BOD_5）	容量法	300mg/L		GB/T 5750.7—2023
15	氟化物	离子选择电极法	最低检测质量为2μg	结果以F^-计	GB/T 5750.5—2023
		离子色谱法	0.1 ~ 1.5mg/L		
		氟试剂分光光度法	最低检测质量为2.5μg		
		双波长系数倍率氟试剂分光光度法	最低检测质量为0.25μg		
16	硒（四价）	氢化物原子荧光法	最低检测质量为0.5ng		GB/T 5750.6—2023
		二氨基萘荧光法	最低检测质量为0.005μg		
		氢化物原子吸收分光光度法	最低检测质量为0.01μg		
17	总砷	氢化物原子荧光法	最低检测质量为0.5ng	测得为单体形态、无机或有机物中元素砷的总量	GB/T 5750.6—2023
		二乙氨基二硫代甲酸银分光光度法	最低检测质量为0.5μg		
18	总汞	原子荧光法	最低检测质量为0.05ng	包括无机或有机结合的，可溶的和悬浮的全部汞	GB/T 5750.6—2023
		双硫腙分光光度法	最低检测质量为0.25μg		GB/T 5750.6—2023
19	总镉	无火焰原子吸收分光光度法（螯合萃取法）	最低检测质量为0.01ng	经酸硝解处理后，测得水样中的总镉量	GB/T 5750.6—2023
		原子荧光法	最低检测质量为0.25ng		GB/T 5750.6—2023
20	铬（六价）	二苯碳酰二肼分光光度法	最低检测质量为0.2μg（以Cr^{6+}）		GB/T 5750.6—2023

序号	参数	测定方法	检测范围/（mg/L）	注释	分析方法来源
21	总铅	无火焰原子吸收分光光度法	最低检测质量0.05ng铅	经酸硝解处理后，测得水样中的总铅量	GB/T 5750.6—2023
		氢化物原子荧光法	最低检测质量0.5ng		GB/T 5750.6—2023
22	氰化物	异烟酸-吡啶啉酮分光光度法	最低检测质量为0.1μg	包括全部简单氰化物和绝大部分配合氰化物，不包括钴氰配合物	GB/T 5750.5—2023
		异烟酸-巴比妥酸分光光度法	最低检测质量为0.1μg		
		流动注射法	最低检测质量浓度为0.002μg		
		连续流动法	最低检测质量浓度为0.0016μg		
23	挥发酚	4-氨基安替比林三氯甲烷萃取分光光度法	250mL水样，最低检测质量浓度0.002mg/L挥发酚类（以苯酚计）		GB/T 5750.4—2023
		流动注射法	最低检测质量浓度2.0μg/L挥发酚类（以苯酚计）	仅适用于生活饮用水中挥发酚类的测定	
		连续流动法	最低检测质量浓度1.8μg/L挥发酚类（以苯酚计）	仅适用于生活饮用水中挥发酚类的测定	
24	阴离子合成洗涤剂	亚甲基蓝分光光度法	0.05	以十二烷基苯磺酸钠作为标准	GB/T 5750.4—2023
		二氮杂菲萃取分光光度法	0.025		
		流动注射法	0.05		
		连续流动法	0.05		
25	苯并[a]芘	高效液相色谱法纸色谱-荧光分光光度法	最低检测质量为0.07ng		GB/T 5750.8—2023

第四节　环境质量评价

近几十年来，世界各国都有不同程度的环境问题。当今人们越来越意识到，人类社会的经济发展，自然生态系统的维持，以及人类本身的健康状况都与本地区的环境质量状况密切相关。人们更加意识到人类的行为特别是人类社会经济发展行为，会对环境的状态和结构产生很大的影响，会引起环境质量的变化。

这种环境质量与人类需要之间客观存在的特定关系就是环境质量的价值，它所探讨的是环境质量的社会意义。

环境质量评价是对环境质量与人类社会生存发展需要满足程度进行评定。环境监测是环境质量评价的前提，只有获得全面、系统、准确的环境监测数据，并对数据进行科学处理和总结，才能对环境质量进行评价。

一、环境质量评价的分类及工作步骤

1. 环境质量评价的类型

① 按环境要素分有大气质量评价、水环境质量评价、土壤环境质量评价、环境质量综合评价等。

② 按环境的性质分有化学环境质量评价、物理环境质量评价、生物环境质量评价等。

③ 按人类活动性质和类型划分有工业环境质量评价、农业环境质量评价、交通环境质量评价等。

④ 按时间域可分为环境质量回顾评价、环境质量现状评价、环境质量影响预测评价。

⑤ 按评价内容可分为健康影响评价、经济影响评价、生态影响评价、风险评价等。

⑥ 按空间域可分为单项工程环境质量评价、城市环境质量评价、区域（流域）环境质量评价等。

2. 环境质量评价的步骤

① 收集、整理、分析环境监测数据和调查材料。

② 根据评价目的确定环境质量评价的要素及参评参数。

③ 选择评价方法或建立评价的数学模型，制定环境质量系数或指数。

④ 利用选择或制定的评价方法或环境质量系数（或指数），对环境质量进行等级或类型划分，绘制环境质量图，以表示空间分布规律。

⑤ 提出环境质量评价的结论，并在其中说明评价的目的和要求。

环境质量评价的基本程序如图7-2所示。

二、环境质量现状评价

由于人们近期或当前的生产开发活动或生活活动而引起该地区环境质量发生或大或小的变化，并引起人们与环境质量的价值关系发生变化，对这些变化进行的评价称为环境质量现状评价。它包括单个环境要素质量评价（如大气、水、土壤环境质量评价等）和整体环境质量综合评价，前者是后者的基础。

1. 大气环境质量现状评价

影响大气环境质量状况的因素很多，而污染是造成大气环境质量恶化的主要原因。因而大气中各污染物的浓度值是进行大气环境质量现状评价的最主要资料。

（1）评价参数（因子）的选定　根据本地区污染源和例行监测资料，选择带有普遍性的主要污染物作为评价参数。

① 尘　总悬浮微粒、可吸入颗粒物；

② 有害气体　硫氧化物、氮氧化物、一氧化碳、臭氧；

③ 有害元素　氟、汞、铅、镉、砷；

④ 有机物　苯并[a]芘、总碳氢化合物。

（2）获取监测数据　根据选定的评价参数、污染源分布、地形、气象条件等确定恰当的布点、采样方法、设计监测网络系统，获取能代表大气环境质量的监测数据。

（3）评价方法（指数法）

① 基本形式：

图7-2　环境质量评价的基本程序

$$PI = A \left(\sum_{i=1}^{n} W_i I_i^a \right)^b$$

式中　PI——大气质量指数；

A——系数；

a，b——指数；

W_i——第i种污染物的权值；

I_i——第i种污染物的分指数；

i——代表某种污染物。

$$I_i = \frac{C_i}{S_i}$$

式中　S_i——某污染物的评价标准；

C_i——某污染物浓度的统计值。C_i可由下式求得：

$$C_i = (C_{i,\max} C_{i,\mathrm{av}})^{\frac{1}{2}}$$

式中　$C_{i,\mathrm{av}}$——某污染物浓度的算术平均值；

$C_{i,\max}$——某污染物浓度的最大值。

② 分类形式

a.迭加型：

$$PI=\sum_{i=1}^{n}W_iI_i$$

b.均值型（南京市采用的办法）：

$$PI=\frac{1}{n}\sum_{i=1}^{n}W_iI_i$$

c.方根形式（密特大气指数）：

$$PI=\sqrt{\sum_{i=1}^{n}I_i^2}$$

d.上海大气环境质量综合指数法：

$$PI=\sqrt{I_{max}\times\frac{1}{n}\sum_{i=n}^{n}I_i}$$

式中，I_{max} 为各污染物中最大的分指数。

（4）大气环境质量评价　求得大气环境质量的综合指数以后，按照综合指数值的大小对环境质量进行分级，近似地反映大气环境质量状况，见表7-5。

表7-5　某地区大气质量指数与大气环境质量分级

分级	优良	好	尚可	差	坏	危险
指数	< 20	20 ~ 39	40 ~ 59	60 ~ 79	80 ~ 90	> 100

2. 水环境质量现状评价

水质评价非常复杂，一般从三个方面来评定：①污染强度，即水中污染物的浓度和它们的影响效应；②污染范围；③污染历时。常见的评价参数有水温、色度、透明度、悬浮固体、pH、硬度、DO、COD、BOD_5、酚、氰、硫化物、汞等。

根据水体评价要求、污染源调查结果、水体污染现状的观察和试验情况来选择评价参数和评价方法。例如上海黄浦江水有时出现黑臭现象，影响饮水质量。经观察、实验认为主要是氨氮（NH_3-N）及耗氧有机物污染，降低了水中溶解氧所致。故选择 NH_3-N、COD、BOD_5、DO 作为评价参数。其污染指数为：

$$R_p=\frac{氨氮实测值}{溶解氧饱和百分数+0.4}\quad（0.4为经验系数）$$

$R_p\geqslant 5$ 为严重污染，出现黑臭现象；$R_p\leqslant 1.2$ 为水质良好；$1.2<R_p<5$ 为中度污染。

有机物综合评价值（A）：

$$A=\frac{BOD_i}{BOD_0}+\frac{COD_i}{COD_0}+\frac{NH_3-N_i}{NH_3-N_0}-\frac{DO_i}{DO_0}$$

标准值定为$BOD_0=4$，$COD_0=6$，$NH_3-N_0=1$，$DO_0=4$。

当$A \geqslant 2$时水体受到有机物污染。

3. 环境质量综合评价

考虑到各个环境要素对环境的综合影响，如水、大气、土壤、噪声等，在各个要素中确定相应的评价因子，再计算各环境要素的污染指数，最后计算环境综合值。

$$P_{综} = \sum_{i=1}^{n} W_e P_e$$

式中　$P_{综}$——环境综合值；

　　　W_e——各环境要素的加权系数；

　　　P_e——环境要素污染指数。

根据环境质量综合评价分级可做出环境质量综合评价图，如图7-3所示。

图7-3　南京市城区环境质量综合评价图

三、环境影响评价

识别人类行为对环境产生的影响并制定出减轻对环境不利影响的措施，这项技术性极强的工作就是环境影响评价。根据目前人类活动的类型及对环境的影响程度，可分为三种类型：①单项建设工程的环境影响评价；②区域开发的环境影响评价；③公共政策的环境影响评价。

1. 环境影响评价的工作程序

（1）准备阶段　包括提出任务、组织队伍、制定评价方法、模拟论证和审定。

（2）实施阶段　包括资料收集、工程分析、现场调查、模拟计算等。

（3）总结阶段　包括资料汇总、专题报告、总体报告等。见图7-4。

图7-4　环境影响评价工作程序示意图

2. 环境影响评价的方法

环境影响评价方法有定性分析法、数学模型法、系统模型法和综合评价法。由于影响环境质量的因素过多，模型建立困难大、耗时长，故常用的是分析法和综合法。

3. 环境影响评价报告书的编制

环境影响评价的成果是以报告书的形式反映出来的。其内容包括：①总则；

②建设项目概况；③工程分析；④建设项目周围地区的环境现状；⑤环境影响预测；⑥评价建设项目的环境影响；⑦环境保护措施的评述及技术经济论证，提出各项措施的投资估算；⑧环境影响经济损益分析；⑨环境监测制度及环境管理、环境规划的建议；⑩环境影响评价结论。表7-6～表7-11给出了环境影响报告中主要应填写的表格内容。

表7-6　项目概况

项目名称						
项目性质			建设地点			
主管部门			建设依据（批准部门或文号）			
投资总额/万元			环保投资/万元			
占地面积/m²			绿地面积/m²			
法定代表人			项目负责人			
联系地址			邮政编码			
联系电话			传真号			
主要产品量/吨	名称	年产量	主要原辅材料耗用量	名称	年耗用量	定额
能源耗用量/千瓦时			有毒有害原料耗用量	名称	年耗用量	定额
给排水情况	年总用水量			年总排水量		
	循环用水量/m³		生产污水	总量/m³		
	新鲜水量/m³			其中"清净废水"量/m³		
	新鲜水来源		生活污水	设计最大量（一般不超过）/m³		

表7-7 工程分析

生产工艺流程或资源开发、利用方式简要说明（附生产工艺及污染物产出流程图）

表7-8 废水、废气排放及治理

污染类型	产生污染物装置、工段	单位时间最大生产量/（t/d）	年产生量/t	治理方法	投资/万元	设计处理能力	处理效果			处理后排放量	排放标准	排放方式和排放去向	重复利用量或综合利用量	备注
							污染物名称	进口浓度/（mg/L）	出口浓度/（mg/L）					
废水														
废气														

注：1.填写单位，废水量为t/d，浓度为mg/L；废气量为m³（标）/h，浓度为mg/m³（标）；投资费用为万元。
    2.浓度栏中填写平均值。
    3.污染类型为废气污染时，排放方式栏中填写排气筒高度，m。

表7-9 噪声源及治理

噪声源名称	噪声源声级/dB（A）	治理方法	投资/万元	主要敏感目标及厂界噪声等效声级L_{eq}/dB（A）			备注
				监测点编号	现值	预测值	

表7-10 固体废物产生及处理处置

产生固体废物装置（工段）	固体废物名称	类别编号	固体废物产生量/（t/a）	固体废物形态	主要有害成分及含量	固体废物处理处置量/（t/a）	处理处置方式	处理处置地点	投资/万元	备注

表7-11 环境影响分析

项目所在地环境质量现状、建设过程中和建设后对环境影响的分子及需要说明的问题：

第五节 可持续发展

控制人口，节约资源，保护环境，实现可持续发展。这是中国环境与生态学者及中国政府根据全球性发展资源、生态环境的锐减、污染和破坏情况以及中国国情，为解决全球性环境问题而提出的一句极为科学而鲜明的行动纲领。

一、可持续发展的定义与内涵

可持续发展的概念最早在1980年提出，直至1987年世界环境与发展委员会向联合国提交的《我们共同的未来——从一个地球到一个世界》的著名报告中给予明确定义：在不危及后代人满足其环境资源需求的前提下，寻求满足当代人需要的发展途径。这一定义在其内含的阐述中从生态的可持续性转入社会的可持续性，提出了消灭贫困、限制人口、政府立法和公众参与的社会政治问题。

可持续发展的内涵主要体现公平性原则、持续性原则和共同性原则。

公平性原则主要包括三个方面。一是当代人的公平，即要求满足当代全球各国人民的基本要求，满足其对较好生活的愿望。二是代际间的公平，即每一代人都不应该为着当代人的发展与需求而损害人类世世代代满足其需求的自然资源与环境条件，而应给予世世代代利用自然资源的权利。三是公平分配有限的资源，即应结束少数发达国家过量消费全球共有资源，给予广大发展中国家合理利用更多的资源以达到经济增长和发展的机会。

持续性原则要求人类对于自然资源的耗竭速率应该考虑资源与环境的临界性，不应该损害支持生命的大气、水、土壤、生物等自然系统。持续性原则的核心是对人类经济和社会发展不能超越资源和环境的承载能力。"发展"一旦破坏了人类生存的物质基础，"发展"本身也就衰退了。

共同性原则强调可持续发展一旦成为全球发展的共同总目标，对于世界各国所表现的公平性和持续性原则都是共同的。实现这一总目标必须采取全球共同的联合行动。

可持续发展的理论认为：人类任何时候都不能以牺牲环境为代价去换取经济的一时发展，也不能以今天的发展损害明天的发展。要实现可持续发展，必须做到保护环境同经济、社会发展协调进行。人类的生产、消费和发展，不考虑资源和环境，则难以为继；孤立地就环境论环境，而没有经济发展和技术进步，环境的保护就失去了物质基础。另外，可持续发展的模式是一种提倡和追求"低消耗、低污染、适度消费"的模式，用它取代人类工业革命以来所形成的"高消耗、高污染、高消费"的非持续发展模式，可以遏止当今小部分人为自己的富裕而不惜牺牲全球人类现代和未来利益的行为。显然可持续发展思想将给人们带来观念和行为的更新。

二、中国可持续发展的战略与对策

中国作为一个发展中国家，深受人口、资源、环境、贫困等全球性问题的困扰。联合国环境与发展会议（UNCED）之后，中国政府重视自己承担的国际义务，积极参与全球可持续发展理论的建设和健全工作。中国制定的第一份环境与发展方面的纲领性文件就是1992年8月党中央、国务院批准转发的《环境与发展十大对策》。

1. 实行可持续发展战略

① 加速我国经济发展、解决环境问题的正确选择是走可持续发展道路。20世纪80年代末，中国由于环境污染造成的经济损失已达950亿元，占国内生产总值的6%以上。这是传统的以消耗大量资源的粗放经营为特征的发展模式，投入多、产出少、排污量大。另外，传统发展模式严重污染环境、浪费资源，加大资源供需矛盾，使经济效益下降。因此，必须由"粗放型"转变为"集约型"，走持续发展的道路，是解决环境与发展问题的唯一正确选择。

② 贯彻"三同步"方针。"经济建设、城乡建设、环境建设同步规划、同步实施、同步发展"是保证经济、社会持续、快速、健康发展的战略方针。

2. 可持续发展的重点战略任务

（1）采取有效措施，防治工业污染　坚持"预防为主，防治结合，综合治理"和"污染者付费"等指导原则，严格控制新污染，积极治理老污染，推行清洁生产实现生态可持续发展。主要措施如下。

① 预防为主、防治结合　严格按照法律规定，对初建、扩建、改建的工业项目，要求先评价、后建设，严格执行"三同时"制度，技术起点要高。对现有工业结合产业和产品结构调整，加强技术改造，提高资源利用率，最大限度地实现"三废"资源化。积极引导和依法管理，坚决防治乡镇企业污染，严禁对资源乱挖乱采。

② 集中控制和综合管理　这是提高污染防治的规模效益、实行社会化控制的必由之路。综合治理要做到：合理利用环境自净能力与人为措施相结合；集中控制与分散治理相结合；生态工程与环境工程相结合；技术措施与管理措施相结合。

③ 转变经济增长方式，推行清洁生产　走资源节约型、科技先导型、质量效益型工业道路，防治工业污染。大力推行清洁生产开发绿色产品，全过程控制工业污染。

（2）加强城市环境综合整治，认真治理城市"四害"　城市环境综合整治包括加强城市基础设施建设，合理开发利用城市的水资源、土地资源及生活资源，防治工业污染、生活污染和交通污染，建立城市绿化系统，改善城市生态结构和功能，促进经济与环境协调发展，全面改善城市环境质量。当前主要任务是通过工程设施和管理措施，有重点地减轻和逐步消除废气、废水、废渣和噪声这城市"四害"的污染。

（3）提高能源利用率，改善能源结构　通过电厂节煤，严格控制热效率低、浪费能源的小工业锅炉的发展，推广民用型煤，发展城市煤气化和集中供热方式，逐步改变能源价格体系等措施提高能源利用率，大力节约能源。调整能源结构，增加清洁能源比重，降低煤炭在我国能源结构中的比重。尽快发展水电、核电，因地制宜地开发和推广太阳能、风能、地热能、潮汐能、生物能等清洁能源。

（4）推广生态农业，坚持植树造林，加强生物多样性保护　中国人口众多，人均耕地少，土壤污染、肥力减退、土地沙漠化等因素制约了农业生产发展，出路在于推广生态农业，从而提高粮食产量，改善生态环境。植树造林，确保森林资源的稳定增长，可控制水土流失，保护生态环境。通过扩大自然保护区面积，有计划地建设野生珍稀物种及优良家禽、家畜、作物、药物良种的保护和繁育中心，加强对生物多样性的保护。

3. 可持续发展的战略措施

发展知识经济和循环经济是实现经济增长的两大趋势。其中发展循环经济、建立循环型社会是实施可持续发展战略的重要途径和实现方式。

所谓循环经济，就是把清洁生产和废弃物的综合利用融为一体的经济，本质上是一种生态经济，要求运用生态学规律来指导人类社会的经济活动。循环经济倡导的是一种以物质不断循环利用为基础的经济发展模式，要求把经济活动按照自然生态系统的模式，组织成一个"资源-产品-再生资源"的物质反复循环流动的过程，使得整个经济系统以及生产和消费过程基本上不产生或者只产生很少的废弃物。其特征是自然资源的低投入、高利用和废弃物的低排放，从根本上消解长期以来循环与发展之间的尖锐冲突。

（1）大力推进科技进步，加强环境科学研究，积极发展环保产业　解决环境与发展问题的根本出路在于依靠科技进步。要加强可持续发展理论和方法的研究、总量控制及过程控制理论和方法的研究、生态设计和生态建设的研究、开发和推广清洁生产技术的研究，提高环境保护技术水平。正确引导和大力扶植环保产业的发展，尽快把科技成果转化为现实的污染防治控制能力，提高环保产品质量。

（2）运用经济手段保护环境　运用经济手段保护环境，促进经济环境的协调发展。主要手段有排污收费、资源有偿使用、资源核算和资源计价、环境成本核算等。

（3）加强环境教育，提高全民环保意识　加强环境教育，提高全民环保意识，特别是提高决策层的环保意识和环境开发综合决策能力，是实施可持续发展的重要战略措施。资料显示，到目前为止，全国有140所高等院校开办了206个本科环境类专业，每年招收本科生5000多人，在校环境类本科生20000多人，研究生1200多人。但毕业后从事环境事业的学生并不多，因此急需对这部分人力资源进行合理的管理、规划和开发，为中国的环保事业做出应有的贡献。

（4）健全环保法制，强化环境管理　中国的实践表明，在经济发展水平较低，环境保护投入有限的情况下，健全管理机构，依法强化管理是控制环境污染和生态破坏的有效手段。"经济靠市场，环保靠政府"。建立健全使经济、社会与环境协调发展的法规政策体系，是强化环境管理，实现可持续发展战略的基础。

4. 可持续发展的行动计划

《中共中央关于制定国民经济和社会发展第十四个五年规划和二〇三五年远景目标的建议》（以下简称《建议》），提出了到2035年基本实现社会主义现代化远景目标和"十四五"时期经济社会发展主要目标，为未来一个时期生态文明建设和生态环境保护提供了方向指引和行动指南。《建议》分析归纳了我国"十四五"生态环境保护的主要目标，从环境保护与改善、生态保护修复、生态环境保护科技创新及国际合作等方面阐述了"十四五"生态环境保护重点任务与实现路径，重点从构建和优化国土空间开发和保护格局、推动绿色低碳发展、推进清洁生产和加强污染治理等四方面介绍环境保护与改善任务与路径，着重分析了划定并严守生态保护红线、构建以国家公园为主体的自然保护地体系、推动山水林田湖草一体化保护修复、科学开展生态系统评估等生态保护修复重点任务与路径，提出了"十四五"生态环境保护保障措施。

中国有关实施可持续发展战略的对策、方案及行动计划见表7-12。

2000年9月6日开幕的以"把绿色带入21世纪"为宗旨的2000年中国国际环境保护博览会，充分展现了中国政府致力于保护环境的决心：国家继续加强和完善环保政策，扩大环保投资，加快环保技术和实施的国产化、专业化，推进环保产业化和污染治理市场化。

2008年8月29日，第十一届全国人大常委会第四次会议通过了《中华人民共和国循环经济促进法》，并于2009年1月1日施行，最新修正是根据2018年10月26日第十三届全国人民代表大会常务委员会第六次会议《关于修改〈中华人民共和国野生动物保护法〉等十五部法律的决定》修正，这部法律包括六项制度。第一项是循环经济的规划制度。循环经济规划是国家对循环经济发展目标、重点任务和保障措施进行的安排和部署。第二项是抑制资源浪费和污染物排放总量控制制度。该制度将推动各地和企业按照国家的总体要求，根据本地的资源和环境承载能力，安排产业结构和经济规模，积极主动地采取各种循环经济的措施。第三项是循环经济的评价和考核制度。第四项是以生产者为主的责任延伸制度。传统上，产品的生产者主要对产品本身质量承担责任，而现代生产者已经从单纯的生产阶段、产品的使用阶段，逐步延伸到产品废弃后的回收、利用和处置阶段。第五项是对高耗能、高耗水企业设立重要和重点的监管制度。第六项是强化经济措施。建立激励机制，鼓励走循环经济的发展道路。

表7-12　中国有关实施可持续发展战略的对策、方案及行动计划（1992～2020年）

项目序号	名称	批准机关及日期	主要内容
1	中国环境与发展十大对策	中共中央、国务院，1992年8月	指导中国环境与发展的纲领性文件
2	中国环境保护战略	国家环保总局、国家计委，1992年	关于环境保护战略的政策性文件
3	中国逐步淘汰破坏臭氧层物质的国家方案	国务院，1993年1月	履行《蒙特利尔议定书》的具体方案
4	中国环境保护行动计划（1991～2000年）	国务院，1993年9月	全国分领域的10年环境保护行动计划
5	中国21世纪议程	国务院，1994年4月	中国人口、环境与发展白皮书，国家级的《21世纪议程》
6	中国生物多样性保护行动计划	国务院，1994年	履行《生物多样性公约》的具体行动计划
7	中国温室气体排放控制问题与对策	国家环保总局、国家计委，1994年	对中国温室气体排放清单及削减费用分析、研究，提出控制对策
8	中国环境保护21世纪议程	国家环保总局，1994年	部门级的《21世纪议程》
9	中国林业21世纪议程	林业部，1995年	部门级的《21世纪议程》
10	中国海洋21世纪议程	国家海洋局，1996年4月	部门级的《21世纪议程》
11	中国跨世纪绿色工程规划	国家环保总局，1996年9月	至2010年的重点环保项目、工程的规划
12	循环经济促进法	全国人大，2008年8月29日通过	促进中国循环经济发展，提高资源利用效率，保护和改善环境，实现可持续发展
13	中国21世纪初可持续发展行动纲要	国务院2008年3月	提出了我国可持续发展的目标、重点领域和保障措施
14	"十三五"生态环境保护规划	国务院2016年12月	提出了"十三五"生态环境保护的约束性指标和预期性指标
15	中共中央关于制定国民经济和社会发展第十四个五年规划和二〇三五年远景目标的建议	中共中央、国务院，2020年11月	提出2035年生态文明建设和生态环境保护目标

中国可持续发展战略的总体目标是：①用50年的时间，全面达到世界中等

发达国家的可持续发展水平，进入世界可持续发展能力前20名行列；②在整个国民经济中科技进步的贡献率达到70%以上；③单位能量消耗和资源消耗所创造的价值在2000年基础上提高10～12倍；④人均预期寿命达到85岁；⑤人文发展指数进入世界前50名；⑥全国平均受教育年限为12年；⑦能有效地克服人口、粮食、能源、资源、生态环境等制约可持续发展的瓶颈；⑧确保中国的食物安全、经济安全、健康安全、环境安全和社会安全；⑨2030年实现人口数量的"零增长"；⑩2040年实现能源资源消耗的"零增长"；⑪2050年实现生态环境退化的"零增长"，全面实现进入可持续发展的良性循环。

三、化学工业实现可持续发展的措施

化学工业是对环境中的各种资源进行化学处理和加工转化的生产部门，其产品和废弃物具有多样化、数量大的特点。废弃物大多有害、有毒，进入环境会造成污染。有的化工产品在使用过程中造成的污染甚至比生产本身所造成的污染更严重、更广泛。由于化学工业对环境影响巨大，所以实施可持续发展对化工生产尤为重要。

1. 发展是实现化工产业可持续发展的基础

化工行业是我国的支柱产业之一，不能因为该行业有严重的环境污染而使本行业停滞不前。只有坚持走发展之路，采用先进的生产设备和工艺，实现化工行业的清洁生产技术，降低能耗、降低成本、提高经济效益，才能使企业为防治污染提供必要的资金和设备，才能为改善环境质量提供保障。没有经济的发展和科学技术的进步，环境保护也就失去了物质基础。

2. 积极开拓国内外两个市场和利用国内外两种资源

资源是最重要的物质基础。要在立足用好国内资源的基础上，扩大资源领域的国际合作与交流，通过国际市场的调剂和优势互补，实现我国资源的优化配置，保障资源的可持续利用。通过开拓国际、国内两个市场，获得更为丰厚的利润，为改善化工行业的环境质量提供保障。

3. 制定超前标准，促进企业由"末端治污"向"清洁生产"转变

中国是发展中国家，经济增长速度较快，环境污染的问题尽管在一些经济发达地区正日益受到重视，但总的污染趋势不容乐观。因此应结合我国国民经济和社会发展规划制定出比较具体和明确的环境保护超前标准，从源头开始控制污染，向污染预防、清洁生产和废物资源化、减量化方向转变，才能促进化工企业的可持续发展。

4. 调整产品结构，开发清洁产品

我国化工行业工艺技术比较落后，基本上沿袭以大量消耗资源、能源和粗

放经营为特征的传统发展模式，致使单位产品的能耗高、排污量大，增加了末端治理负担，加重了环境污染。另外，小化工企业遍地开花，工艺原始落后，片面追求短期利益，污染现象严重，小企业一无资金二无技术进行污染治理。因此，调整产业结构，走高科技、低污染的跨越式产业发展之路，乡镇企业走小城镇集中化路子，形成集约化的产业链，是化工实现可持续发展的重要举措。

2021年1月15日，中国石油和化学工业联合会发布《石油和化学工业"十四五"发展指南》（以下简称《指南》），《指南》总结了"十三五"行业发展成就和存在的问题，分析了"十四五"面临的新环境，形成对"十四五"发展形势的基本判断，研究提出了"十四五"行业发展的总体思路、发展目标、主要任务和工作重点，并提出行业2035年发展远景目标。

总体来说，"十四五"期间，行业将以推动高质量发展为主题，以绿色、低碳、数字化转型为重点，以加快构建以国内大循坏为主体、国内国际双循环相互促进的新发展格局为方向，以提高行业企业核心竞争力为目标，深入实施创新驱动发展战略、绿色可持续发展战略、数字化智能化转型发展战略、人才强企战略，加快建设现代化石油和化学工业体系，建设一批具有国际竞争力的企业集团和产业集群，打造一批具有国际影响力的知名品牌，推动我国由石化大国向石化强国迈进，部分行业率先进入强国行列。

主题实践活动七　区域环境质量调查

一、活动主题

开展区域环境质量调查，践行低碳环保理念。

二、活动宗旨

通过本次实践活动，对学校附近或学生居住地附近的环境质量进行调查。通过调查大致判断被调查地区的环境质量状况，找出该地区主要污染源。

三、活动时间

建议2周。

四、参加人员

授课班级学生。

五、活动内容

1. 分组调查

全体同学分组，开展区域环境质量调查。根据表内所列项目逐项调查，在"污染程度与感觉"一栏中用"√"表示调查结果。

区域环境质量调查表

项目		污染程度与感觉	项目	污染程度与感觉
附近是否有	河道	有，没有，水体非常清洁，清洁，有些脏，肮脏，非常脏	门窗、小五金、下水道腐蚀情况	没有，有一些，普遍，非常多
	工厂	没有，少，稍多，多，非常多；哪些类型工厂	植物的花、果是否容易脱落	全没有，基本没有，比较多，颇多，非常多
	绿地	有，没有		
交通量		几乎没有，稍有，多，颇多，非常多	家中有没有灰尘	全没有，基本没有，比较多，非常多
污染类型	噪声	非常安静，安静，吵闹，相当吵闹，不能忍受	树叶是否容易枯死	不易，较容易，容易，很容易
	恶臭	无感觉，微有感觉，有感觉，颇有感觉，不能忍受	当地居民是否反映过问题	
	烟雾	有刺激，刺痛感，头痛、胸部憋闷 不常出现，经常出现	根据调查，你认为该地区环境质量如何	
垃圾（废渣）		不多，较多，多，很多		
洗的东西是否容易弄脏		无此情况，时常弄脏，弄脏时间很多	调查地点，时间	

2. 交流总结

小组分别进行交流讨论，根据调查结果，大致判断被调查地区的环境质量状况，找出该地区主要污染源，并填写成果展示记录表。

成果展示记录表

活动主题			
调查人		调查区域	
活动成果照片	（此处插入调查期间的拍摄照片，每张照片配注释。）		
被调查区域环境质量	（列举被调查区域的主要污染源，并提出环境污染改善措施。）		

💡 **复习思考题**

1. 环境监测的任务是什么？
2. 环境监测的工作程序是什么？

3. 选择环境监测方法应注意哪些问题？

4. 环境质量评价的步骤是什么？

5. 水环境质量现状评价包括哪几方面？

6. 环境影响评价有哪几种方法？

7. 环境影响评价书包括哪些内容？

8. 简述环境保护法的含义。

9. 环境保护法的作用是什么？

10. 环境保护法有哪些特点？

11. 我国环境标准体系包括哪些内容？

12. 我国环境管理的发展分哪三个阶段？

13. 环境管理的内容是什么？

14. 环境管理的基本职能是什么？

15. 简述可持续发展的定义和内涵。

16. 中国可持续发展的战略任务是什么？

17. 中国实施可持续发展的战略措施有哪些？

18. 化工行业如何实施可持续发展？

 阅读材料

保护环境的道德规范

21世纪的中国青年必须具备一种新的基本素质，就是以"天人合一"的伦理为基础的环境道德。

① 尊重善待自然，维护生态平衡，不断优化环境。

② 高度重视和实行绿色生产开发，以保证经济发展不损坏自然，确保生态平衡。

③ 节约资源，享受适度，科学消费。让自然资源的利用"细水长流"，永续于后人。

④ 污染环境可耻，破坏生态可恶。同一切破坏和污染环境的人和事做坚决的斗争。

⑤ 向自然索取不要忘记回报于自然，以使地球越来越美好。

⑥ "己所不欲，勿施于人"。绝不可以只为自己的小环境和私利而去破坏他人乃至全人类的大环境和公共利益。

城市环境空气质量公报

自1998年6月中国开始在46个重点城市进行空气质量周报或日报，将"空气污染指数（API）""空气质量级别""首要污染物"等内容的环境信息提供给大众。如天津市日报表。

天津市城区环境空气质量日报（天津市环境监测中心）

（××××年××月××日12：00～××××年××月××日12：00）

污染物名称	污染分项指数（API）	空气质量级别	空气质量描述
二氧化硫（SO_2）	61	二级	良好
二氧化氮（NO_2）	70	二级	良好
可吸入颗粒物（PM_{10}）	128	三级	轻度污染
空气质量：轻度污染水平	首要污染物：可吸入颗粒物		

PM_{10}又称为可吸入颗粒物，指直径大于2.5μm、等于或小于10μm，可以进入人的呼吸系统的颗粒物；总悬浮颗粒物也称为PM_{100}，即直径小于和等于100μm的颗粒物。

作为环境管理服务环境监测的新形式，空气质量公报可以增强人们对环境的关注，促进公众对环境保护工作的理解和支持，促进人们生活质量的提高。

目前计入空气污染指数的项目为二氧化硫、氮氧化物和可吸入颗粒物。可先求出各项污染指数，取最大者为该城市的空气污染指数API，该项污染物即为该城市空气中的首要污染物。API值对应空气质量级别为：0～50，一级，优；51～100，二级，良；101～150，三级，轻度污染；151～200，四级，中度污染；201～300，五级，重度污染；＞300，六级，严重污染。

近年来将$PM_{2.5}$作为空气质量监测指标。$PM_{2.5}$是指大气中直径小于或等于2.5μm的颗粒物，也称为可入肺颗粒物。它的直径还不到人的头发丝粗细的1/20。虽然$PM_{2.5}$只是地球大气成分中含量很少的组分，但它对空气质量和能见度等有重要的影响。与较粗的大气颗粒物相比，$PM_{2.5}$粒径小，富含大量的有毒、有害物质且在大气中的停留时间长、输送距离远，因而对人体健康和大气环境质量的影响更大。

第八章 双碳背景下的化工行业绿色低碳转型之路

学习目标

知识目标

了解我国碳达峰碳中和政策背景；
了解我国碳达峰碳中和1+*N*政策体系。

能力目标

熟悉化工行业降碳目标与关键举措；
能依据碳排放报告分析碳减排路径。

素质目标

树立减碳减排意识，做好自身能力建设，实施节能减排行动。

 导读导学

　　积极稳妥推进碳达峰碳中和。实现碳达峰碳中和是一场广泛而深刻的经济社会系统性变革。立足我国能源资源禀赋，坚持先立后破，有计划分步骤实施碳达峰行动。完善能源消耗总量和强度调控，重点控制化石能源消费，逐步转向碳排放总量和强度"双控"制度。推动能源清洁低碳高效利用，推进工业、建筑、交通等领域清洁低碳转型。深入推进能源革命，加强煤炭清洁高效利用，加大油气资源勘探开发和增储上产力度，加快规划建设新型能源体系，统筹水电开发和生态保护，积极安全有序发展核电，加强能源产供储销体系建设，确保能源安全。完善碳排放统计核算制度，健全碳排放权市场交易制度。提升生态系统碳汇能力。积极参与应对气候变化全球治理。

　　化工行业的"碳"在哪里？我国碳达峰碳中和1+*N*政策体系具体指什么？化工行业的碳减排路径是什么？化工行业的"零碳"未来是什么样子呢？"新型能源体系"是一个什么样的体系？

第一节　双碳目标与中国战略

　　近年来人类活动带来的温室气体排放导致全球气候变化显著。为此，全球主要经济体正积极规划低碳目标与战略，中国也已形成支撑"双碳"目标的政策框架与里程碑目标。其中，化工行业作为传统高能耗行业，其行业特性与产业结构意味着其在面临全面降碳的目标时肩负着特殊责任与使命。

一、国内外降碳背景

（一）碳减排国际背景

为将全球平均气温较前工业化时期上升幅度控制在2℃以内，并努力将温升幅度限制在1.5℃以内，2015年年底，第21届联合国气候变化大会通过了《巴黎协定》。协定指出，只有全球尽快实现温室气体排放达到峰值，21世纪下半叶实现温室气体净零排放，才能降低气候变化给地球带来的生态风险以及给人类带来的生存危机。

欧盟率先于2019年发布了《欧洲绿色协议》，提出到2050年实现整个欧洲地区的碳中和，并于2021年6月28日通过了《欧洲气候法案》，为欧盟各国在2050年实现碳中和目标铺平了道路。2021年4月22日，美国总统拜登宣布将扩大美国政府的减排承诺，到2030年将美国的温室气体排放量较2005年减少50%～52%，到2050年实现碳中和目标。根据能源与气候情报网（Energy and Climate Intelligence Unit）的统计，截至2021年8月12日，全球共有134个国家和地区提出了零碳或碳中和的气候承诺，以低碳发展为特征的新增长路径成为全球转型的主要方向。

根据世界资源研究所发布的报告，截至2017年，全世界共有49个国家的碳排放在2010年前实现达峰。其中，有19个国家早在1990年以前就实现了碳排放达峰，包括德国、匈牙利、挪威、俄罗斯等。在1990～2000年实现碳排放达峰的国家有14个，包括法国、英国、荷兰等。在2000～2010年实现碳排放达峰的国家有16个，包括巴西、澳大利亚、加拿大、意大利、美国等。根据各国的达峰承诺，预计还有4个国家（日本、新西兰等）碳排放在2020年前达到峰值，另外4个国家（中国、新加坡等）预计在2030年前达到峰值，已经达到峰值或承诺在2030年前达到峰值的国家总数达到57个。

（二）我国碳达峰碳中和政策背景

2020年9月22日，国家主席习近平在第七十五届联合国大会一般性辩论上向国际社会作出碳达峰、碳中和的郑重承诺。

2021年2月2日，国务院发布《关于加快建立健全绿色低碳循环发展经济体系的指导意见》，意见要求"建立健全绿色低碳循环发展的经济体系，确保实现碳达峰、碳中和目标，推动我国绿色发展迈上新台阶"。

2021年3月13日，我国发布《中华人民共和国国民经济和社会发展第十四个五年规划和2035年远景目标纲要》提出"积极应对气候变化。落实2030年应对气候变化国家自主贡献目标，制定2030年前碳排放达峰行动方案。完善能源消费总量和强度双控制度，重点控制化石能源消费。实施以碳强度控制为主、碳排放总量控制为辅的制度，支持有条件的地方和重点行业、重点企业率先达到碳排放峰值。推动能源清洁低碳安全高效利用，深入推进工业、建筑、交通等领域低碳转型。加大甲烷、氢氟碳化物、全氟化碳等其他温室气体控制力度。提升生态系统碳汇能力。锚定努力争取2060年前实现碳中和，采取更加有力的政策和措施。加强全球气候变暖对我国承受力脆弱地区影响的观测和评估，提升城乡建设、农业生产、基础设施适应气候变化能力。加强青藏高原综合科学考察研究。坚持公平、共同但有区别的责任及各自能力原则，建设性参与和引领应对气候变化国际合作，推动落实联合国气候变化框架公约及其巴黎协定，积极开展气候变化南南合作"。提出"坚持节能优先方针，深化工业、建筑、交通等领域和公共机构节能，推动5G、大数据中心等新兴领域能效提升，强化重点用能单位节能管理，实施能量系统优化、节能技术改造等重点工程，加快能耗限额、产品设备能效强制性国家标准制修订"等要求。

2021年3月15日，习近平总书记在主持中央财经委员会第九次会议时强调，我国力争2030年前实现碳达峰，2060年前实现碳中和，是党中央经过深思熟虑作出的重大战略决策，事关中华民族永续发展和构建人类命运共同体。要坚定不移贯彻新发展理念，坚持系统观念，处理好发展和减排、整体和局部、短期和中长期的关系，以经济社会发展全面绿色转型为引领，以能源绿色低碳发展为关键，加快形成节约资源和保护环境的产业结构、生产方式、生活方式、空间格局，坚定不移走生态优先、绿色低碳的高质量发展道路。要坚持全国统筹，强化顶层设计，发挥制度优势，压实各方责任，根据各地实际分类施策。要把节约能源资源放在首位，实行全面节约战略，倡导简约适度、绿色低碳生活方式。要坚持政府和市场两手发力，强化科技和制度创新，深化能源和相关领域改革，形成有效的激励约束机制。要加强国际交流合作，有效统筹国内国际能源资源。要加强风险识别和管控，处理好减污降碳和能源安全、产业链供应链安全、粮食安全、群众正常生活的关系。会议明确指出，要加强应对气候变化国际合作，推进国际规则标准制定。

2021年5月26日，碳达峰碳中和工作领导小组第一次全体会议提出"当前要围绕推动产业结构优化、推进能源结构调整、支持绿色低碳技术研发推广、完善绿色低碳政策体系、健全法律法规和标准体系等，研究提出有针对性和可操作性的政策举措。"

2021年10月，中共中央、国务院印发了《国家标准化发展纲要》，提出完善绿色发展标准化保障，要求"建立健全碳达峰、碳中和标准。加快节能标准更新升级，抓紧修订一批能耗限额、产品设备能效强制性国家标准，提升重点产品能耗限额要求，扩大能耗限额标准覆盖范围，完善能源核算、检测认证、评估、审计等配套标准。加快完善地区、行业、企业、产品等碳排放核查核算标准。制定重点行业和产品温室气体排放标准，完善低碳产品标准标识制度。完善可再生能源标准，研究制定生态碳汇、碳捕集利用与封存标准。实施碳达峰、碳中和标准化提升工程。"

2021年10月，中共中央、国务院印发《关于完整准确全面贯彻新发展理念做好碳达峰碳中和工作的意见》。到2025年，绿色低碳循环发展的经济体系初步形成，重点行业能源利用效率大幅提升，为实现碳达峰、碳中和奠定坚实基础；到2030年，经济社会发展全面绿色转型取得显著成效，重点耗能行业能源利用效率达到国际先进水平，单位国内生产总值能耗大幅下降，二氧化碳排放量达到峰值并实现稳中有降；到2060年，绿色低碳循环发展的经济体系和清洁低碳安全高效的能源体系全面建立，能源利用效率达到国际先进水平，非化石能源消费比重达到80%以上，碳中和目标顺利实现，生态文明建设取得丰硕成果，开创人与自然和谐共生新境界。

2021年10月，国务院印发《2030年前碳达峰行动方案》。"十四五"期间，产业和能源结构明显优化，重点行业能源利用效率大幅提升，严格控制煤炭消费增长，绿色低碳循环发展的政策体系进一步完善。到2025年，非化石能源消费比重达到20%左右，单位GDP能耗比2020年下降13.5%，单位GDP碳排放下降18%，为实现碳达峰奠定坚实基础。"十五五"期间，产业结构调整取得重大进展，清洁低碳安全高效的能源体系初步建立，重点领域低碳发展模式基本形成，重点耗能行业能源利用效率达到国际先进水平，非化石能源消费比重进一步提高，煤炭消费逐步减少，绿色低碳技术取得关键突破，绿色生活方式成为公众自觉选择，绿色低碳循环发展政策体系基本健全。到2030年，非化石能源消费比重达到25%，单位GDP碳排放比2005年下降65%以上，顺利实现2030年前碳达峰目标。

二、我国碳达峰碳中和1+N政策体系

2021年中共中央、国务院印发《关于完整准确全面贯彻新发展理念做好碳达峰碳中和工作的意见》，对碳达峰碳中和工作进行了系统谋划与总体部署，与同年国务院印发的《2030年前碳达峰行动方案》共同作为"1+N"政策体系中的"1"，发挥统领作用，共同构成贯穿碳达峰、碳中和两个阶段的顶层设计。

"N"指"双碳"目标具体所覆盖的多个关键领域，其中主要领域包括：能源结构转型，提高可再生能源（风能、太阳能、水能等）的比例，促进储能能力，建立清洁安全的能源系统；工业重塑，鼓励钢铁、有色金属、建材、石化等高耗能行业率先实现碳达峰；低碳出行，发展智能交通，加快绿色交通基础设施建设，形成绿色、低碳的交通方式；节能低碳建筑，推进新型节能低碳建

筑的建设，促进旧有基础设施的节能改造，提高建筑运行的智能化水平；农业耐候转型，促进绿色、低碳、循环农业，增强农业的气候适应性。

为保证中国降碳工作的稳步实施，碳达峰和碳中和目标被进一步分解为五大关键目标：构建绿色经济体系、提高能源效率、增加非化石能源消费占比、减少二氧化碳排放以及提升碳汇能力；并通过设定不同时间范围的量化目标以确保双碳总体目标的有序推进，如图8-1所示。

图8-1　我国实现碳达峰碳中和里程碑目标

三、化工行业降碳挑战

传统化工企业由于碳排放量高，在碳成本、国际竞争力、下游客户、资本市场等方面受到多重挑战，低碳转型迫在眉睫。

（一）碳配额制度下化工企业碳成本上升

"十四五"期间，涵盖石化、化工、有色金属、钢铁、造纸、发电、建材、民航在内的八大行业预计将被纳入全国碳市场。长期来看，配额制下中国碳价将持续上涨，增加企业碳成本。由于行业生产特性，传统化工企业碳排放量较高，在碳配额制度下预计将产生大量碳成本。为保证生产成本控制以维持市场竞争力，化工企业的低碳化转型刻不容缓。

（二）碳边境关税或制约化工企业国际竞争力

欧盟于2019年提出建立碳边境调节机制（carbon border adjustment mechanism，

以下简称CBAM），并于2021年7月作为欧盟"Fit for 55"减排一揽子计划的重要举措被推出。CBAM将对从碳排放限制较宽松的国家进口产品征税，初期覆盖领域包含水泥、电力、化肥、钢铁、铝，碳盘查覆盖范围一；未来将额外增加化工、塑料、氢气、氨四大行业，碳盘查范围覆盖范围一和二。从目前欧盟方公布的资料看，虽然CBAM实施进程、实施力度尚不明朗，但化工行业作为高碳排放行业且主要排放源属于范围一和范围二，必将受到CBAM的制约，影响中国化工企业在国际贸易中的价格竞争力，给化工产品的出口贸易带来冲击。

（三）下游客户加速化工供应链脱碳进程

化工产品下游应用广泛，而处于产业链核心位置的领先跨国企业减碳目标往往不局限于自身，亦注重对上下游施加影响、带动供应链脱碳。面对来自下游企业提出的减碳方面的要求，化工企业为维持下游客户合作关系，纷纷探索适合自身的降碳计划。

四、化工企业降碳目标与关键举措

国内外：众多领先化工企业结合自身业务规模与特性，于近几年相继发布碳减排计划并做出降碳承诺（图8-2）。总体来看，全球领先化工企业将于2050年左右基本实现碳中和目标。对比中外，欧洲化工领先企业已积累了百年发展历史，且在降碳领域起步较早，因此欧洲化工降碳发展水平处于世界前列。从

领先企业		宣言时间	承诺
荷兰壳牌公司		2020	> 2050年实现范围1+2+3净零碳排放；净碳强度降低100%
陶氏		2020	> 2050年实现全范围碳中和 > 2030年净碳排放量相较于2020年水平降低15%
埃奎诺	equinor	2020	> 2050年实现范围1+2+3的净零排放 > 2030年前实现全球运营碳中和
阿克西化学 OxyChem.		2020	> 2050年实现范围1+2+3的净零排放 > 2040年实现范围1+2的净零排放
雷普索尔 REPSOL		2021	> 2050年实现范围1+2+3净零排放 > 2030年将碳强度降低20%，到2040年将碳强度降低50%
巴斯夫 BASF We create chemistry		2021	> 2050年实现范围1+2净零，至2030年排放保持在2018年水平 > 2030年相比2018年减少25%的温室气体排放量
英国石油公司		2020	> 2050年或更早范围1+2碳净零排放，2050年或更早时，运营净零排放
中国石化		2021	> 2050年前实现碳中和，明确以净零排放为终极目标，未公布目标年份 > 2030年前实现碳达峰
道达尔 TOTAL		2020	> 2050年实现全球范围1+2净零排放，欧洲范畴1+2+3净零排放
中国石油		2022	> 2050年左右实现近零排放 > 2025年左右实现碳达峰
山东能源集团		2021	> 2050年实现近碳中和 > 2025年实现碳达峰

图8-2 世界化工企业降碳承诺

时间角度而言，欧洲化工企业承诺的目标实现时间节点更加激进，部分领先企业将于2030年部分局部碳中和，中国本土化工企业目标更为温和，2030年以碳达峰为主要目标；从减碳范围而言，欧洲化工企业对于排放源的规定较为细致，领先企业明确将于2050年实现范围一、二、三的净零碳排放，中国化工企业在具体排放源的目标制定方面还处于逐步深化阶段。欧洲市场在化工降碳方面的理论技术研究与行业实践经验方面有较多我国本土化工企业值得借鉴之处。

化工行业降碳举措主要包括原料脱碳、生产/能源结构减碳、物流降碳、发展循环经济以及负碳技术五部分。当前，五大关键举措具体技术路线在成熟度方面有所差别，降碳能力和适用范围也各不相同，如图8-3所示，降碳潜力中黑色代表潜力大，灰色代表潜力中等，白色代表潜力小。

图8-3 化工企业降碳关键举措对比

化工行业是中国实现碳中和的关键行业之一，全国化工行业的碳排放占工业领域总排放的20%、占全国二氧化碳总排放的13%。化工行业也是难减排行业，其能源和原料难以被电气化完全替代。此外，中国初级化工产品产能较新，也为快速转型带来一定挑战。在双碳目标下，中国已着力构建碳达峰碳中和"1+N"政策体系，增强顶层部署，并抓紧明确重点领域、重点行业以及各地的行动方案。根据《中共中央国务院关于完整准确全面贯彻新发展理念做好碳达峰碳中和工作的意见》，高耗能高排放项目严格落实产能等量或减量置换，对煤电、石化、煤化工等实行产能控制，未纳入国家有关领域产业规划的，一律不得新建改扩建炼油项目和新建乙烯项目。目前，中国化工企业正在积极探索零碳转型之路。

一、我国化工行业零碳转型的挑战与优势

中国是全球最大的化工产品生产和消费国，化工行业零碳转型对全国实现碳中和目标至关重要，也对全球化工价值链低碳转型意义重大。我国化工的零碳转型之路挑战和优势并存。

（一）我国化工行业零碳转型的挑战

化工是难减排的重工业行业之一，碳排放主要来自反应过程和能源消耗。我国化工部门碳排放约为13亿吨/年，在全国二氧化碳总排放中的占比为13%，占工业领域总排放的20%。此外，化工行业的非二氧化碳温室气体排放也会增加碳当量排放，如合成氨产业链中产生的氧化亚氮和天然气化工装置逸散的甲烷等。我国化工行业子行业碳排放情况如图8-4所示。作为重点耗能和排放行业之一，化工行业的企业也有望在未来几年纳入全国碳市场，成为我国实现碳中和愿景的重点关注领域。我国化工行业零碳转型的挑战主要包括以下几点：

① 从需求端看，行业仍处于上升期，化工产品的总需求整体仍将不断增加。

② 从供给端看，我国化工生产对煤依赖度高，而与煤相关的碳强度大大高于其他原料。

③ 我国化工生产相关资产仍偏年轻化，快速转型可能带来的搁浅资产风险更高。

图8-4　中国化工行业子行业碳排放

（二）我国化工行业零碳转型的优势

我国化工行业在零碳转型的挑战中也孕育着三大机会：我国具有较强的技术集成水平，且市场规模大，拥有快速规模化应用新技术的能力；我国化工行业的主要企业以国有企业为主，有能力和资源带动行业的零碳转型；规模化布局与产业集成趋势明显，有利于资源、能源的充分利用和规模经济发展。

二、零碳图景下化工行业发展趋势

碳中和是未来我国化工行业的发展趋势，在碳达峰及碳中和的"双碳"发展趋势下，中国化工行业将会迎来巨大的转变。

1. 能源结构、产业结构、消费结构将会发生重大区域性结构转变

首先，为了实现碳中和，我国在未来30年内将会始终坚持清洁能源、绿色能源的发展思路，其中太阳能将会是能源行业的主要能源结构，其次是风能、潮汐能等清洁能源。另外，氢能及其他能源结构将会成为辅助，而化石能源消费占比将会逐渐降低，直至与清洁能源的平衡予以实现碳中和大趋势。

其次，在双碳趋势下，能源制造业属性占比逐渐提升，清洁设备、环保及回收产业将会长期受到市场青睐，产业影响比重将会快速提升。而新能源汽车有望继续替代传统燃油机车，从能源消费市场驱动碳中和的实现。

2. "双碳"趋势下的化工行业碳交易和碳贸易，将会带来新的贸易体系

2016年国务院发布的《"十三五"控制温室气体排放工作方案》中明确建设和运行全国碳排放权交易市场，主要措施有三点：①建立全国碳排放权交易制度；②启动运行全国碳排放权交易市场；③强化全国碳排放权交易基础支撑能力。

目前，我国碳交易市场主要是配额制，化工企业根据自身装置情况，出售和购入碳排放配额。但是目前关于碳交易仅为部分省份试点，各试点总量宽松，控排单位多出现配额过剩的情况，导致碳交易价格较低。所以，目前中国碳交易市场与欧美发达国家相比，仍有较大的差距。

3. 大规模、长期性储能，有望驱动化工新材料产业升级

根据碳中和总体趋势，我国新能源行业的发展本质是清洁可再生能源的发展，其中光伏能源、风能具有最大的发展契合度，光伏能源、风能的本质，在于电能传输、储能和新能源汽车的产业链一体化模式，所以，储能有望成为未来重要的发展方向。

储能主要是指电能的储存，包括电池储能、电感器储能、电容器储能等方式，其中电池储能是目前重要的应用方向。电池储能如铅酸电池储能、镍氢电池储能，锂离子电池储能等，这些电池的背后，是对中国化工新材重要应用的

体现。

4. 化工装置节能改造将会是长期趋势

在碳中和大趋势下，我国化工装置生产的节能改造，有望助力我国化工企业降低碳排放，实现化工行业的碳中和。

我国化工装置的节能改造，主要体现以下方向：

① 对化工重点行业的系统性改造，如石化行业实行炼化能量系统优化、烯烃原料的轻质化、先进煤气化、硝酸生产技术的升级提升等。

② 对化工装置中的余热高压回收技术升级，如自备电厂实施烟气系统余热回收利用、超临界混合工质高参数一体化循环发电技术改造等。

③ 在化工装置中实施碳捕捉、碳利用和碳封存技术，加强化工行业中二氧化碳在石油开采、塑料制品加工等领域的应用。

5. 超高压输电将会驱动化工新材料升级

我国新能源的总体发展趋势，将会是产业链一体化的发展模式，其中超高压输电是我国新能源发展的关键环节。到2035年，中国特高压线路将会实现"全国覆盖"，如同毛细血管一样遍布中国，那时的中国，将会是一个以新能源为主要清洁能源消耗的中国。

6. 高耗能行业的新一轮供给侧结构性改革

在碳中和背景下，相关高耗能的化工行业将会面临一次深度的供给侧结构性改革，产能在短期触及最高峰后，经过碳中和趋势影响，有望带来产能的整合。

7. 低碳新材料、可降解材料将会长期受益

对于未来化工新材料的行业发展驱动，归于两个驱动逻辑，一个是双碳政策驱动的消费需求增长，另一个是低碳和可降解材料的政策驱动增长。其中低碳和可降解材料将会受到政策驱动呈现爆发式增长，从未来拟在建的PLA和PBAT产业规模高速增长可以看到此趋势的发生。

8. 煤化工行业将会开启高效化、低碳化进程

煤化工行业是碳中和大趋势下的重点关注行业，因煤化工是化工行业重要的碳排放领域，也是未来改造、升级的重点产业。未来的煤化工行业，将会是高效化煤炭转化、低碳化生产运行行业，其中煤改气是重要的发展方向。

在碳中和大趋势下，煤化工行业的转变，将会是化工行业中的重点转变方向，也将是改革较为深入的产业。

9. 电力行业脱碳为煤化工提供更为丰富的原料

我国电力行业是各行业碳排放的首位，所以对电力行业的脱碳是降低碳排放的重要改革方向。关于电力行业脱碳，其中重要的方向是光伏发电、风力发

电及其他低碳发电模式。

在电力行业不断降低对煤炭的依赖时，煤炭在其他行业的供给应用预期将会大幅增长，从而在长线形成对煤炭价值的下降。这将有利于以煤炭为原料的煤化工行业生产，降低煤化工生产成本，驱动煤化工生产的竞争力提升。

三、我国化工行业零碳转型关键路径

研究报告显示，中国化工行业碳减排可从消费侧和供给侧入手，路径包括消费减量、产品高端化、终端替代、效率提升、燃料替代、原料替代、末端处理等方面。从技术方案看，在化工产品生产中，可从原料低碳、燃料低碳和系统节能三个维度考虑碳减排。从经济性看，绿氢、CCS等颠覆性技术的成本下降将使化工低碳、零碳生产的成本竞争力大大提升。

（一）消费减量

消费减量可以从源头降低能耗和碳排放。不同产品的消费减量潜能不同，如甲醇和合成氨在交通运输中可替代传统燃料；在部分传统领域，尤其是高耗能高污染行业，消费减量的潜能更大，如甲醇下游甲醛制胶板、合成氨下游尿素制化肥、乙烯下游制塑料等，都会随着经济结构的变化、循环经济的深入和生活习惯的改变有一定的下探空间。提高废塑料回收率、增加化肥利用率和优化建筑行业材料都会促进消费减量。

（二）产品高端化

产品高端化可有效淘汰落后产能和优化低端产能，降低行业能耗和碳排放。中国化工产业的产量和产能均处世界前列，但是在高端产品的产业链上仍然存在技术受制于发达国家的问题。以烯烃行业为例，整体上同质化严重，且主要集中在世界石化产业链的中低端，高端高性能聚烯烃产品关键技术短缺。国内烯烃产业仍然有较高的当量进口量，进口产品集中于以茂金属聚乙烯为代表的高端聚烯烃产品。聚甲醛等工程塑料产品产业链也有很大的深度发展潜质。

（三）终端替代

在满足服务功能的同时，化工产品在终端应用上可以由更环保的产品提供。如在材料上，可以通过生物基材料的发展和推广进行替代。根据Nova Institute的报告，2020年全球生物基塑料等结构高分子材料的产量为420万吨，为化石资源基产量的1%。生物基结构高分子材料年复合增长率高达8%，并预计在未来五年持续增长。中国生物基化学品研究起步较晚，但在"十二五"国家科技支撑计划中，生物基材料和生物基化学品被列为研究核心，下游材料应用和商业模式的发展获得大力推动。各省政策要求限制和禁止不可降解塑料的使用，也将推动可降解生物基材料的推广。

（四）效率提升

化工反应大多在高温高压催化剂的反应条件下进行，因此对于能源消耗有较高的要求，有效管理热能、催化剂高效化等都是提高能效的有效方法。蒸汽再压缩等热能管理技术可提高热能利用效率，新型催化剂的应用可以降低化学反应所需的温度，从而减少能源消耗，降低碳排放。例如，林德公司的EDHOX技术可将烯烃蒸汽裂解的反应温度从870℃降低到400℃以下，该技术已在德国开展试点项目。

（五）燃料替代

电气化是替代化石能源的重要手段，化学反应对温度和压力的要求大多可通过以电为能源的反应器达到，例如电裂解炉可以作为制取烯烃的反应器。巴斯夫、沙特基础工业和林德公司正在共同开发推广电加热蒸汽裂解炉，并计划2025年实现商业化。现阶段，电裂解技术发展的瓶颈主要来自电网、设备、电加热效率等。使用绿电进行电加热对该技术环境属性的提升至关重要，目前中国的电力结构以煤电为主，电力的碳排放较高。随着新能源推广和绿电市场化交易提升，零碳电力将可为化工脱碳提供重要的绿色能源。

生物质资源包含秸秆、畜禽粪便、林业废弃物等，工业利用的生物质燃料多为生物质天然气或生物质液体燃料。生物质燃料以燃烧的形式供热，与传统的化工加热炉差异较小。目前生物质燃料技术较为成熟，但是经济性和资源可得性受限。为了缓解原料资源性问题，以埃克森美孚为代表的公司和科研机构，投资研发以非粮食为原料的第二代生物质燃料。国内的生物质发展前景以及是否有充足的生物质燃料用于化工行业，取决于未来的政策指引、市场情况和第二代生物质燃料的技术进展。

氢能是理想的清洁能源，燃烧后仅生成水，且可满足特定化学反应需要的较高温度。陶氏化学与生态催化技术公司和西南研究院就"氢气燃烧与节能乙烯生产的集成"进行合作。未来氢能在化工的能源应用主要集中在温度需求较高、电炉很难高效率运行的场景，或在氢资源条件较好的情况下作为加热燃料的主要能源或灵活性能源。

（六）原料替代

绿氢的应用可以有效地解决传统化石能源原料碳氢比偏高的问题。以煤化工为例，煤炭与水通过水煤气变换反应生产合成气制取甲醇，由于原料煤碳组分偏高，部分碳以二氧化碳形式排放。如果利用绿氢将这部分碳加以利用，将会最大化降低化工反应过程的碳排放。而PtX技术则大幅降低对化石资源的依赖，利用空气中或者工业捕捉的二氧化碳，与绿氢结合制取化工产品。绿氢和PtX都已有相关的试点，如何通过技术革新和政策指引降低成本，将成为未来发展的关键。

主题实践活动八　做好碳"减法"你我共参与
————碳减排重点企业走访调研

一、活动主题

开展碳减排重点企业走访调研，践行低碳环保理念。

二、活动宗旨

通过本次实践活动，调研所在校周边企业在低碳转型过程中都采取了哪些措施，了解企业在碳中和方面的贡献，培养学生低碳环保意识。

三、活动时间

建议2周。

四、参加人员

授课班级学生。

五、活动内容

1. 分组采访

全体同学分组，开展碳减排重点企业走访调研。根据调研情况，填写实践活动记录表。

实践活动记录表（调研记录）

调研时间		调研企业	
调研方式	□问卷调研　□实地调研　□访问调查		
调研团队成员			
调研企业简介			
调研内容			
收获和体会			
	签名：	年　月　日	

2. 交流总结

小组分别进行交流讨论，利用记录的文字和拍摄的照片编写企业碳减排调研报告，并填写成果展示记录表。

成果展示记录表

活动主题			
调研人		调研对象	
活动成果照片	（此处插入调研期间的拍摄照片，每张照片配注释。）		
碳减排措施	（列举调研企业采取的碳减排措施。）		

复习思考题

1. 什么是碳排放？
2. 什么是碳达峰？
3. 什么是碳中和？
4. 我国碳达峰碳中和1+N政策体系是什么？
5. 碳达峰碳中和的关键目标是什么？
6. 化工行业降碳目标与关键举措有哪些？
7. 化工行业的碳减排路径是什么？

阅读材料

碳中和的"前世今生"

　　这一概念起始于"温室效应"引起气候变化。自工业革命以来，人类向大气中排放的二氧化碳等吸热性强的温室气体逐年增加，大气的温室效应也随之增强，导致全球平均气温正以前所未有的速度上升。气候危机的影响范围越来越大，越来越严重。干旱、森林火灾和海平面上升等一系列自然灾害频发，气候问题已迫在眉睫。

　　2015年12月12日在巴黎气候变化大会上通过的《巴黎协定》针对全球气候变化，规定了温控目标为2℃，但与2℃温升相比，1.5℃温升能够降低许多不可逆转的气候变化风险，可以减轻陆地、淡水和沿岸生态系统的负面影响，更好地保护生态功能。无论是发达国家还是发展中国家，1.5℃温升都能够有效地降低气候风险。为此，许多国家积极响应，纷纷制订了达到碳中和的时间目标2045年～2060年。

"碳达峰、碳中和"科普小知识

1. 什么是温室气体?

温室气体是指大气中吸收和重新放出红外辐射的自然和人为的气态成分,包括二氧化碳、甲烷、氧化亚氮、氢氟碳化物、全氟化碳、六氟化硫和三氟化氮。

2. 什么是碳排放?

碳排放是指煤炭、石油、天然气等化石能源燃烧活动和工业生产过程以及土地利用变化与林业等活动产生的温室气体排放,也包括因使用外购的电力和热力等所导致的温室气体排放。所有的燃烧过程(人为的、自然的)都会产生二氧化碳,比如简单的烧火做饭、有机物分解、发酵、腐烂、变质的过程等都会产生二氧化碳。事实上,碳排放和我们每天的衣食住行息息相关。

3. 什么是碳达峰?

碳达峰是指某个地区或行业的二氧化碳排放量(以年为单位),在某个年份达到历史最高值,随后进入持续下降的过程,是二氧化碳排放量由增转降的历史拐点,标志着碳排放与经济发展实现脱钩。

4. 什么是碳中和?

碳中和是规定时期内通过等量清除二氧化碳排放,而在一个区域内实现二氧化碳净零排放(排放的二氧化碳与吸收和消减的量等同)。可以理解为企业、团体或个人测算在一定时间内直接或间接产生的温室气体排放总量,然后通过植树造林、节能减排等形式,抵消自身产生的二氧化碳排放量,实现二氧化碳"零排放"。

5. 什么是碳源和碳汇?

简单来说,碳源是指向大气中释放碳的过程、活动或者机制,碳汇是指通过种种措施吸收大气中的二氧化碳,从而减少温室气体在大气中浓度的过程、活动或机制。通俗来讲,某些自然过程释放到大气中的二氧化碳比它们吸收的要多。任何使用化石燃料的过程(例如燃烧煤炭来发电)都会向大气中释放大量碳;饲养牲畜也会向大气中释放大量碳(温室气体)。这些将碳释放到大气中的过程也被称为碳源。与碳源相反,碳汇指从大气中吸收的碳多于释放的碳的碳循环介质(或自然过程),包括植物、海洋和土壤等,这三者是最大的碳汇。世界森林每年吸收26亿吨二氧化碳;地球的土壤每年吸收大约四分之一的人为排放碳;工业革命以来海洋吸收了大约四分之一释放到大气中的二氧化碳。

参考文献

[1] 赵彬侠，王晨，黄岳元，等. 化工环境保护与安全技术概论. 3版. 北京：高等教育出版社，2021.

[2] 杨永杰，涂郑禹. 化工环境保护概论. 3版. 北京：化学工业出版社，2022.

[3] 雷兆武，张俊安，申左元. 清洁生产及应用. 2版. 北京：化学工业出版社，2013.

[4] 2021年中国生态环境状况公报.

[5] 杨永杰，涂郑禹. 环境保护与清洁生产. 4版. 北京：化学工业出版社，2021.

[6] 许宁. 环境管理. 4版. 北京：化学工业出版社，2021.

[7] 魏振枢. 环境保护概论. 4版. 北京：化学工业出版社，2019.

[8] 刘天齐. 环境保护. 2版. 北京：化学工业出版社，2002.

[9] 汪大翚，徐新华，赵伟荣. 化工环境工程概论. 3版. 北京：化学工业出版社，2019.

[10] 中国化工防治污染技术协. 化工废水处理技术. 北京：化学工业出版社，2000.

[11] 刘昌明，傅国斌. 今日水世界. 广州：暨南大学出版社，北京：清华大学出版社，2000.

[12] 唐守印，戴友芝. 水处理工程师手册. 北京：化学工业出版社，2000.

[13] 谢全安，薛利平. 煤化工安全与环保. 北京：化学工业出版社，2005.

[14] 乔伟主. 环境保护基础. 北京：北京大学出版社，2005.

[15] 郭斌，刘恩志. 清洁生产概论. 北京：化学工业出版社，2005.

[16] 佟玉衡. 废水处理. 北京：化学工业出版社，2004.

[17] 黄显智. 环境保护实用教程. 北京：化学工业出版社，2004.

[18] 武振华. 化工行业的循环经济发展之路. 化工管理，2014（10）：88-90.